JN438871

생각이 필요한 식품기능성론

생각이 필요한 식품기능성론

이성준 · 김대옥 · 김영석 · 신한승 · 심순미
어중혁 · 유상호 · 윤현근 · 이주훈
이홍진 · 임현정 · 하태열 · 허호진

수학사

머리말

식품은 인간이 삶을 영위하는 데 필수 불가결한 요소로 꼽히는 의식주 중에서도 가장 중요하다고 할 수 있다. 산업적 측면에서도 식품 산업은 자동차 산업과 IT 산업을 합친 규모를 능가하며, 전 세계적으로도 지속적인 성장을 하고 있다. 특히, 최근에는 건강과 장수, 삶의 질에 대한 관심이 높아지면서 식품의 기능성에 대한 관심 또한 커져 가고 있다. 건강기능식품은 식품 산업에서 비교적 부가가치가 높고 시장 규모가 빠르게 성장하는 분야이며, 관련 연구와 개발도 매우 활발하게 진행되고 있다. 본 교재는 이러한 식품의 건강 기능에 대한 대학생들의 전공 공부를 돕기 위해 집필되었다. 오랫동안 대학과 연구소에서 식품의 기능성에 관한 강의와 연구를 수행해 온 여러 집필진이 참여하여, 각자의 전공분야를 맡아 집필함으로써 교재의 전문성과 완성도를 높이고자 노력하였다. 식품 기능성 분야의 최신 연구 동향까지 반영하여 학생들에게 최신 정보를 제공함은 물론이고, 이 분야에 관심 있는 대학원생들에게도 기초 자료로서 충분히 활용될 수 있을 것이라 기대한다.

『생각이 필요한 식품기능성론』에서는 식품의 생물학적 기능으로서 산화방지, 면역, 혈당, 체중, 지질 대사, 장내 균총, 두뇌 기능의 조절을 설명하고, 항암 효능에 대해서 기술하였다. 건강기능식품 연구 및 산업화에서 중요한 인체 적용시험과 안전성 및 인체 흡수도 평가에 대한 내용도 포함하고 있으며, 식품 기능성 연구의 최신 동향을 전하고자 오믹스 연구기법과 장내 균총 조절을 통한 건강 기능성 평가에 관한 내용도 빼놓지 않았다. 지금까지 '기능성 식품학'에 관한 교재가 여러 권 출간된 바 있으나 『생각이 필요한 식품기능성론』은 기존의 교재와 몇 가지 차별성을 두고자 하였다. 우선, 해마다 변동이 있는 건강기능식품 산업 동향이나 시장 규모에 대한 내용은 직접 다루지 않았다. 둘째, 일반적으로 기능성 식품학 교재는 '건강기능식품법'을 상세하게 다루고 있는데 본 교재에서는 이러한 법률 관련 정보는 서문에서 간략하게 언급하였을 뿐 별도의 장으로 다루지 않고 다만 부록에 법규 전문을 포함하였다. 식품의 기능성론에서 '건강기능식품법'의 이해가 매우 중요하다는 사실은 알지만, 본 교재는 식품의약품안전처 건강기능식품만이 아니라 식품의 항암 효능이나 장내 미생물 조절 등 학문적으로 중요하고 새로운 내용들을 포함하여 좀 더 포괄적인 식품의 기능성에 대한 내용을 담고자 한 때문이다. 때때로 개정이 되는 '건강기능식품법'에 대한 것은 강의를 담당하시는 선생님께서 최신 내용으로 가르치시는 것이 좋겠다는 점도 고려되었다. 오감을 만족시키는 식품이 몸에 좋은 건강한 식품이라는 생각을 바탕으로 하여 식품의 감각기능을 화학적 측면에서 기술한 내용을 포함하는 점도 다른 교재와는 다른 특징이라고 할 수 있다. 그리고 마지막으로 주요 기능성 식품 소재로서 세계 10대 슈퍼푸드와 우리나라의 대표 소재인 인삼과 홍삼에 대해서 기술하였다. 세계 10대 슈퍼푸드 중에는 우리나라에서 많이 섭취하지 않는 식품 소재도 포함되어 있으나 전 세계적으로 연구가 많이 진행되어 효능이 비교적 잘 규명된 소재이므로 소개만으로도 의미가 있다고 생각한다. 다음에는 우리나라의 토종 건강기능식품 소재에 대한 내용을 보완할 계획이다.

본 교재를 집필하기 위해 집필진이 많은 노력을 기울였으나 아직 부족한 점이 많을 것이라 생각한다. 집필진으로서 건강기능식품 개발에서 중요한 표준화 내용을 충분히 담지 못한 것도 끝내 아쉬움으로 남는다. 독자 여러분의 질책과 조언을 부탁드리며, 미흡한 점은 향후 보완하고자 한다. 끝으로 본 서를 출간하는 데 많은 조언과 도움을 주신 수학사의 이영호 사장님과 직원 여러분께 깊은 감사의 말씀을 전한다.

저자 일동

차 례

개 요

CHAPTER 01 식품의 기능성 개요

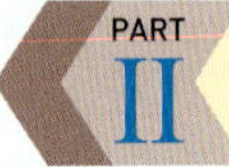

식품의 감각 기능

CHAPTER 02 맛의 화학 및 생물학

CHAPTER 12 식품의 오믹스학

CHAPTER 13 건강기능식품 소재의 안전성 평가 및 흡수/분포/대사/배출

PART I

개 요

CHAPTER

01 식품의 기능성 개요

1. 서론

1.1. 식품의 기능성

우리나라의 『식품공전(Korean Food Standards Codex)』에 등록된 재료 또는 소재는 식품으로 분류한다. 식품의 기능성[tip]은 전통적으로 과학적 특징에 따라 물리적 기능성, 화학적 기능성 그리고 생물학적 기능성으로 나뉜다. 물리적 기능성은 식품의 물리적 성질을 조절하거나 이용하여 가공 또는 조리 식품의 특징과 가치를 높이는 것으로서, 이러한 기능을 이용한 유화제, 점증제 등은 식품 산업에서 유용한 식품 소재로 활용되고 있다. 화학적 기능성은 식품에서 일어나는 다양한 화학반응과 연관된 것으로서 특히 색, 냄새, 맛과 같은 감각 기능과 관련 있는 내용을 포함한다. 생물학적 기능성은 영양소의 공급 기능과 더불어 건강 기능성이라고도 하는 생체 조절 기능성을 포함하며, 소득 수준의 향상과 고령화 사회로 진입 등 일련의 사회구조 및 트렌드 변화에 따라 최근 많은 관심을 받는 분야라고 할 수 있다.

tip

식품공전

식품위생법에 따라 식품의약품안전처장이 식품 또는 식품 첨가물 및 기구, 용기와 포장 등에 대한 기준과 규격을 수록한 공정서

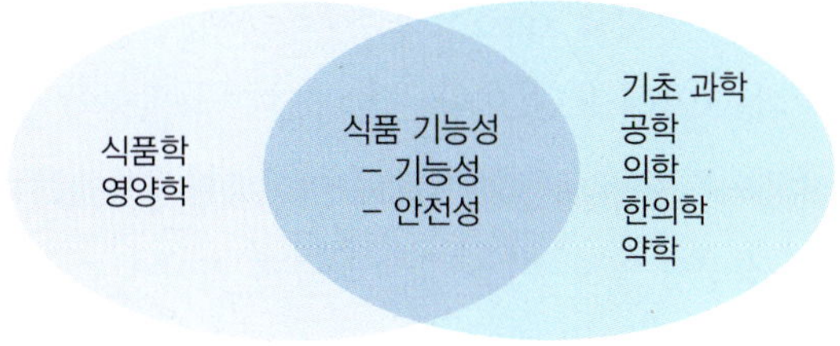

식품학
영양학

식품 기능성
– 기능성
– 안전성

기초 과학
공학
의학
한의학
약학

| 그림 1-1 | 식품 기능성의 이해

식품의 기능성은 1차, 2차, 3차 기능으로 나누어 정의하기도 하는데, 1차 기능은 영양적 기능으로 칼로리와 영양소를 공급하는 식품의 기본적인 기능을 뜻하며, 2차 기능은 맛, 향, 물성 조절을 통한 기호적 기능, 그리고 3차 기능은 몸의 건강 유지에 도움을 주는 생리학적 기능으로 구분된다.

식품의 기능성은 매우 다양하기 때문에 이에 대한 논의는 식품학 및 영양학의 가장 중요한 핵심 키워드 중의 하나이며 기초 과학, 공학, 의학, 한의학, 약학, 식품과학 및 영양학의 폭넓은 지식을 바탕으로 이해되어야 한다(그림 1-1). 본 교재에서는 광범위한 식품의 기능성 중에 건강 기능성을 중심으로 한 식품의 3차 기능에 대하여 공부하고자 한다. 사람의 오감을 즐겁게 자극하는 식품이 건강한 식품이라고 인식되어온 만큼 이러한 식품의 감각 기능과 건강적 효능도 함께 공부하기로 한다.

1.2. 국가별 식품의 건강 기능성

식품에 대한 건강 효능은 나라마다 사회적, 문화적, 역사적 배경에 따라 조금씩 다르게 인식되고 있다. 풍부한 식문화와 약초의 개념이 발달한 아시아 지역에서는 예부터 식품의 건강 효능을 약물과 같은 수준에서 다루어왔으며, 이러한 식약동원(食藥同源)의 개념은 식품 성분의 생물학적 효능 연구와 건강기능식품학의 발전으로 이어졌다. 우리나라와 일본의 경우 체계적인 법규에 따라 식품의 건강 기능성을 정의하고 효능 표시를 허가제로 운영하고 있는 반면에, 역사가 짧은 미국은 건강 유지와 질병 예방을 위한 식품의 기능성을 식품 성분의 효능 연구보다는 식단과 식이 섭취량 위주의 연구에 무게를 두고 진행하는 측면이 있다. 유럽의 경우는 국가간 차이를 극복하기 위해 EU 출범 이후에 오랜 논의 기간을 거쳐 비

식품의 기능성 식품의 물리적, 화학적, 생물학적 기능성을 의미하며 1차 영양 기능성, 2차 기호성, 3차 건강 기능성으로 정의되기도 한다.

교적 최근이 되어서야 통합된 규정을 만들어 운영하고 있다.

각국의 운영을 간략하게 요약해 보면, 미국은 1990년부터 식품의 질병 발생 위험 감소 기능(health claim)을 표시하도록 법규로 정해왔으며 일상생활에서 섭취하는 개별 식품과 그 주성분에 의한 효능을 규정하고 있고, 이를 일반 식품과 식이 보충제(food supplement)에 적용할 수 있도록 하였다. 질병 발생 위험 감소 기능을 획득하기 위해서는 높은 수준의 인체 시험과 수많은 실험 결과가 축적되어야 한다. 미국은 정부가 특정 제품의 건강 기능성을 허가하지 않고, 제조사나 사업자의 신고로 규격에 맞는 제품에 해당 효능을 표시할 수 있도록 제도를 운영하고 있다.

일본은 식품의 건강 기능성에 대한 개념을 처음 체계적으로 도입한 국가로서, 1993년에 후생성에서 관리하는 특정 보건용 식품(Food for Specified Health Use, FOSHU)이라 하여 식품에 건강 기능성을 표시하는 제도를 도입한 이후 꾸준히 제도를 개선시키고 있다. 이 제도는 후생성이 8가지 보건 용도(정장작용, 콜레스테롤 억제, 중성지방/체지방 억제, 혈압 상승 억제, 혈당값 상승 억제, 미네랄 흡수 촉진, 뼈 건강 유지, 치아 건강 유지)에 대한 효능과 안전성을 검증한 후에 해당 제품에 건강 효능 표시를 허가해 주는 것으로, 과학적 실험 근거 자료를 제시하여야 한다.

유럽은 오랜 검토 기간을 거쳐 2007년부터 유럽식품안전청(European Food Safety Authority, EFSA)이 검토하고 EC가 인정하는 Novel Food 허가제도를 운영하여 건강 강조 효능을 표시할 수 있도록 하고 있다. 이 제도를 통해 모든 EU회원국이 동일한 식품에 대해 같은 건강 강조 표시를 하도록 규제하고 있다.

tip

질병 발생 위험 감소 기능

식품의 건강 효능 표시에서 일반적으로는 질병의 명칭 사용이 제한되는데, 효능이 비교적 확실하게 입증되어 있는 경우, 질병 발생 위험 감소 기능을 인정받아 효능 표시에 질병 이름을 사용할 수 있다. 예를 들면 일반 건강기능식품의 경우에는 콜레스테롤 감소, 체지방 감소 등으로 건강 효능이 표시되나, 질병 발생 위험 감소 기능이 인정된 경우에는 충치 예방 등으로 질병 이름의 사용을 허용하고 있다.

1.3. 우리나라 식품의 건강 기능성

우리나라는 예부터 식품의 건강 효능에 대하여 인식하고 있었는데 이러한 전통을 발전시키는 동시에 식품의 안전성 확보와 품질 향상을 통하여 소비자를 보호할 목적으로 「건강기능식품에 관한 법률(부록 참조)°」을 2004년부터 시행하고 있다. 이 제도는 허가제로 식품의약품안전처에서 운영하고 있으며, 개별 사업자가 제출한 자료를 검토하여 해당 건강 기능성 표기를 허가해 주고 있다. 사업자가 제출한 자료는 절차에 따라 기능성, 안전성 및 원료 표준화를 평가하여 해당 효능이 있는 것으로 검증이 되면 "건강기능식품"으로 허가해 준다. 초기에는 건강기능식품을 질병을 예방하는 약품의 관점에서 정의하고 규정하였으나 최근에는 보완을 통하여 일반 식품에도 적용할 수 있도록 개정되었다.

「건강기능식품에 관한 법률」에는 건강기능식품에 대한 정의를 포함한 상세 운영에 필요한 포괄적 내용이 규정되어 있으며 시행령, 시행규칙, 고시 등의 하위 법령으로 상세한 내용을 명시하고 있다. 특이 사항으로는 우리나라의 건강기능식품은 고시형과 개별 인정형의 두 가지가 있는데, 고시형은 식품의약품안전처에서 특정 식품이나 식품 원료에 대한 효능을 규정해 놓고 심사를 거쳐 규격에 맞는 제품을 건강기능식품으로 허가한 것이며, 개별 인정형은 개별 사업자가 식품의약품안전처에 자료를 제출하여 기능성과 안전성에 대한 평가를 받고서 건강기능식품으로 허가받는 것이다. 즉 고시형은 식품의약품안전처가 규정한 규격과 절차에 맞는 제품을 제조하면 개별사업자가 누구나 해당하는 건강기능식품을 제조, 판매할 수 있는 제도이며, 개별 인정형의 경우 개별사업자가 특정 원료의 규격, 안전성, 기능성 자료를 식품의약품안전처에 제출하여 허가를 받아 판매하는 제도이다.

1.4. 우리나라 건강기능식품의 기능성 표시

식품의 건강 기능성 표시는 의약품의 효능과 혼동하는 경우가 많아서 서로 간의 명쾌한 구분은 어려운 숙제이다. 이를 해결하기 위한 노력으로 우리나라는 식품의 건강 효능 표시를 코덱스(Codex, 국제식품규격위원회가 정한 국제식품규격)의 기능성 표시에 근거하여 정하였다. 코덱스에는 기능성 표시를 비타민과 같은 식품의 영양소 기능 표시(nutrient function claim), 기타 기능 표시(other function claim), 질병 발생 위험 감소 표시(reduction of disease

° 「건강기능식품에 관한 법률」에 대한 최신 내용은 식품의약품안전처 홈페이지(http://www.mfds.go.kr/)와 식품의약품안전처 건강기능식품 홈페이지(http://www.foodnara.go.kr/hfoodi/)에서 확인할 수 있습니다.

| 표 1-1 | 건강기능식품 기능성 원료 인정 평가

표준화 평가	안전성 평가	기능성 평가
지표 성분 함량에 의한 표준화	안전성 자료 독성시험 자료	연구의 유형, 양, 질, 일관성, 활용성 평가

risk claim)의 세 종류로 나누는데, 우리나라 제도도 이 기준을 근거로 태동하였으며 이후 기타 기능 표시의 모호함의 단점을 보완하기 위하여 생리 활성 기능 표시가 도입되는 등 제도의 개선과 발전을 이루고 있다.

우리나라의 건강기능식품 인정은 엄격한 평가 과정을 거치도록 되어 있다. 평가는 다양한 자료를 검토하여 근거 중심의 평가를 수행하는데 표준화, 안전성, 기능성의 세 가지 측면에서 엄격한 평가가 이루어진다. 표준화 평가는 원료물질이 일정한 제품 규격을 갖추고 있는지를 평가하는 것으로, 추출물을 건강기능식품으로 상용화하는 경우에 추출물의 규격을 분석 지표물질이나 효능 성분 함량에 따라 일정하게 유지하기 위한 규격이 올바로 설정되어 있는지를 원재료 측면과 제조공정 측면에서 평가한다. 안전성 평가는 섭취하였을 때 인체에 해가 되지 않는지를 평가하는 것으로, 기능성에 앞서 안전성이 반드시 확보되어야 한다. 안전성 평가를 위한 제출 자료는 식품의약품안전처 고시 제2007-51호에 제안된 의사 결정도에 따라 해당 물질의 특성에 맞추어 제출하여야 한다. 만약 독성시험 자료가 필요한 경우에는 대부분 건강기능식품으로 상용화되기가 어렵기는 하지만, 우수실험실운영규정(good laboratory practice, GLP) 인증기관에서 OECD 독성시험 가이드라인에 따른 독성시험 결과를 첨부하여야 한다(표 1-1). 이와 관련한 독성시험 내용은 13장에서 다루기로 한다.

1.5. 식품과 의약품의 효능

우리나라의 건강기능식품은 안전성이 확보되고 표준화된 원료를 이용하여 건강 기능성

tip

OECD 독성 시험 가이드라인

OECD에서 규정하고 있는 독성시험 평가 안내 지침. 독성 평가 시에는 동물을 이용한 단회 및 반복 투여 독성시험, 생식 독성 및 유전 독성 시험법에 관한 지침서를 의미한다. 이 가이드라인에 따라 적절한 실험 시설에서 수행한 실험한 결과는 국제적으로 공인을 받을 수 있다.

을 과학적으로 입증하여 인체의 정상적 기능을 유지하고 개선하는 목적으로 사용되는 식품이다. 건강 효능 평가는 의약품과는 다른 근거 수준으로 평가하는 데, 즉 섭취함에 따라 병에 걸리는 환자 수의 감소가 아니라, 질병의 예측 인자를 개선하는 효과를 평가하게 된다. 예를 들면 건강기능식품을 섭취함으로써 심장병에 걸리는 환자 수를 감소시키는 효과를 평가하는 것이 아니라, 심장병의 주요 예측 인자인 LDL 콜레스테롤의 농도를 낮추는 효과를 평가하는 것이다. 이는 얼핏 비슷한 것이라 오인할 수도 있으나 약리학적 측면이나 효능실험의 근거 수준에서는 큰 차이가 있다. 즉, 건강기능식품은 말 그대로 건강 유지에 도움을 주는 식품으로, 질병의 치료가 목적이 아니다.

물론 식품이지만 질병 치료의 효능이 확인되면 의약품으로 개발할 수도 있다. 예를 들면 식품 유래 성분인 오메가-3 지방산은, 많은 연구 결과에서 치료 효능이 확인되어 심혈관계 치료 약물로도 사용되고 있다. 심혈관 질환의 치료제인 로바스타틴(lovastatin)은 식품 미생물의 발효산물에서 추출되어 약물로 개발되었으며, 누룩곰팡이인 홍국(紅麴)을 쌀에 발효시킨 홍국쌀의 효능 성분인 모나콜린 K(monacolin-K)도 로바스타틴과 동일한 물질이다. 홍국쌀은 우리나라에서 건강기능식품으로 허가되어 있다. 엉겅퀴의 일종인 밀크씨슬(milk thistle)에 함유되어 있는 실리마린(silymarin)도 간 보호 효능이 있는 건강기능식품인 동시에 독성 간질환 치료제로 사용되고 있다. 이러한 경우는 주로 투여량에 따라 저농도에서는 건강기능식품으로, 고농도에서는 치료제로 인정되는 경우가 많다. 식품 소재가 의약품 용도로 인정받기 위해서는 오랜 시간에 걸친 많은 연구 결과가 축적되어야 하며, 질병 치료 효과가 명확하게 규명되어야 가능하다.

1.6. 식품 기능성론

우리나라의 건강기능식품은 앞에서 언급한 대로 법률이 규정하는 절차를 따라 식품의약품안전처의 허가를 받아 소비자에게 유통된다. 본 교재에서는 식품의 기능성을 건강기능식품의 테두리에 국한하지 않고, 보다 포괄적으로 다루고 있다. 맛과 향기에 대한 감각, 화학기능과 식품의 주요 건강 효능의 종류와 평가, 그리고 세계적으로 많이 소비되고 있는 건강효능에 대한 연구가 많이 축적된 식품에 대한 지식을 공부하기로 한다.

단원정리

1. 식품의 기능성은 과학적 특징에 따라 물리적, 화학적, 생물학적 기능성으로 나눌 수 있으며, 1차 영양 기능성, 2차 기호 기능성, 3차 건강 기능성으로 구별할 수 있다.
2. 건강기능식품은 각국의 역사적, 사회적 배경에 따라 만들어진 제도에 따라 다양한 형태로 존재하며, 국내 건강기능식품은 「건강기능식품에 관한 법률」에 따라 식품의약품안전처의 허가를 받아 제품화하는 허가제도로 되어 있다.
3. 건강기능식품 개발에서는 원료의 표준화, 안전성 및 기능성의 확보가 가장 중요한 3요소이다.

연습문제

1 식품의 기능을 1, 2, 3차 기능으로 나누고 각각의 특징을 설명하시오.

2 우리나라에서 건강기능식품으로 허가를 받기 위한 주요 평가 지표에 대하여 설명하시오.

3 우리나라 건강기능식품 중 개별 사업자가 자료를 제출하여 식약처의 허가를 받아 제품화하는 건강기능식품을 무엇이라 하는지 말하시오.

1. 식품의 기능은 1, 2, 3차 기능으로 나누기도 하는데 1차 기능은 영양소 기능, 2차 기능은 맛과 향 등 기호성 기능, 3차 기능은 몸의 생리적 활성을 조절하는 건강기능을 의미한다.
2. 건강기능식품은 식품의약품안전처의 평가를 통해 허가를 받아야 제품으로 만들어 상용화할 수 있다. 평가 과정에서는 원료물질의 표준화, 몸에 해를 주지 않는다는 안전성, 효능이 있는지의 여부를 판단하는 기능성 평가의 3가지가 주요 평가 지표라고 할 수 있다
3. 개별 인정형 건강기능식품

PART II

식품의 감각 기능

CHAPTER
02 맛의 화학 및 생물학

예부터 오감을 자극하는 식품이 건강에 좋다는 말이 있는데, 지금부터 두 장(chapter)에 걸쳐 우리가 어떻게 식품 성분에서 맛과 향기를 느끼게 되는지를 공부하고자 한다. 먼저 2장에서는 인간의 오감 중 식품과 가장 밀접한 감각 중의 하나로서, 식품이나 독성 성분의 맛을 느낄 수 있는 미각°을 다룬다. 지금까지 주요한 맛의 종류로 인식되어 온 단맛, 쓴맛, 감칠맛, 신맛, 짠맛을 감각하는 미각은 매우 복잡한 생물학적 메커니즘을 통해 맛 정보를 혀에서 대뇌로 전달하게 된다.

1. 미각 시스템의 해부학 및 생리학

사람이 식품의 맛(taste)을 인지하기까지는 여러 단계의 복잡한 과정을 거치게 된다(그림 2-1). 입안으로 들어온 음식물은 씹고 침과 섞이면서 분쇄와 수화 과정을 거쳐 작은 분자 단위로 된다. 이 음식물 분자들은 맛 공극으로 흘러 들어가서 주로 혀 가장자리에 분포하는 거친 타원 모양의 맛꼭지(papillae) 구조 내의 맛봉오리(taste bud)와 만나게 된다. 맛봉오리에는 다수의 맛수용체세포(taste receptor cells, TRCs)가 자리 잡고 있는데, 개별 맛수용체세포들은 한정된 숫자의 분자 종류에 반응한다. 이들 맛수용체세포가 반응 선호도가 높은 분자들과 만나면 활동전위(action potential)°가 일어나 뇌신경(cranial nerves)을 따라 이들 정보를 뇌로 전달한다.

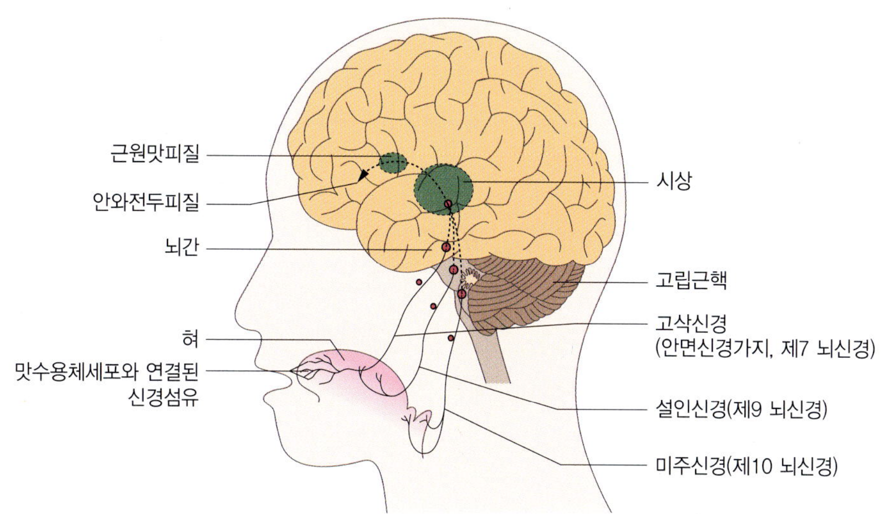

| 그림 2-1 | 맛꼭지 내 맛봉오리 유래의 신경 신호들은 제7, 9, 10 뇌신경을 통해 뇌로 전달된다.

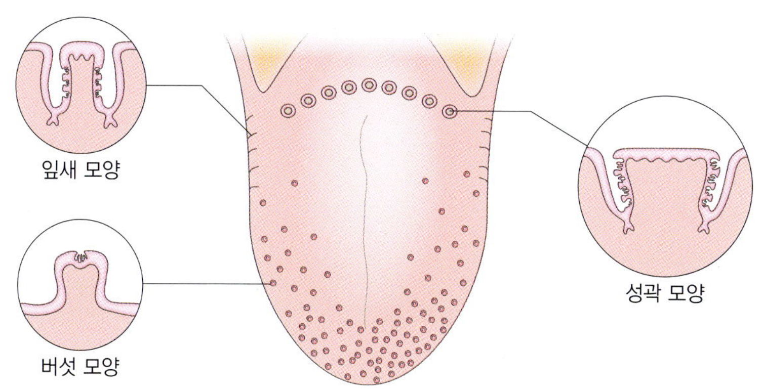

| 그림 2-2 | 맛꼭지 모양별로 혀의 위치를 나타내었다.

1.1 맛꼭지

맛꼭지는 혀의 표면을 울퉁불퉁하게 하며 실 모양(filiform), 버섯 모양(fungiform), 잎새 모양(foliate), 성곽 모양(circumvallate)의 4가지 종류가 있다(그림 2-2). 이들 중 실 모양을 제

미각 맛을 느끼는 감각. 주로 혀의 맛봉오리가 침에 녹은 화학물질에 반응하여 일어난다.
활동전위 근육 및 신경세포의 활성화에 의한 세포막의 일시적 전위 변화를 가리키며, 세포에 존재하는 나트륨, 칼륨 등의 이온펌프의 작동에 의해 세포 안팎의 이온 조성 차이로 일어난다.
맛꼭지 혀의 표면에 울퉁불퉁한 질감을 주는 미세한 돌기 혹은 섬유상 구조체로, 형태적 특성에 따라 4가지로 구분한다.

외한 3가지 모양의 맛꼭지가 맛봉오리를 갖는다. 실 모양의 맛꼭지는 맛 감각 기능은 없으며, 주로 혀의 앞쪽에 분포한다. 혀 표면의 울퉁불퉁한 구조 대부분은 이 맛꼭지 때문이다. 버섯 모양 맛꼭지는 작은 양송이 버섯을 닮았으며 역시 혀의 앞쪽에 분포하고, 크기는 매우 다양하나 지름이 최대 약 1 mm로 맨눈으로도 볼 수 있다. 버섯 모양 맛꼭지 하나의 표면에 평균 약 6개의 맛봉오리가 묻혀 있다. 잎새 모양 맛꼭지는 혀 안쪽 측면에 분포하며, 확대하면 반복적인 주름 모양을 볼 수 있는데 이 주름 안쪽에 맛봉오리가 숨겨져 있다. 성곽 모양 맛꼭지는 상대적으로 크고 둥근 구조를 보이며 혀의 가장 안쪽에 원호 모양으로 배치되어 있다. 맛봉오리는 성곽 모양 주위의 파인 골 안에 분포한다. 사람들은 잘 모르고 있으나 연구개(soft palate)와 경구개(hard palate)가 만나는 입천장에도 맛봉오리가 분포한다.

1.2 맛봉오리와 맛수용체세포

맛봉오리°는 길게 신장된 세포들의 집합체로, 마치 오렌지 껍질을 제거했을 때 보이는 개별 과육들의 결합 상태와 유사하다. 특정 세포들의 말단 부분(맛수용체세포)에는 맛 물질과의 결합 부위를 가지는 가느다란 미세융모(microvilli)가 배치되어 있다. 맨 처음에는 이들 미세융모를 미세한 섬유구조로 잘못 알았으나 세포막의 연장선상에 있는 것으로 밝혀졌다(그림 2-3).

맛신경섬유는 한쪽 말단의 수용체와, 다른 쪽 말단에 뇌로 맛 정보를 전달하는 신경섬유가 연결된 구조로 알려져 왔다. 그러나 최소한 특정 수용체들은 맛신경섬유와 연결되어 있지 않은 세포들에 존재하고 있으며, 이들 수용체가 갖고 있는 정보는 다른 방법으로 신경섬

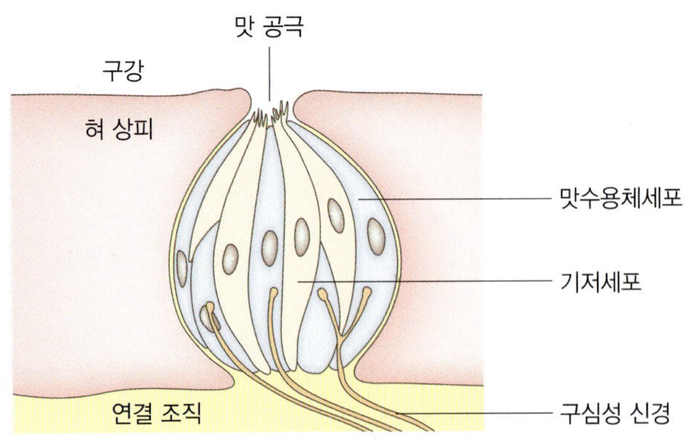

| 그림 2-3 | 버섯 모양 맛꼭지 조직에 묻혀 있는 맛봉오리

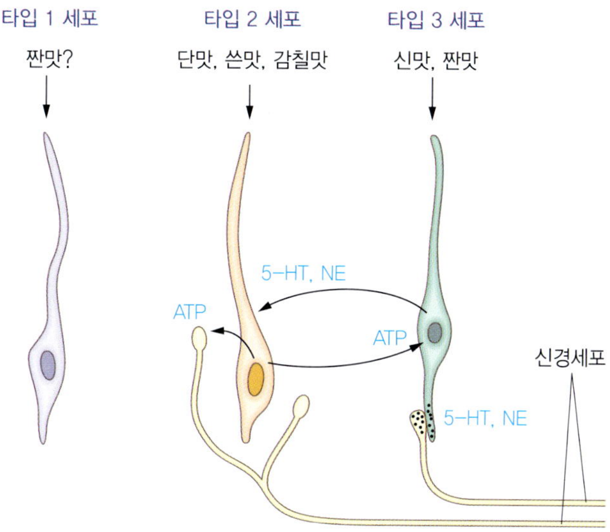

| 그림 2-4 | 3가지 맛수용체세포 타입의 자극이 맛신경에 반응하는 형식

타입 3 세포는 신경 접합부를 가지고 있다. 아데노신 트라이포스페이트(adenosine triphosphate, ATP), 5-하이드록시트립타민[5-hydroxytryptamine, 5-HT 또는 세로토닌(serotonin)], 노르에피네프린(norepinephrine, NE)은 신경전달물질로 신경 접합부 없이도 세포로부터 분비될 수 있다. 이들 신경전달물질은 맛신경섬유뿐만 아니라 인접한 세포에도 영향을 주어 궁극적으로는 뇌로 전달할 신경 신호를 생산한다.

유에 전달되어야 한다. 이 과정이 어떻게 진행되는지에 대한 상세한 메커니즘이 서서히 밝혀지고 있다. 해부학적으로 맛수용체세포는 서로 다른 맛의 특징을 중개하는 3가지 그룹으로 구분한다. 가장 잘 알려진 타입 1 세포는 짠맛에 반응하고 신경 접합부가 존재하지 않는다. 타입 2 세포는 단맛, 쓴맛, 또는 감칠맛에 반응한다. 이들 세포는 미세융모에 수용체 부위를 가지고 있지만 타입 1 세포와 마찬가지로 신경 접합부는 가지고 있지 않다. 타입 3 세포들은 신맛과 짠맛에 반응하며 신경 접합부를 갖는다(그림 2-4).

버섯 모양 맛꼭지는 맛봉오리로 들어가는 맛신경섬유가 분지되어 있어서 개별적인 세포는 하나 이상의 맛섬유에 의해 신경이 분포되어 있으며, 각각의 맛섬유는 하나 이상의 세포에 신경이 통한다. 맛수용체는 수명이 한정되어 있어서 사실상 며칠 후에는 맛수용체로서의 기능을 다하고 새로운 세포로 대체된다. 이와 같은 지속적인 재생 과정은 미각 체계가 다양한 원인으로 손상되어도 회복할 수 있게 한다. 이것은 사람의 미각 체계가 나이가 들어

맛봉오리 미뢰라고도 한다. 맛세포와 지지세포로 이루어져 있고 주로 혀에 분포하며 맛수용체를 지니고 있다.
신경전달물질 신경세포에서 분비되는 신호물질로 시냅스를 통해 인접한 신경세포의 전위를 높이거나 낮추는 역할을 한다.
맛수용체세포 맛봉오리 내에 존재하며 기본 맛인 짠맛, 신맛, 쓴맛, 단맛, 감칠맛을 구별하고 인지하는 기능을 담당한다.

도 어떻게 건강을 유지할 수 있는지에 대한 해답이기도 하다. 맛신경섬유로부터 전달된 기록을 살펴보면 특정 맛신경섬유와 접촉하는 맛수용체세포는 맛 자극에 대하여 유사한 특이성을 나타낸다는 것을 보여준다. 즉, 신경섬유들은 수용체세포들이 지속적으로 교체된다고 할지라도 어떻게든 신경 접합을 할 세포를 선택할 수 있어서 이들 신경섬유가 전달하는 메시지를 안정적으로 유지할 수 있도록 한다.

맛세포가 미세융모에 접촉하는 맛 물질을 인지할 수 있도록 하는 메커니즘은 크게 2가지로 구분할 수 있다. 맛 물질의 한 그룹은 짠맛과 신맛을 인지하는, 작고 전하를 띠는 분자들로 구성된다. 미세융모 세포막 안쪽에 이온 채널은 다른 분자들의 진입은 막으면서 특정 전하를 띠는 분자들은 세포 안으로 들어갈 수 있도록 한다. 짠맛과 신맛을 가지는 식품 내의 전하 입자들이 짠맛과 신맛의 수용체세포로 들어가면 이들 세포들이 각각의 맛에 대한 신호를 보낸다. 단맛 또는 쓴맛의 감각을 생산하는 두 번째 그룹의 맛 물질은 G단백질결합수용체(G protein-coupled receptors, GPCRs)°을 활용하여 후각 시스템과 유사한 메커니즘을 통해 인지된다. 이들 GPCRs은 미세융모 세포막을 관통하여 위치하고 있으며, 특정 맛 물질 분자가 세포막 바깥쪽의 GPCR 부위와 완벽하게 결합하면 세포 안쪽의 GRCP 부위가 최종적으로 뇌로 전달할 활동전위를 발생시켜 분자 수준의 일련의 반응들이 일어난다.

2. 중앙 신경계의 맛 감각 처리 과정

맛봉오리에서 전달된 맛 감각 정보는 뇌신경을 통해서 이동하는데 대뇌피질(cortex)에 도달하기 전에 연수(medulla)와 시상(thalamus) 내 중간 기착지를 거친다. 맛의 1차적 처리를 담당하는 피질 영역(맛 정보를 가장 처음 수용하는 피질 부위)은 섬피질(insular cortex) 또는 미각피질(gustatory cortex)이라는 부위이다. 안와전두피질(orbitofrontal cortex)은 섬피질로부터 방출물을 전달받는다. 특정 안와전두피질의 신경세포는 다양한 모드로 반응한다. 즉, 이들 신경세포는 통합 영역의 역할을 담당하여 맛뿐만 아니라 온도, 접촉, 냄새 등에도 반응한다(그림 2-5).

3. 맛의 종류와 맛 성분

현재 보편적으로 받아들여지는 기본 맛의 종류는 4가지로 짠맛, 신맛, 쓴맛, 단맛이다. 이

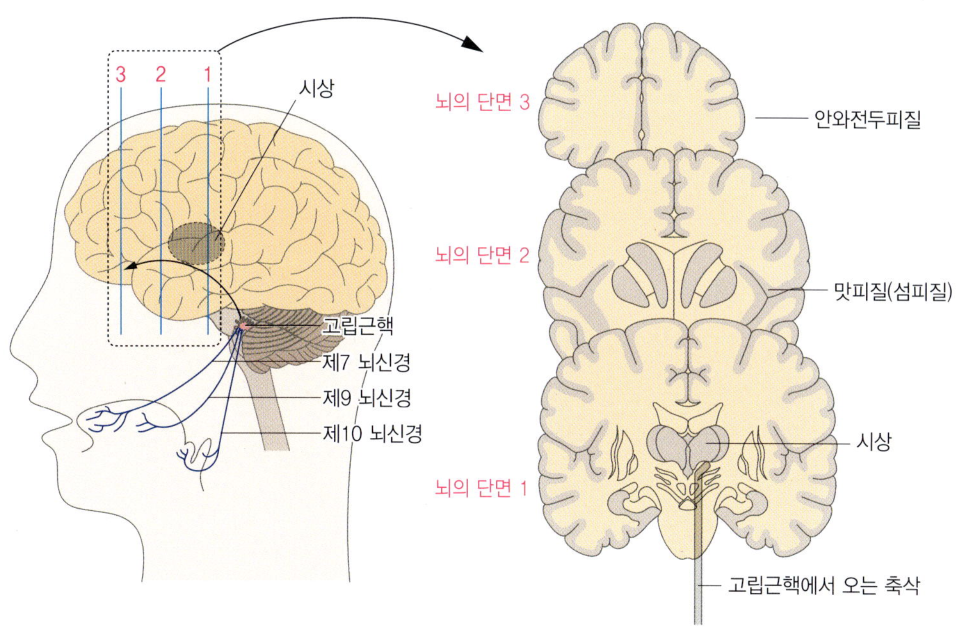

| 그림 2-5 | 맛 정보는 제7, 9, 10 뇌신경을 통하여 혀에서 연수로 전달되고 다시 시상(뇌의 단면 1), 그리고 섬피질(단면 2), 최종적으로 안와전두피질(단면 3)로 이동한다.

들 기본 맛들의 가장 중요한 특징은 이들에 대한 우리의 좋고 싫음이 뇌에 내장되어 있다는 것이다. 즉, 인간에게는 근본적으로 태어날 때부터 이들 맛에 대한 선호도가 각인되어 있다.

3.1. 짠맛

모든 염류는 최소한이라도 짠맛(salty)을 지니며, 서로 다른 양전하와 음전하를 가지는 입자들로 구성되어 있다. 예를 들어 일반 가정에서 사용하는 식탁용 소금은 순수한 염류 중 가장 큰 짠맛을 보이는 염화나트륨(NaCl)으로, 나트륨은 양이온(Na^+)이고 염소는 음이온(Cl^-)이다. 이 중 짠맛의 원인은 양이온인 나트륨이다. 즉, 짠맛은 염류의 양이온으로부터 생산되는 맛의 특징이다. 염류 중에는 칼륨이온처럼 짠맛과 더불어 쓴맛의 특징을 보이는 것도 있다. 나트륨은 신경과 근육 기능을 유지하기 위해 체내에 상대적으로 많은 양이 존재하여야 한다. 체내 나트륨의 과도한 손실은 곧바로 죽음으로 이어질 수도 있다.

사람의 짠맛 인지 능력은 융통성 있게 변화할 수 있다. 식이 패턴이 짠맛에 대한 감각에

G단백질결합수용체 세포 밖의 특정 분자의 자극을 인식하여 세포 내의 신호 전달 체계를 활성화시키는 단백질 기반 수용체이다.

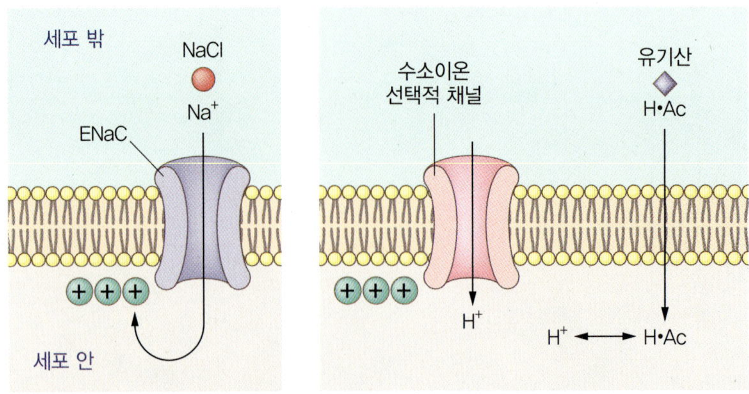

| 그림 2-6 | 이온성 자극(짠맛과 신맛)에 대하여 차별화된 수용체의 반응 메커니즘을 나타내는 맛수용체세포

영향을 줄 수 있는 것으로 알려져 있다. 저염식을 하는 사람은 지속적으로 적은 양의 나트륨을 섭취함으로써 짠맛에 대한 민감도가 높아진다. 나트륨 섭취를 줄이는 데 성공한 사람은 자신이 기존에 즐겼던 음식을 지나칠 정도로 짜게 느낀다고 한다. 이와 같이 맛 감각 기능의 적응은 나트륨 섭취를 줄이는 데 도움을 주기도 한다.

3.2. 신맛

수소이온(H^+)과 수산이온(OH^-)을 동일한 비율로 가지고 있는 용액은 물이다. 수소이온의 상대적 비율이 증가함에 따라 용액은 산성 쪽으로 기운다. 신맛(sour)은 바로 이 수소이온에 의해서 파생되는 특성이다. 수소이온은 이온 채널을 통해 수용체세포 안으로 유입된다. 하지만 신맛의 경우 이와는 다른 메커니즘을 통해 해리되지 않은 산성 분자도 세포 안으로 유입할 수 있도록 허용한다. 이와 같은 비해리 산성 분자는 세포 내에서 해리된다. 궁극적으로 신맛을 유발하는 맛 자극은 수용체세포 안에서의 수소이온 농도와 직접적인 관계가 있다. 사람들은 상대적으로 농도가 낮은 산의 신맛을 좋아한다. 즉, 다수의 성인은 김치, 피클, 요거트 등의 젖산을 통해 얻게 되는 신맛을 좋아하고, 어린이들은 시큼한 사탕을 좋아하는 경우가 많다. 그러나 산의 농도가 지나치게 높아지면 신체 내외부의 조직에 손상을 주기도 한다(그림 2-6).

수소이온의 농도, 음이온의 종류, 인지되는 산의 강도 사이의 관계에 대해서는 아직 정확히 이해하지 못하고 있다. 예를 들어 pH가 유기산의 신맛 강도를 예측할 수 있는 좋은 지표가 아님을 알고 있다. 오히려 적정 산도가 주요한 신맛 강도를 예측하는 인자임이 분명하다.

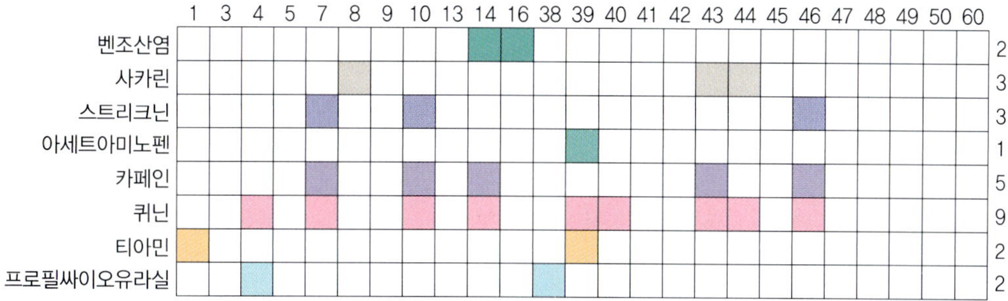

| 그림 2-7 | 일부 쓴맛수용체 종류별로 쓴맛 화합물에 대한 활성화 관계 제시

쓴맛수용체 번호가 표의 상단에 제시되어 있으며, 일반적인 쓴맛 화합물의 예시를 왼쪽 축에 나열하였다. 각각의 박스 내에 서로 다른 색 농도로 채워진 것은 왼쪽에 제시한 쓴맛 화합물에 대하여 반응을 보이는 수용체들이다. 주어진 화합물에 활성화되는 수용체의 총 개수를 오른쪽 축에 표시하였다.

3.3. 쓴맛

인간유전체사업(Human Genome Project)을 통하여 약 25종의 쓴맛(bitter) 수용체 역할을 하는 다수의 유전자군을 밝혀내었다. 쓴맛 유전자군은 *TAS2R*로, 여기서 *TAS*는 맛(taste), 2는 쓴맛에 해당하는 번호이고 R은 해당 유전자군의 특정 유전자를 가리킨다. 해당 유전자로부터 발현된 수용체 단백질은 이탤릭체가 아니라 정체로 TAS2R# 또는 T2R#(여기서 #은 수용체 번호)이라고 표기한다. 어떻게 25종의 쓴맛수용체가 수천 가지가 넘는 쓴맛 분자들에 대한 반응을 감당해내는 것일까? 다음과 같은 사실에서 부분적인 해답을 얻을 수 있다. 일부 T2 수용체는 특정 지어진 구조의 화합물에만 반응한다. 즉, 프로필싸이오유라실(propylthiouracil, PROP) 수용체는 화학구조적으로 연관되어 있는 소수의 화합물에만 반응한다. 그렇지만 다른 수용체들은 다수의 폭넓은 범위의 화합물에 반응한다. 이는 일종의 쓴맛 자극물질이 다수의 쓴맛수용체를 자극한다고 볼 수 있다. 즉, 퀴닌(quinine)은 25종의 수용체 중 9종을 활성화시키는 것으로 알려져 있다(그림 2-7).

3.4. 단맛

기본적으로 단맛(sweet)은 당류에서 비롯된다. 단맛이 큰 당류 중의 하나인 포도당은 사람을 비롯한 지구상의 거의 모든 생명체에게 가장 중요한 에너지원이 된다. 식탁에 올라오는 가장 일반적인 당류인 설탕은 단맛의 강도가 더 세다. 단맛의 생물학적 기능성은 쓴맛과는 다르다. 단맛수용체가 적응해 온 방식이 쓴맛과의 생물학적 차이를 뒷받침한다. 수많은 다양한 구조의 분자들이 쓴맛을 가지고 있으나, 미각의 생물학적 임무는 쓴맛 분자들 간의 구별이 아니라 이들 모두를 회피하는 방식으로 진화해 왔다. 따라서 다수의 쓴맛수용체가 다양한 구조의 독성물질에 관여하지만, 결국 쓴맛은 공통된 과정을 통하여 전달되고 배출된다.

단맛과 관련해서 일부 생물학적으로 쓸모 없는 당류가 포도당, 과당, 그리고 자당과 매우 유사한 구조를 가지는 경우가 있는데, 이때 맛 인지 체계의 임무는 생물학적으로 중요한 당류는 단맛 자극을 나타내고 다른 것은 나타내지 못하도록 수용체를 매우 섬세하게 조율하는 데 있다. 단맛의 생물학적 목적과 일관되게 단맛수용체를 발현하는 유전자군은 매우 적어서 *TAS1R1*, *TAS1R2*, 그리고 *TAS1R3*로만 구성되어 있다. 이들 유전자는 T1R1, T1R2, T1R3의 3가지 서로 다른 GPCRs을 발현한다. T1R2과 T1R3 수용체는 서로 헤테로이합체(heterodimer) 형태로 결합하여 잘 알려진 단맛수용체 역할을 수행한다. 이러한 조합을 갖는 수용체의 복잡한 세포 외각 부위는 서로 다른 화학구조의 감미 소재가 결합할 수 있는 다양한 자리를 제공한다. 예를 들어 단맛 단백질은 자당과 같은 작은 감미 소재에 비해 훨씬 크며, 이들 단백질은 세포막 안에 위치한 도메인에 쐐기와 같은 역할로 결합하여 수용체를 활성화시킨다. 당류, 사카린, 아스파탐 등 작은 크기의 감미 소재들은 동일한 위치에 결합하거나 수용체 상의 다른 자리에 결합할 수 있다(그림 2-8).

T1R2-T1R3 헤테로이합체 수용체가 모든 단맛 인지 메커니즘의 초기 단계를 설명할 수 있을 것으로 판단하였다. 하지만 헤테로이합체가 어떠한 방식으로 자극을 받든지 수용체는 오로지 한 가지 신호만을 생산한다. 따라서 당류와 고감미 소재 모두 동일한 단맛을 가질 것으로 판단하였다. 그러나 사카린과 아스파탐 등 인공 감미료는 당류가 동일한 단맛을 가

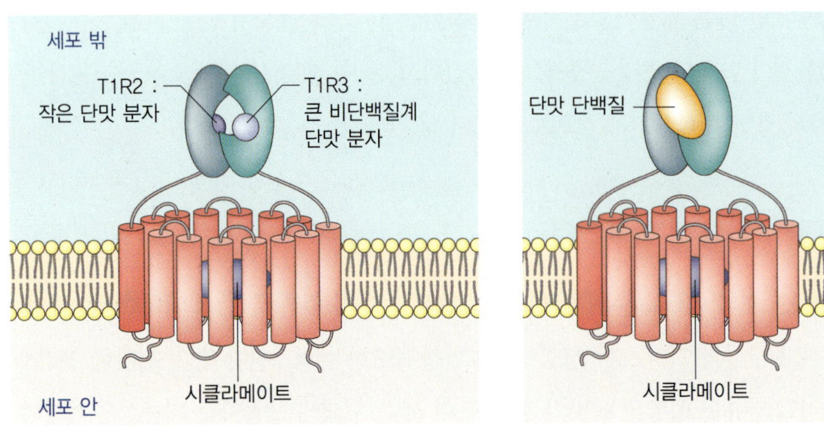

| 그림 2-8 | T1R2-T1R3 복합 단맛수용체의 구조로, 크고 작은 단맛 분자들이 결합한 상태를 보여준다.

지지 않는다. 인공 감미료는 그 차이를 설명하는 부가적인 맛의 특징을 나타낸다. 예를 들어 사카린은 단맛 이외에 쓴맛을 나타내는데, 사람에 따라서는 사카린의 쓴맛을 전혀 인지하지 못하는 이도 있다. T1R3 수용체는 자당의 농도가 높을 때에 한해서 단독으로 단맛을 인지하는 듯 보인다. 더욱이 이 헤테로이합체와는 또 다른 메커니즘을 통하여 단맛을 감지하는 것으로 파악된다. 따라서 당류와 인공 감미료의 단맛 차이를 느끼는 이유가 설명되었다. 맛 인지 체계가 생물학적으로 유용한 당류에 아주 정교하게 맞추어져 있다면 인공 감미료의 경우에는 어떤 일이 벌어질까? 이들 비당질계 감미 소재가 우연히 단맛 복합 수용체를 자극하여 단맛을 나타내는 것일까? 인공 감미료는 의학적으로 유용한가? 확실한 것은 당뇨병 환자들이 당류로 인한 위험 없이 단맛을 즐길 수 있다는 사실이다. 그러나 인공 감미료가 체중 감소를 위한 만병통치약이 될 것이라는 초기의 희망은 기대할 수 없는 듯하다.

겉으로 보이기에는 다양한 구조를 가진 수많은 화합물이 단맛을 부여할 수 있는 것으로 보인다. 화합물의 단맛을 예측할 수 있는 기본적인 구조 결정 인자가 있는 것으로 보이며, 이들의 규칙에 따라 주어진 특정 화합물군 내에서는 고감미 소재를 디자인할 수 있다. 화학구조로 단맛을 예측하기 위한 이러한 규칙이 단맛수용체의 존재를 예견할 수는 있을지 모르지만, 채택된 화학구조 체제에 잘 들어맞지는 않으나 단맛을 나타내는 아세트산납(lead acetate), 클로로폼(chloroform) 같은 화합물이 존재한다. 또한 거의 모든 단당류의 입체 이성질체가 단맛을 가지고 있는 것으로 알려져 있다. 이러한 차이는 단맛이 최소한 부분적으로 맛수용체세포에 특이적이지 않은 단백질들과 특정 자극 간의 상호작용 때문이며, 그럼에도 궁극적으로 2차 메신저 생산으로 이어지거나 신경전달물질 방출을 가능케 하는 세포 내 이온 환경의 충분한 변화로 이어져 전달 과정에 참여할 수 있다. 여기서 한 가지, 가능한 단백질은 GTP 결합단백질이며 다른 가능한 단백질로는 이온 채널들을 들 수 있다.

3.5. 감칠맛

감칠맛(umami)은 글루탐산의 나트륨염인 L-글루탐산일나트륨(monosodium L-glutamate, MSG) 제조회사의 홍보용 광고에서 5번째 기본 맛의 후보로서 등장하였다. MSG는 시판 초기에는 불쾌한 맛을 억제하고 좋은 맛을 증진시키는 향미 증진제로 판매되었다. MSG가 단백질의 신호이기에 영양학적으로도 중요한 역할을 한다는 추론을 바탕으로 5번째 기본 맛으로 분류할 수 있다는 주장이었으나, 실상 MSG는 단백질을 함유하는 많은 식품에서 감각되지 않는다. 또한 기본 맛 4가지는 뇌에 각인되어 있다는 차별성을 가지고 있으나, 감칠맛은 사람에 따라 선호도가 다르므로 기본 맛으로서의 자격이 없다는 주장이 있다. 여기에는 맛에 대한 생리학과 정신물리학 사이에 대두되는 흥미로운 특징이 있다. 생리학적으로는 입과 장관 내에 글루탐산 수용체가 존재하고 글루탐산 인지가 이루어지는 것으로 보인다. 반면에 정신물리학적으로는 이들 수용체의 자극이 감칠맛에 기존의 4가지 기본 맛과 같은 자격을 부여하는 감각을 가져다주는 것으로 보이지 않는다. 글루탐산은 중요한 신경전달물질 중의 하나이기에 이 분자에 대한 수용체는 몸 전체에 분포한다. 쥐의 맛꼭지에 글루탐산 수용체가 존재한다는 것이 밝혀졌을 때, 이들 수용체가 감칠맛의 신호 전달을 위해 맛 인지 체계에 결합되어 있다는 논의는 존중을 받게 되었다. 글루탐산에 반응하는 수용체는 여러 종이 있는 것으로 보인다. 단맛 물질이 T1R2-T1R3 복합 수용체를 자극하듯이 감칠맛 물질은 다른 종류의 T1R1-T1R3 복합 수용체를 자극한다.

4. 세포 수준에서의 맛 인지 메커니즘

생물학과 전기생리학 연구에 따르면 맛세포들은 다양한 메커니즘을 통해 화학적 정보를 세포 안으로 신호를 전달한다. 신맛과 짠맛 성분의 검출은 이온 채널을 통해 이루어지는 반면에 단맛, 쓴맛, 감칠맛의 전달 체계는 일련의 세포 내 신호 전달 체계와 결합된 막수용체 단백질이 관여한다. 각각의 수용체세포 및 신경세포가 하나의 맛 성분에 가장 강하게 반응하더라도 성질이 다른 맛을 가지는 하나 또는 그 이상의 맛 자극에 반응하기도 한다.

짠맛은 나트륨이온이 맛세포 정점의 미세융모상 이온 채널을 통과할 때 나타난다. 나트륨이온의 세포 내 축적으로 탈분극°이 일어나고 칼슘이온은 세포 안으로 유입된다. 세포 안으로 들어간 칼슘이온은 다시 신경전달물질을 방출시킨다. 신경 말단은 이들 메시지를 받아 신호 자극을 뇌로 전달한다. 맛세포는 부분적으로 칼륨이온 채널을 열어 칼륨이온을 내보냄으로써 다시 분극화된 상태로 돌아간다(그림 2-9). 짠맛은 많은 이온성 맛 성분에 의해 발생하지만 포유류에서는 거의 나트륨과 연관되어 있다. 칼륨이나 기타 1가 양이온들의 출입이 가능하나, 나트륨보다 이온 채널을 더욱 수월하게 이동하는 유일한 염류는 리튬이다. 염류를 감지하는 하나의 메커니즘은 아밀로라이드에 민감한 상피 나트륨 채널(amiloride-sensitive epithelial sodium channel, ENaC)이다. 음이온 역시 짠맛을 감지하는 데 중요한 역할을 하는데 이는 양이온으로부터의 해리와 세포 밖 공간으로의 침투 능력과 관련이 있다. 염소이온이 신속하게 세포 사이의 접합부위들을 통과하는 것은 세포 주변의 이온 조성을 변화시켜 나트륨의 유입을 돕는다. 따라서 음이온의 크기가 커질수록 침투력이 떨어져 짠맛의 강도는 떨어진다.

산은 용액 내의 수소이온 농도에 따라 신맛을 나타낸다. 생체 내에서나 분리된 맛세포 수준에서 신경 전달 기록을 보면 산 자극이 pH보다는 적정 산도에 따라 농도 의존적으로 맛세포에서 활동 전위를 일으킨다. 이는 신맛에 대한 인지는 수소이온 개수와 직접적으로 연관이 있다는 것을 뜻한다. 수소이온은 3가지 방식으로 맛세포에 작용한다. 즉, 직접적인 세포 내 유입, 미세융모상 칼륨이온 채널 차단, 미세융모상 다른 양이온 채널에 결합 및 열림이다(그림 2-9). 결과적으로 양이온의 축적은 세포를 탈분극화시키고 신경전달물질을 방출시킨다. 흥미롭게도 나트륨이온의 전달 체계와 유사하게 데게네린/상피 나트륨이온 채널(degenerin/epithelial Na^+ channel, DEG/ENaC) 그룹군이 산 전달에도 중요한 역할을 하는 것으로 알려져 있다. 수소이온이 ENaC를 이송 채널로 사용함으로써 맛세포의 탈분극화는, 햄스터에서 낮은 나트륨 농도의 점막 조건 하에서 신맛의 전달에 기여하는 것으로 보고되었다. 더욱이 기타 다른 DEG/ENaC 그룹군 모두 수소이온에 의해 활성화된 양이온 채널의 기능을 한다. 따라서 산에 의해 자극을 받은 이들 채널들은 이들이 존재하는 세포 내에서 탈분극을 일으킬 것으로 예측된다.

설탕이나 인공 감미료 등을 통한 단맛 자극은 인간을 포함한 포유류에서 강력한 쾌락적 효과를 자아낸다. 단맛의 인지는 TRCs의 말단 정점 부위에 있는 GPCR과 단맛 물질과의 상호작용으로 개시된다. 단맛 물질이 GPCR로 명명된 분자들과 결합된 맛세포 표면 상의 수용체가 단맛 자극제와 결합할 때에 G-단백질 단위체(subunit)의 분리를 유도한다. 이 분리된 단위체들은 다른 세포 내 과정을 활성화시키는데 여기서는 2차 메신저를 생산하는 단백질을 포함한다. 흥미롭게도 천연 감미 소재들은 cAMP 의존적 칼륨 채널을 억제하는 과정을 활성화시키며 이와는 달리 인공 감미료는 또 다른 2차 메신저인 이노신삼인산(inosine triphosphate, IP_3)의 생산으로 세포 내에 저장된 칼슘이온을 방출시키도록 한다. 그렇지만 이 2가지 모두 최종 단계는 세포의 탈분극화와 신경전달물질의 방출이다(그림 2-6 참조).

쓴맛은 퀴닌과 6-*n*-프로필-2-싸이오유라실(6-*n*-propyl-2-thiouracil, PROP)과 같은 맛 성분에 의해 나타난다. 단맛이나 감칠맛과 같이 쓴맛은 GPCR과 2차 메신저를 통해서 작용한다. 쓴맛 자극제는 포스포리파아제 C(phospholipase C, PLCβ2)를 활성화시키고 IP_3 생산과

탈분극 세포 안팎의 전위 차이는 외부에 비해 상대적으로 음전하량이 많은 세포 내 환경과의 차이로 발생하며, 특정 자극에 의해 전압 유도 이온 채널이 열리게 되면 나트륨이온의 급격한 세포 내로의 유입을 통해 양전하량이 증가함을 의미한다.

세포 내에 저장되어 있는 칼슘을 방출시킨다(그림 2-6 참조). 이 칼슘 농도의 증가는 탈분극과 신경전달물질의 방출을 일으킨다. 쓴맛은 항상 즐겁지 못한 자극이지만, 효과적으로 잠재적 독성이나 위해 화합물의 섭취에 대한 경고를 줄 수 있다.

감칠맛은 글루탐산과 같은 아미노산에서 유래되는 맛 성분이다. 글루탐산이 GPCR과 결합하여 2차 메신저를 활성화시키는 것으로 알려져 있다. 글루탐산은 이온 채널형과 대사형의 2가지 다른 작용방식을 나타내는 것으로 보인다. 감칠맛의 인지는 육류, 어류, 콩과식물 내 단백질을 구성하는 아미노산의 일종인 글루탐산이 가장 강력하게 유발할 수 있다. 글루탐산은 MSG의 형태로 풍미 증진제로도 활용된다. 감칠맛에 관련된 유전 연구는, 글루탐산이 중요한 영양소이기 때문에 특정 동물들은 이를 맛볼 수 있는 능력을 갖추도록 진화해 왔다는 가설을 내놓았다. 최근 분자 수준에서의 감칠맛에 대한 연구는 T1R 그룹의 3가지 군 중 T1R1이 T1R3와 결합하여 이종(heterologous) 발현 시스템에서 감칠맛수용체로서 역할을 하고 있음을 보여주었다.

포유류에서는 단맛, 감칠맛, 쓴맛 물질들이 주로 혀 상피의 맛봉오리에 모여 있는 맛세포에 발현되는 GPCR에 의해 인식된다. 자극제에 의한 맛세포의 활성화는 구심성 신경을 통하여 확산되고 뇌 안의 맛 중심에서 처리과정을 거친다. 단맛, 감칠맛, 쓴맛의 서로 다른 감미 특성이 어떻게 인지되고 전달되는지에 관해서는 논란의 여지가 많다. 여기에서는 2가지 제안된 전달 과정을 소개하기로 한다.

(1) 하나의 맛수용체세포가 광범위하게 조율되어 있을 수 있고, 다양한 종류의 리간드를 인지한다. 그래서 개별적 세포는 서로 다른 수용체 타입을 많이 발현하며, 주어진 수용체 타입이 결합되고 이로부터 신호를 전달할 수 있는 수많은 신호 전달 분자를 요구한다. 최근 전기생리학 연구에서는 독립적인 맛세포들이 다양한 감미 특성을 대표하는 자극제에 반응하는 것으로 밝혀졌다.

(2) 개별적인 맛세포는 오로지 단일 맛 특성을 감지한다. 그래서 개별적 세포가 단일 형식의 수용체를 발현하는 것으로 이해할 수 있다. 이를 뒷받침하는 증거들로는 분명하게 중복되지 않는 맛수용체세포 모음 내 T1Rs와 T2Rs의 발현 형식이다. 단맛, 감칠맛, 쓴맛 물질에 대한 반응을 중계하는 2가지 연관성이 없는 수용체군인 T1Rs와 T2Rs 그리고 PLCβ2와 TRPM5(맛수용체세포 이온 채널) 등 2가지 신호전달물질에 관하여 연구되었다. 이 2가지 신호전달물질의 발현 억제는 단맛, 감칠맛, 쓴맛에 대한 수용이 이루어지지 않는 반면에 신맛과 짠맛에는 영향을 주지 않았다. 따라서 잘 보존되어 있는 신호 전달의

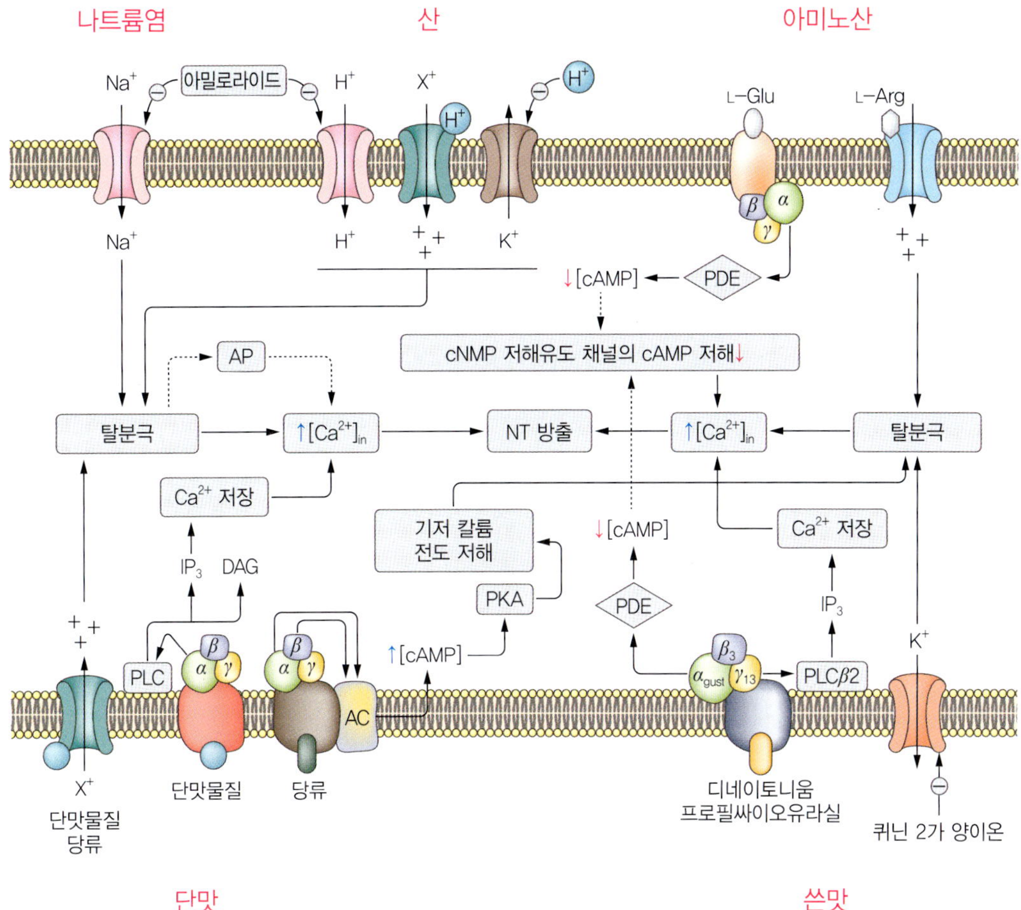

| 그림 2-9 | 다양한 전달 메커니즘을 통한 맛 중계

맛의 모든 전달 과정은 세포 내 칼슘이온 농도 증가를 유도하는 방향으로 수렴되며, 결과적으로 신경전달물질의 방출로 이어진다. 아밀로라이드-민감성 나트륨 채널은 짠맛과 신맛 인지에 관여한다. 신맛 물질로부터 유리된 수소이온은 비선택성 양이온 채널과 세포 밖으로의 칼슘이온 이송 차단을 통하여 인지되기도 한다. 탈분극은 전압 의존성 이온 채널을 개방하고 칼슘이온의 유입으로 이어진다. 글루탐산은 다양한 수용체 타입을 포함한 G단백질과 연동된 고정을 통하여 인지된다. 특정 종에서는 다른 아미노산은 리간드 의존성 이온 채널을 통하여 인지되나 사람에게서 이 인지 과정이 존재하는지는 확인된 것이 없다. 리간드에 의존적으로 활성화된 이온 채널과 G단백질에 연동된 수용체 인지 과정을 포함하는 다양한 인지 과정이 단맛 물질의 인지를 위하여 존재한다. 쓴맛 물질은 PLCβ2를 활성화시키는 G단백질결합수용체를 통하여 인지되며, 세포 내 저장된 칼슘이온의 방출이 일어난다. 특정 쓴맛 물질과 쓴맛을 나타내는 염류는 칼슘이온의 세포 외 방출을 통해 인지할 수도 있다.

IP_3, inositol triphosphate; α, β, γ, G-protein subunits; AC, adenylyl cyclase; AP, action potential; NT, neurotransmitter; PDE, phosphodiesterase; PKA, protein kinase A

중심 흐름 체계는 단맛, 감칠맛, 쓴맛 물질을 인지하는 3가지의 모든 수용체 타입에 의하여 공유되는 것으로 보인다. 이 연구를 통하여 맛수용체세포들은 서로 다른 맛의 특징들에 걸쳐 광범위하게 조율되는 것이 아니라 3가지 특성 중 단일 특성을 중계하는 것으로 결론을 내렸다. 이온 채널을 통해 이루어지는 신맛과 짠맛 자극이 PLCβ2 또는 TRPM5이 발현된 맛수용체세포를 통해서도 인지되는지의 여부, 또는 나머지 50 %의 세포가 이들 맛 특성을 중계하는지의 여부는 여전히 밝혀야 할 과제로 남아 있다.

5. 결론

매우 복잡한 미각을 느끼는 생물학적 메커니즘에 대한 연구가 최근 활발히 진행되고 있는데, 크게 GPCR의 한 종류인 미각 수용체에 의해 인지되어 신호 전달을 통해 대뇌에 맛 정보를 전달하는 단맛, 쓴맛, 감칠맛의 메커니즘과, 이온 채널을 통해 맛 성분이 흡수되면서 맛 정보가 전달되는 신맛과 짠맛의 메커니즘으로 구분된다.

최근의 연구 결과에 의하면 맛을 인지하는 GPCR은 혀의 미각세포뿐 아니라 소장과 기도에도 존재하며 포도당의 흡수를 돕거나 기도를 확장시키는 기능을 수행한다고 보고되었다. 이는 식품 기능성론 측면에서 시사하는 바가 크다. 즉, 맛 성분이 식품의 풍미를 유지하는 데 관여할 뿐 아니라, 몸 안에서 여러 조직세포의 기능을 조절하여 건강을 유지하는 추가적 기능도 수행할 수 있다는 것을 의미하기 때문이다. 맛 성분을 인지하는 GPCR은 체내 여러 조직에도 발현되어 있는데 이러한 맛 수용체 활성화 기능이 연구되면 미래에는 좋은 맛 성분이 건강을 유지하는 데도 도움을 줄 수 있다는 새로운 건강 기능성이 알려질 것으로 기대된다.

단원정리

미각은 맛물질이 맛수용체에 결합함으로써 일련의 생화학반응이 진행되고 화학에너지가 활동전위의 변화에 따른 전기적 신호가 최종적으로 대뇌에서 인지되는 경로를 따른다. 기본 맛의 종류는 5가지로 분류되는데 짠맛, 신맛, 쓴맛, 단맛에 감칠맛이 최근 추가로 포함되었다. 사람을 포함한 포유류에서는 맛수용체를 가지고 있는 맛봉오리가 특정한 맛꼭지나 구강 내 틈새에 위치하고 있다. 맛세포는 신경이 분포되어 있는 미각 뉴런과 시냅스를 형성하고 수많은 세포들 간의 간극 연결을 통해 접촉하고 있다. 맛 성분 종류에 따라 맛을 인지하는 생화학적 경로를 서로 공유하거나 구별되는 것으로 알려져 있지만 각각의 맛물질의 맛 인식 생화학적 경로는 앞으로도 많은 연구를 통해 밝혀져야 할 연구 분야이다. 특히 식품과학 분야에서는 맛에 대한 의식 경로가 가장 중요한 연구 분야의 하나이며 뇌과학, 인지과학, 감각공학 등의 인접 학문 분야와의 활발한 공동 연구가 기대된다.

연습문제

1 미각 체계가 다양한 원인으로 인해 손상되었을 때 회복할 수 있도록 하는 메커니즘이 무엇인지 설명하시오.

2 맛 세포가 미세융모에 접촉하는 맛 물질을 인지할 수 있도록 하는 2가지 메커니즘이 무엇인지 말하시오.

3 기본 맛과 이를 나타내는 대표적인 물질을 나열하시오.

4 맛 인지 능력은 변화하는가? 이에 대한 예시가 무엇인지를 말하시오.

5 단맛의 세포 수준에서의 인지에 대하여 이미 확립된 메커니즘을 설명하시오.

1. 맛수용체는 수명이 한정되므로 며칠마다 새로운 세포로 대체된다. 이와 같은 지속적인 재생 과정은 미각 체계가 다양한 원인으로 손상되어도 회복할 수 있게 한다.
2. 첫 번째 메커니즘은 미세융모 세포막 안쪽에 위치한 이온 채널이 특정 형태의 전하를 띠는 입자들을 세포 안으로 들어가도록 하여 맛에 대한 신호를 주는 것으로, 짠맛과 신맛을 인지하는 체재이다. 두 번째 메커니즘은 미세융모 세포막을 관통하여 위치하고 있는 G단백질결합수용체의 바깥 부위와 특정 맛 물질 분자가 결합하면 세포 안쪽의 부위가 뇌로 전달될 활동전위를 발생시켜 분자 수준의 반응이 시작되는 것으로, 단맛 또는 쓴맛의 감각을 인지하는 체재이다.
3. 짠맛-염화나트륨, 염화칼륨 등, 신맛-아세트산, 시트르산 등; 쓴맛-퀴닌, 카페인산 등; 단맛-포도당, 설탕 등; 감칠맛-MSG
4. 맛 인지 능력은 변화하며, 식이 패턴 등이 맛에 대한 감각에 영향을 줄 수 있다. 저염식 식이에 맛의 감각 기능이 적응된 사람은 이전에 섭취하던 음식이 매우 짜게 느껴지게 된다.
5. 단맛 인지는 맛수용체세포들의 말단 정점 부위에 있는 G-단백질결합수용체와 단맛 물질과의 상호작용을 통해 개시된다. 이 상호작용은 단백질 단위체의 분리를 유도하고, 이 단위체들은 다른 세포 내 과정을 활성화시킨다. 천연 감미소재들은 cAMP 의존적 칼륨 채널을 억제하는 과정을 활성화시키며, 인공 감미료는 이와 다른 2차 메신저(IP_3)를 생산하여 세포 내에 저장된 칼슘이온은 방출시키도록 한다. 두 경우 모두 최종적으로는 세포의 탈분극화와 신경전달물질의 방출을 일으킨다.

CHAPTER

03 향기의 화학 및 생물학

냄새 또는 향기라고 불리는 성분들은 식품이나 다른 생체로부터 방출되어 공기의 흐름을 통하여 코에 있는 후각기관에 감지되는 저분자 물질이다. 냄새 성분은 일반적으로 이들 물질을 총칭하여 일컫어지며, 향기는 이 중 꽃이나 과일 등에서 유래하는 좋은(positive) 냄새를 가리킨다. 이들 냄새 또는 향기 성분은 우리의 일상생활과 밀접한 연관이 있으며, 이들로 인해 감정이나 분위기, 기억에도 영향을 받는다. 식품에서도 이들 냄새 성분은 특정 제품의 기호도나 관능 특성에 영향을 준다. 우리가 식품을 섭취할 때에 '맛이 있다'라고 느끼는 것은, 실은 이들 '냄새' 성분에 의한 지각인 경우가 대부분이다.

1. 향기의 화학

냄새 성분들은 분자량 300 이하(대부분은 200 이하), 탄소 수 16개 이하의 저분자 물질들이며, 대부분이 소수성 물질이다. 냄새 성분들은 공기 중으로 휘발하여 코안(비강)에 있는 냄새 수용체°에 결합하여 특정 냄새 성분으로 인지되는 것이다. 그런데 분자량이 크거나 극성이 강하여 분자간 상호결합이, 또는 식품이나 생체 내 다른 성분들(이온, 단백질, 수분 등)과 강하게 결합하고 있으면 휘발하지 못한다는 것은 쉽게 추측할 수 있다. 그렇다고 냄새 성분들이 탄소나 수소와 같은 무극성 원소들로만 구성되어 있는 것은 아니다. 산소, 질소, 황과 같은 성분도 포함되어 있으며, 탄화수소 이외에 상대적으로 극성이 있는 작용기(functional groups)들도 포함되어 있다. 오히려 알데하이드기, 케톤기, 카르복실기, 아민기 등과 같은 작용기가 포함된 성분들이 냄새 강도도 강해지고, 냄새의 특성도 더 특이적으로 나타난다. 지방이 산화되어 알데하이드, 케톤, 알코올 기 등이 부가되거나, 터펜(terpene)류보다 산화된 터펜류(oxygenated terpenes)에서 냄새 강도가 더 강해지는 것을 흔히 볼 수 있다. 이러한 냄새 성분의 강도(intensity)에 영향을 미치는 것은 크게 두 가지로 생각되는데, 그 성분의 휘발성 정도와 냄새 수용체와의 결합의 용이성이다. 냄새 수용체와의 결합력 또는 결합시간은 냄새의 강도보다는 지속력에 영향을 끼칠 것이다.

냄새 성분들의 냄새 강도를 나타내는 지표 중의 하나가 문턱값(threshold value)이다. 문턱값이란 잘 알다시피 특정 냄새 성분을 인지할 수 있는 최소한의 농도이다. 즉, 문턱값이 낮을수록 그 냄새 성분의 양이 적어도 냄새로 인지하게 된다. 문턱값에 대해서 오해의 소지가 큰 것은, 문턱값이 1 ng/g인 성분과 그보다 문턱값이 100배 큰 100 ng/g인 성분의 냄새 강도의 차이가 100배라는 뜻이 아니라는 사실이다. 즉, 동일 농도에서 100배의 냄새 강도를 나타내지 않는데, 이는 냄새 성분들이 농도에 따라 강도가 같은 비율로 변화하지 않기 때문이다. 흔히 문턱값은 냄새의 존재 유무만 알 수 있는 냄새 감지 문턱값(odor detection threshold value)과 냄새의 특성까지 알 수 있는 최소 농도인 냄새 인지 문턱값(odor recognition threshold value)으로 나타내며, 실험을 한 매질에 따라 공기(in air), 물(in water), 때로는 지방(in oil)에 포함되어 있는 수치로 나타낼 수 있다. 또한 냄새 성분을 코로 직접 흡입한 경우(orthonasal)와 식품을 섭취할 때와 같이 입을 통해 코안으로 이동한 경우(retronasal)에 따라서도 다른 값을

냄새수용체 냄새 성분과 결합하여 전기적 신호를 발생시키고, 이를 신경계를 통하여 뇌로 전달한다. 냄새 수용체는 G단백질이 연결되어 있으며, 냄새 성분이 결합하면 단백질의 구조적인 변화가 생기고, 이를 통해 G단백질을 활성화시킨다. 냄새 수용체 단백질은 7개의 나선형 구조로서 세포막을 관통하는 형태로 존재한다.

문턱값 감각세포가 반응을 일으킬 수 있는 최소한의 자극의 세기이다. 즉, 문턱값은 약한 자극에서는 반응이 나타나지 않다가 일정한 크기 이상의 자극에서 반응할 수 있는 경계값에 해당한다. 문턱값을 최소 한계값이라고도 한다.

냄새 감지 문턱값 특정 냄새 성분이 사람의 감각에 의해 감지될 수 있는 최소한의 농도이다. 그 냄새 성분이 무엇인지 또는 냄새 특성이 어떠한지를 알 필요는 없다. 보통 사람을 패널로 이용한 감각검사(sensory analysis)에 의해 결정되며, 냄새 성분들이 존재하는 매질(공기, 물, 기름)에 따라서 구분되기도 한다.

냄새 인지 문턱값 냄새 감지 문턱값과는 달리 냄새 성분이 무엇인지 또는 그 특성이 무엇인지 인지할 수 있는 최소한의 농도이다. 일반적으로 냄새 감지 문턱값에 비해 높은 수치를 보여준다.

orthonasal 냄새 성분들이 외부로부터 코의 비강을 통해 냄새 수용체로 전달되는 현상.

retronasal 입으로 식품을 섭취할 때에 식품 매트릭스로부터 분리된 냄새 성분들이 입과 코의 연결부위를 따라 코안의 냄새 수용체로 전달되는 현상.

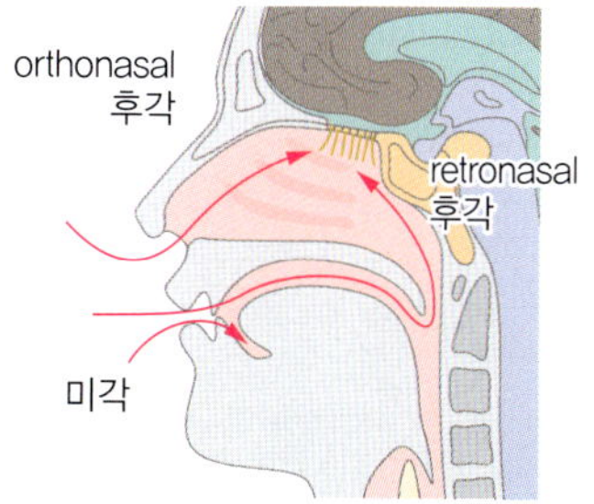

보여준다.

공기 중으로 이동한 냄새 성분들은 매우 빠른 속도로 퍼지면서(확산) 이동하며, 매우 적은 양의 물질만으로도 냄새 수용체에 결합하여 냄새로 인식될 수 있다. 문턱값이 낮은 성분들은 피코(pico, 10^{-12}) 그램(g) 수준에서도 인지/감지될 수 있다. 예를 들면 지방이 산화될 때 생성될 수 있는 *cis*-1,5-octadien-3-one과 같은 성분은 공기 중에서 약 10^{-12} g/m^{3}의 미량만 있어도 냄새를 맡을 수가 있다.

세상에 존재하는 냄새 성분은 약 40만 종이라고 알려져 있으며, 식품에서 발견되는 휘발성 냄새 성분만도 약 8,000종에 이른다. 볶은 커피나 구운 쇠고기에만 약 1,000종 가까운 휘발성 성분들이 존재한다고 하니, 냄새 성분은 시각이나 미각 등에 비하여 훨씬 복잡한 체계로 이루어져 있다고 할 수 있다. 그렇다면 냄새 성분들의 분자구조만으로 그 특성을 예측할 수 있을까? 물론, 분자구조가 비슷한 냄새 성분들은 매우 유사한 또는 관련이 있는 냄새의 특성을 나타내곤 한다. 그러나 분자구조와 냄새 특성과의 관계를 포괄적으로 명확하게 설명하기에는 한계가 있다. Amoore 등은 냄새 성분의 모양, 크기, 하전 상태에 따라 구분하고 이에 의해 냄새 특성을 설명하는 입체화학설(stereochemical theory)을 제시하였으며, 7가지의 원취를 제안하기도 하였다. 이후에도 일부 과학자들에 의해 냄새 성분들을 그룹화하고 맛의 원미와 같이 원취를 찾는 노력이 이어져 왔으나, 아직 이를 잘 설명할 만한 연구 결과들은 부족한 상태이다. 또한 사람의 후각기관은 냄새 성분들의 분자 크기, 모양, 하전 상태로 구분할 수 있으며, 기하이성질체뿐만 아니라 (R)형과 (S)형과 같은 광학이성질체도 구분할 수 있다. 광학이성질체에 따라 냄새 강도와 특성이 달라지는 것은 매우 흥미로운 일이다.

식품의 냄새 성분들은 소수성이라는 특성으로 인해 주로 지방에 존재하며, 일부는 단백질이나 탄수화물에 물리적으로 갇혀있거나 화학적으로 결합되어 있다. 식물체에서는 많은 냄새 성분이 당과 결합하여 배당체의 형태를 띠고 있어 쉽게 휘발하지 못한다(포도의 경우, 자유 형태로 있는 냄새 성분들보다 배당체의 형태인 것이 5배 이상). 따라서 이들 냄새를 맡으려면 냄새 성분들이 식품이나 생체 조직으로부터 방출(release)되어 공기 중으로 이동하여야 한다. 식품에서는 주로 물질 전달(mass transfer) 메커니즘과, 공기와 식품과의 분배계수(partition coefficients)가 이에 영향을 미친다. 즉, 식품 내에 있는 냄새 성분들이 식품 표면까지 이동하는 데에는 주로 물질 전달 메커니즘에 영향을 받고, 이들 식품 표면으로부터 상공(headspace)으로 이동하는 것은 평형 상태에서의 상대농도, 즉 분배계수에 의해 좌우된다. 식품을 섭취하거나 다른 요인에 의해 식품이나 생체의 매트릭스와 조직이 파괴되는 것은 이들 냄새 성분들의 물리적 방출을 촉진시키며, 식물체에서는 글리코시데이스(glycosidase)와 같은 효소에 의해서도 휘발성 냄새 성분들이 배당체로부터 쉽게 분리된다.

지구에 존재하는 수많은 냄새 성분의 주요 생산 공장은 식물체이다. 이 식물체들은 자신의 번식을 위해 곤충과 같은 매개 생물을 유혹하거나, 반대로 해충이나 포식자인 동물들로부터의 공격을 방어하기 위한 수단으로 향기 성분들을 생산하고 방출한다. 일부 성분들은 식물체들끼리의 상호 의사소통을 위한 신호로 이용되는 것으로 알려져 있다. 식물체가 향기 성분들을 생산하는 것에는 과일과 채소에 따라 약간 차이점이 있다.

과일의 경우에는 대부분 향기 성분을 성숙이나 익어가는 과정 중에 생산하며, 동물체와 유사하게 단백질, 지방, 탄수화물을 기질로 다양한 생화학적 반응을 통하여 생산해낸다. 그러나 동물체와는 다르게 터펜류나 신남산(cinnamic acid)의 대사경로를 통해서도 다양한 성분을 생성한다. 이에 비해 채소류에서는 주로 세포조직의 파괴(cellular destruction) 과정 중에 대부분의 냄새 성분들이 생성된다. 채소에서는 단백질, 지방, 탄수화물의 분해 메커니즘 이외에 다양한 황 함유 전구물질들이 채소 특유의 냄새 성분을 유발시킨다. 마늘, 파, 양파 등에서는 시스테인 설폭사이드(cystein sulfoxide)류가, 겨자, 양배추, 무와 같은 십자화과 식물체에서는 글루코시놀레이트(glucosinolate)류가 중요 전구물질로 작용한다.

전통식품인 김치나 장류와 같은 발효식품에서는 미생물에 의한 단백질, 지방, 탄수화물의 분해와 생화학적 변화가 이들 식품의 다양한 냄새 성분을 생성시키며, 열처리를 한 다양한 가공식품이나 조리식품에서는 지방이나 탄수화물의 가열에 의한 변화와 분해가 냄새 성분들을 만들어내기도 하지만, 주로 아미노산(또는 펩타이드)과 당류 간의 상호작용으로 일어나는 마이야르 반응(Maillard reaction)이 이들 식품 특유의 고소한 냄새, 구운 냄새, 볶은 냄새 등의 특성과 관련 있는 수많은 성분을 생성시킨다. 현재까지 이 반응에 의해 발견된 냄새 성분들은 약 3,500종이 넘으며, 현재 식품 산업체에서 사용하고 있는 향료 중 약 절반 정도가 이 반응에서 유래한 것이다.

2. 향기의 생물학

후각은 동물에게 생존을 위한 필수 감각으로 진화되어 왔다. 이를 이용하여 먹이를 찾고 몸에 이롭고 해로운 것을 구분하여 왔으며, 천적을 피하고 동족을 구분해내는 방편으로 사

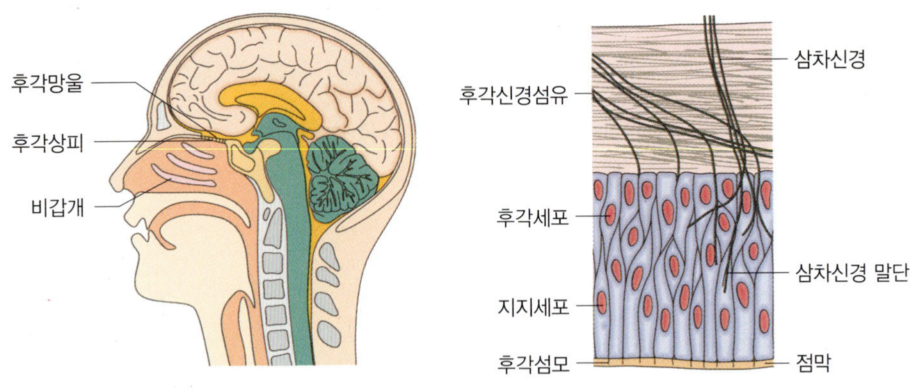

| 그림 3-1 | 후각기관

용하기도 하였다. 또한 번식할 짝을 찾거나 의사소통에도 이용되었다.

후각은 코안의 뒤쪽 천장에 존재하는 약 2~4 cm^2 크기의 후각상피에서 인식된다. 후각상피는 후각세포와 지지세포로 구성되어 있으며, 후각세포 끝에 있는 후각 섬모(cilia)의 표면에 분포하는 냄새 수용체(receptor)에 냄새 성분이 결합함으로써 냄새를 인식한다(그림 3-1).

후각 섬모와 이에 부착된 냄새 수용체는 점막(mucosa)으로 덮여 있으며, 점액질의 주요 역할은 병원성 세균 등이 후각기관을 통하여 신경계나 뇌로 침투하는 것을 막아주는 것으로 여겨진다.

앞에서 설명한 것과 같이 대부분의 냄새 성분은 지용성 저분자들로 되어 있어서 점도가 높은 수용성 물질들로 구성된 두꺼운 점액질을 통과할 수가 없다. 따라서 냄새 성분들을 냄새 수용체까지 전달해줄 운송체가 필요한데, 이 역할을 바로 냄새결합단백질(odor binding proteins)이 수행한다. 아직까지 이 냄새결합단백질의 정확한 작용 메커니즘, 특히 냄새 분자들을 냄새 수용체로 전달하는 과정 등은 정확하게 밝혀지지 않았다. 냄새결합단백질에 의해 전달된 냄새 성분들은 특정한 냄새 수용체 단백질에 각기 다른 친화도로 결합하게 된다. 이에 따라 서로 다른 냄새 성분들의 냄새 수용체 단백질들에 대한 결합은 경쟁적으로 일어나며, 혼합된 냄새 성분들의 조성 및 농도에 따라 결합되는 패턴이 달라진다. 이에 대해서는 뒤(그림 3-4, 3-5)에서 좀 더 자세히 설명하기로 한다.

인체에는 약 1,000종의 서로 다른 유형의 냄새 수용체가 있으며, 이 중 약 절반 이상이 퇴화되어 약 400종 내외의 냄새 수용체만이 냄새 분자를 인식하는 데 관여하는 것으로 알려져 있다. 포유류에서는 약 3 % 정도의 유전자가 냄새 수용체들의 코딩(coding)에 사용되고 있다. 서로 다른 냄새 수용체 단백질은 기본적 형태는 매우 유사하지만, 단백질을 구성하는 아미노산들의 차이에 따라 다소 다른 입체적인 모양을 가지게 된다. 이렇게 다른 입체적인 모양들이 냄새 수용체들마다 서로 다른 냄새 분자들과 서로 다른 친화도로 결합하도록 작용하는 것이라 생각된다. 전체적으로 냄새 수용체 단백질들은 세포막을 7번 관통하는 세포막 단백질(membrane protein)이며, N-말단기와 C-말단기가 각각 세포막의 바깥쪽과 안쪽에 위치하고 있다.

냄새 성분들이 냄새 수용체 단백질에 결합하면, 서로 다른 두 가지 생화학 경로로 전기적 신호로 바뀌게 되며, 그림 3-2에서와 같이 냄새 수용체에 연결된 G단백질(α, β, γ-단위체로 구성)을 활성화시킨다. 비활성 상태의 G단백질 내 알파-단위체는 구아노신이인산(guanosine diphosphate, GDP)을 결합하고 있으나 활성화가 되면, 구아노신삼인산(guanosine triphosphate, GTP)과 결합하게 되며 아데노실고리화효소(adenosyl cyclase, AC)를 활성화시킨다. 활성화된 AC는 세포 내에 있는 ATP로부터 고리형 아데노신-5′-일인산(cyclic adenosine-5′-monophosphate, cAMP)을 생성시킬 수 있다. 이 cAMP에 의해 세포막에 있는 고리형 뉴클레오타이드 개폐통로(cyclic nucleotide-gated channel, CNG channel)가 열리게 되며, 이를 통해 Ca^{2+}과 같은 양이온들이 세포 내로 들어가서 세포 내외에 전기적 전위 차

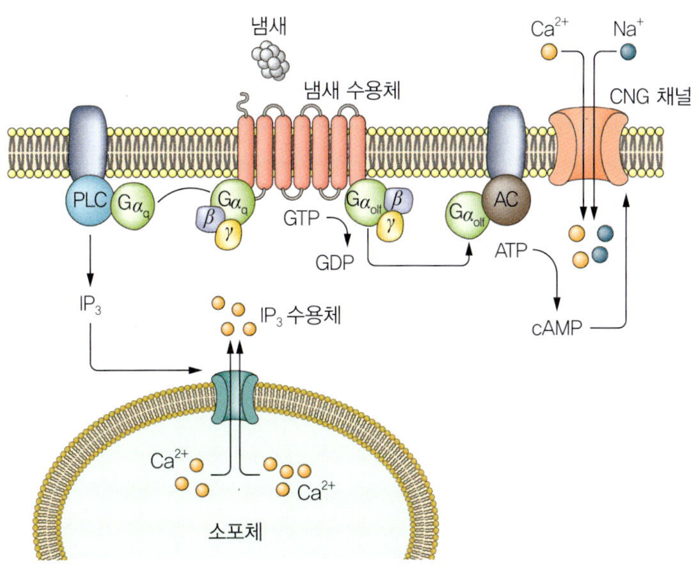

| 그림 3-2 | 후각세포 내 신호 전달 과정

출처 : Flavor Chemistry and Technology, 16p

이가 발생하게 되며, 이를 통하여 전기적 신호를 전달할 수 있게 된다. 다른 메커니즘으로는 이노시톨-1,4,5-트리스인산[inositol-(1,4,5)-trisphosphate, IP_3] 경로가 작동될 수 있다. G 단백질 내 알파-단위체가 활성화되면, 포스포리파아제 C(phospholipase C, PLC)를 작동시킨다. PLC는 세포막 내에 있는 포스파티딜이노시톨-4,5-바이포스페이트(phosphatidylinositol-4,5-biphosphate, PIP)를 분해하여 IP_3를 생성시킨다. IP_3는 세포질을 이동하여 소포체(endoplasmic reticulum) 세포막에 있는 IP_3 수용체에 결합하고 소포체 내에 있는 Ca^{2+} 분자들을 이온 채널을 통해 세포질로 방출시킨다. 결과적으로 IP_3 경로도 세포질 내 Ca^{2+} 분자들의 농도 증가로 인한 탈분극 전기적 전위를 발생시켜서 이를 신경계를 통하여 뇌로 전달하는 방식을 보여준다.

이러한 냄새 수용체 발견과 후각기관의 작용 메커니즘에 대한 분자 수준에서의 규명으로, 2004년 액설(Richard Axel)과 벅(Linda Buck) 박사는 생리학(또는 의학) 분야에서 노벨상을 공동 수상하였다. 이들은 코안 점막층 내에 다양한 종류의 냄새 수용체들이 무작위적으로 분포하지만, 후각망울(olfactory bulb) 내에 있는 신경 연합체인 사구체(glomerulus)에서 같은 종류의 수용체들은 통합하게 된다. 사구체에서는 냄새 수용체의 마지막 신경세포(olfactory receptor neuron)가 승모세포(mitral cell)를 자극시켜서 전기적 신호를 뇌까지 전달할 수 있도록 한다(그림 3-3).

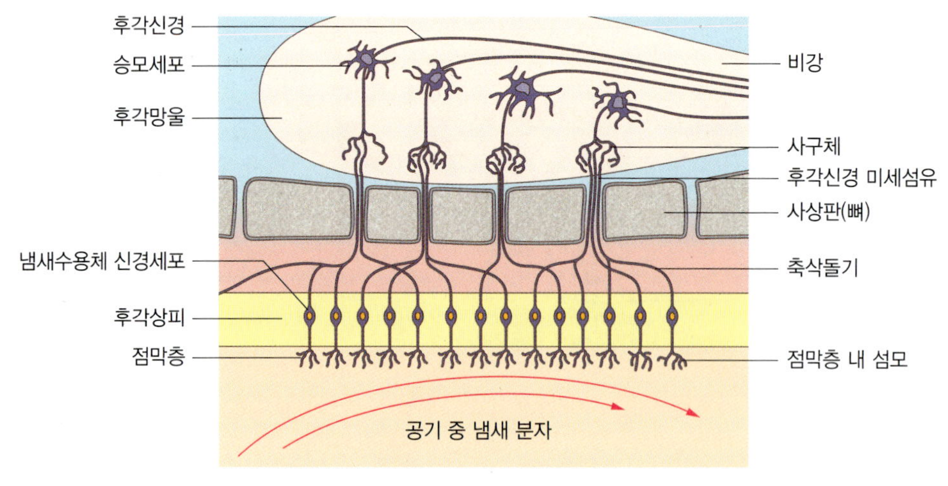

| 그림 3-3 | 인체의 후각기관

출처 : Flavor Chemistry and Technology, 15p

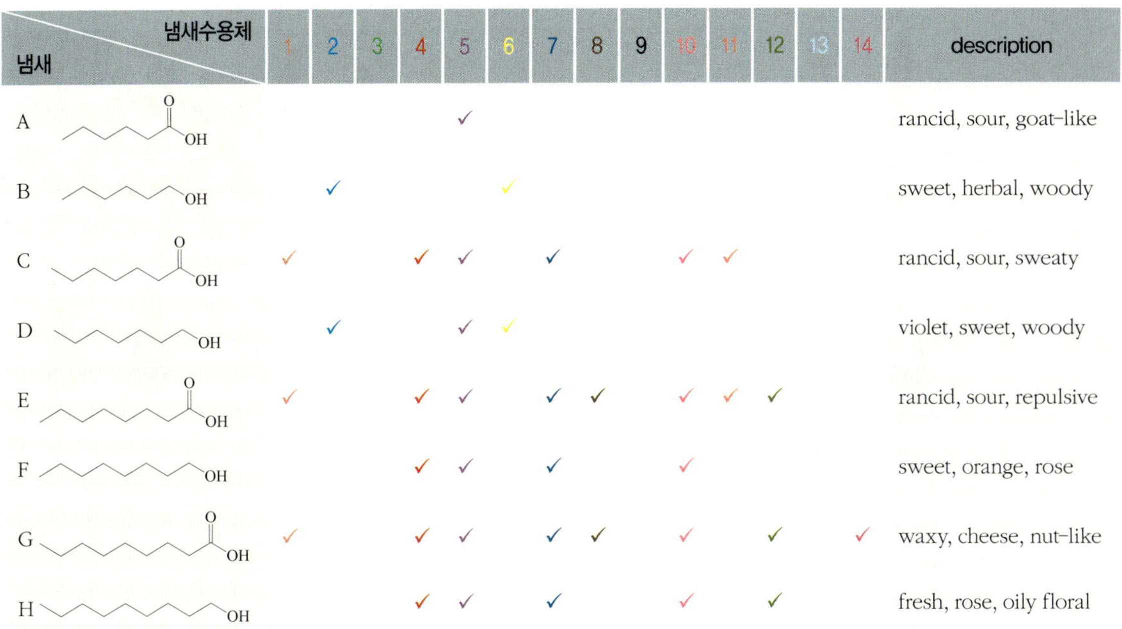

냄새 \ 냄새수용체	1	2	3	4	5	6	7	8	9	10	11	12	13	14	description
A					✓										rancid, sour, goat-like
B		✓				✓									sweet, herbal, woody
C	✓			✓	✓		✓			✓	✓				rancid, sour, sweaty
D		✓			✓	✓									violet, sweet, woody
E	✓			✓	✓		✓	✓		✓	✓	✓			rancid, sour, repulsive
F				✓	✓		✓			✓					sweet, orange, rose
G	✓			✓	✓		✓	✓		✓		✓		✓	waxy, cheese, nut-like
H				✓	✓		✓			✓		✓			fresh, rose, oily floral

| 그림 3-4 | 냄새 수용체 코드의 조합

출처 : http://nobelprize.org/medicine/laureates/2004/illpres

액설과 벅 박사가 규명한 후각기관의 작용 메커니즘에 대한 이론 중 냄새 수용체 코드의 조합 이론(combinatorial receptor codes)은 매우 흥미롭다. 그림 3-4에서 보는 바와 같이 한 가지 냄새 성분이 서로 다른 냄새 수용체에 결합할 수 있으며, 하나의 냄새 수용체도 서로 다른(구조적으로 어느 정도 연관성이 있으나) 냄새 성분들과 결합할 수 있다. 즉, 특정한 냄새 성분들을 감지하는 데는 냄새 수용체들의 조합이 활용되는데, 이렇게 조합된 냄새 수용체들에 의해 전기적 신호가 뇌로 전달되어 냄새 특성을 구분하도록 한다. 마치 24개의 영어 알파벳을 조합하여 수많은 단어를 만들어내듯이 현재 우리 몸에서 작동하고 있는 약 400종의 서로 다른 냄새 수용체들의 작용 조합으로 1만 가지가 넘는 냄새 성분들을 구분할 수 있다는 사실은 그리 놀라운 일도 아니다.

흔히 냄새 성분들의 특성이 농도에 따라서 달라지는 것을 확인할 수 있다. 예를 들면 향수에 흔히 쓰이는 인돌(indole)이라는 냄새 성분은 농도가 옅으면 꽃향기를 내지만, 농도가 짙어지면 동물의 썩은 배설물과 같은 악취로 감지되곤 한다. 이러한 냄새 성분들의 농도에 따른 변화는, 앞에서 설명한 냄새 수용체 코드(code)의 조합 이론으로 쉽게 이해할 수 있다.

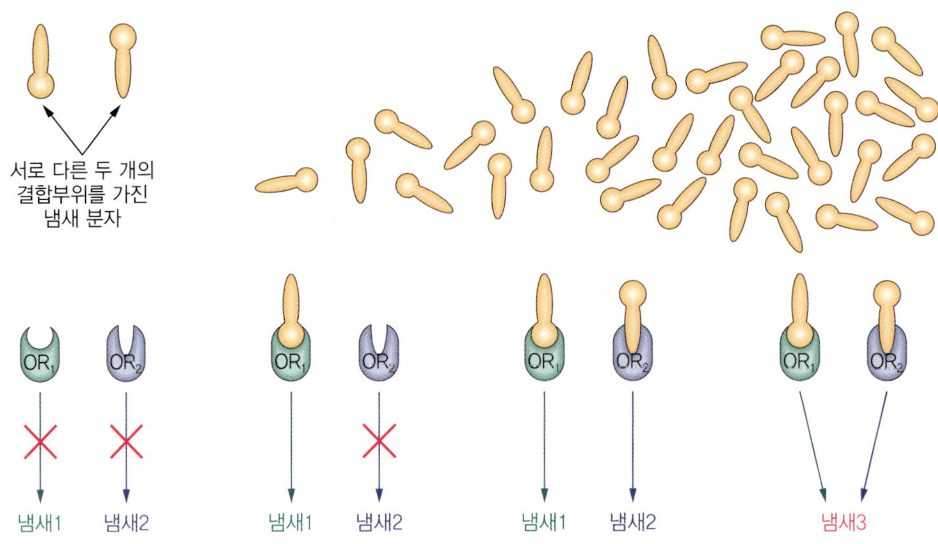

| 그림 3-5 | 농도에 따른 냄새 특성의 변화

출처 : Flavor Chemistry and Technology, 17p

즉, 그림 3-5와 같이 서로 다른 두 개의 냄새 수용체와의 결합부위(odotope)를 가진 냄새 분자는 서로 다른 두 개의 냄새 수용체와 결합할 수 있으며 이들의 결합력은 각각 다르다. 즉, 저농도에서는 결합력이 강한 1번 냄새 수용체(OR_1)에만 결합하나, 그 농도가 높아져서 OR_1의 결합부위가 모두 채워지면, 그보다 결합력이 약한 OR_2와도 결합하게 된다. 즉, 저농도에서는 OR_1과의 결합에 의한 전기적 신호만이 뇌로 전달되나, 고농도에서는 OR_1과 OR_2 모두에서 조합된 전기 신호가 전달된다. 이러한 조합된 전기 신호는 흔히 전혀 새로운 냄새 특성으로 인지된다.

인간의 뇌에서 후각에 관여하는 부분은 약 0.1 %에 불과하다. 후각이 원시생물체에서 발생한 초기 감각이고, 뇌의 작용 메커니즘과 매우 밀접하게 연관되어 있는 것에 비하면 뇌에서의 비중은 그리 크지 않은 편이다. 이는 인간의 뇌가 후각기관의 정보를 통합하고 해석하는 데 다른 기관들에 비하여 그리 효율적이지 못하다는 이유와 관련성이 있을 것이다. 후각중추는 감정과 기억을 담당하는 뇌의 변연계에 속해 있으므로, 후각이 인간의 감정과 기억에 영향을 받을 뿐만 아니라 역으로 영향을 미치기도 한다는 사실은 그리 놀라운 일이 아니다. 반면에 언어 중추와 관련이 있는 왼쪽 뇌와는 큰 상관이 없어 보인다. 이러한 현상은 후각으로 감지한 신호를 언어로 묘사하는 데 장애로 작용하는 것과도 어느 정도 연관성이 있어 보인다. 사실 후각으로 감지한 자극을 우리가 사용하는 언어로 표현하기에는 상당히 애매모호하고 다소 주관적이다.

3. 결론

냄새와 관계하는 후각에 대한 연구는 시각이나 청각 등 다른 감각기관에 비하여 아직 많은 부분이 밝혀지지 않았다. 시각이나 청각의 작용 메커니즘이나 이들을 일으키는 원인 규명은 정성적 및 정량적으로 비교적 명확히 알려져 있는데 비해, 후각은 그렇지 못하다. 앞으로 냄새의 작용 메커니즘이나 원인 규명에 대한 좀 더 명확한 분자 수준에서의 규명이 이루어진다면, 인간의 건강과 삶의 질도 크게 향상될 것으로 여겨진다.

한편, 앞에서 이야기한 대로 후각 수용체는 사람의 경우 약 400여 종이 존재하는데 후각 수용체도 맛 수용체와 유사하게 코의 후각 상피세포뿐만 아니라 사람의 여러 조직에 광범위하게 존재한다. 최근의 연구 결과에 의하여 신장, 근육, 피부, 간 조직에 존재하는 후각 수용체가 각각 혈압 조절, 근세포 재생, 피부세포 증식, 지질 대사 조절 등 다양한 기능을 수행하고 있다는 사실이 밝혀졌는데, 이를 통해 식품의 향기 성분이 체내에서 건강 유지 및 증진에도 직접적인 도움을 줄 수 있다는 사실을 알 수 있어서 식품 기능성론 측면에서도 큰 의미를 가진다.

단원정리

1. 냄새 성분 분자들의 특성
   - 분자량 300 이하(대부분은 200 이하), 탄소 수 16개 이하의 저분자 물질이다.
   - 소수성 물질로서 지용성이며, 식품에 주로 지방층에 존재한다.
   - 주로 탄소나 수소로 이루어져 있으나 산소, 질소, 황과 같은 성분들도 포함되어 있으며, 알데하이드기, 케톤기, 카르복실기, 아민기 등과 같은 작용기에 의해 다양하고 강한 냄새 특성이 부여된다.
2. 냄새 성분의 인식 메커니즘 : 후각세포 끝에 있는 후각 섬모의 표면에 분포하는 냄새 수용체에 냄새 성분이 결합함으로써 냄새를 인식한다. 냄새 성분들이 냄새 수용체 단백질에 결합하면, 서로 다른 두 가지 생화학 경로로 전기적 신호로 바뀌게 되며, 냄새 수용체에 연결된 G단백질을 활성화시킨다. 비활성 상태의 G단백질 내 알파-단위체는 활성화가 되면, 구아노신삼인산(guanosine triphosphate, GTP)과 결합하게 되며, 아데노실 고리화효소(adenosyl cyclase, AC)를 활성화시킨다. 활성화된 AC는 세포 내에 있는 ATP로부터 고리형 아데노신-5′-일인산(cyclic adenosine-5′-monophosphate, cAMP)을 생성시킬 수 있다. 이 cAMP에 의해 세포막에 있는 고리형 뉴클레오타이드 개폐통로(cyclic nucleotidegated channel, CNG channel)가 열리게 되며, 이를 통해 Ca^{2+}과 같은 양이온들이 세포 내로 들어가서 세포 내외에 전기적 전위 차이가 발생하게 되며, 이를 통하여 전기적 신호를 전달할 수 있게 된다. 다른 메커니즘으로는 이노시톨-1,4,5-트리스인산(inositol-(1,4,5)-trisphosphate, IP_3) 경로가 작동될 수 있다. G단백질 내 알파-단위체가 활성화되면, 포스포리파아제 C(phospholipase C, PLC)를 작동시킨다. PLC는 세포막 내에 있는 포스파티딜이노시톨-4,5-바이포스페이트(phosphatidylinositol-4,5-biphosphate, PIP)를 분해하여 IP_3를 생성시킨다. IP_3는 세포질을 이동하여 소포체(endoplasmic reticulum) 세포막에 있는 IP_3 수용체에 결합하고 소포체 내에 있는 Ca^{2+} 분자들을 이온 채널을 통해 세포질로 방출시킨다. 결과적으로 IP_3 경로도 세포질 내 Ca^{2+} 분자들의 농도 증가로 인한 탈분극 전기적 전위를 발생시켜서 이를 신경계를 통하여 뇌로 전달하는 방식을 보여준다.
3. 냄새 수용체 코드 조합 이론 : 한 가지 냄새 성분이 서로 다른 냄새 수용체에 결합할 수 있으며, 하나의 냄새 수용체도 서로 다른(구조적으로 어느 정도 연관성이 있으나) 냄새 성분들과 결합할 수 있다. 즉, 특정한 냄새 성분들을 감지하는 데는 냄새 수용체들의 조합이 활용되는데, 이렇게 조합된 냄새 수용체들에 의해 전기적 신호가 뇌로 전달되어 냄새 특성을 구분하도록 한다. 마치 24개의 영어 알파벳을 조합하여 수많은 단어를 만들어내듯이 현재 사람 몸에서 작동하고 있는 약 400종의 서로 다른 냄새 수용체들의 작용 조합으로, 1만 가지가 넘는 냄새 성분들을 구분할 수 있는 근거가 된다.

연습문제

1 냄새 성분들의 냄새 강도는 무엇에 의해 결정되는지 말하시오.

2 식물체인 과일과 채소에서 냄새 성분들이 만들어지는 메커니즘을 비교하여 설명하시오.

3 다음 그림을 보고 서로 다른 두 개의 냄새 수용체와의 결합부위(odotope)를 가진 냄새 분자의 냄새 특성이 농도에 따라 달라질 수 있음을 설명하시오.

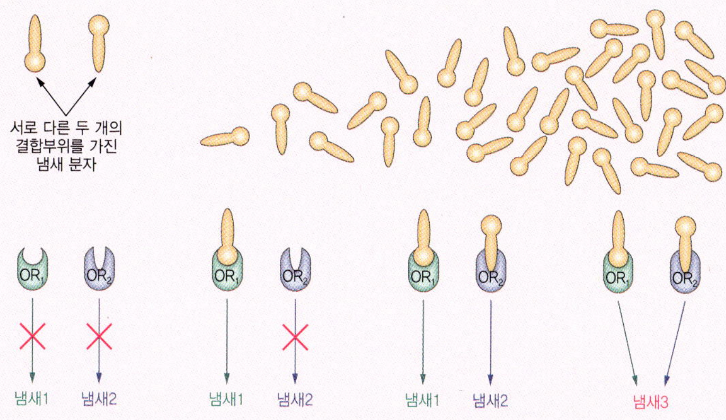

1. 주로 특정 냄새 성분의 휘발성과 냄새 수용체와의 결합도 및 결합 지속력에 의해 영향을 받는다.
2. 과일의 경우에는 대부분의 냄새 성분이 과일의 성숙과 익어가는 과정 중에 생산되며, 동물체와 유사하게 단백질, 지방, 탄수화물을 기질로 다양한 생화학적 반응을 통하여 만들어진다. 그러나 동물체와는 다르게 터펜류나 신남산의 대사경로를 통해서도 다양한 성분을 생성한다. 이에 비해 채소류에서는 주로 세포 조직의 파괴 과정에서 대부분의 냄새 성분들이 생성된다. 채소에서는 단백질, 지방, 탄수화물의 분해 메커니즘 이외에 다양한 황 함유 전구물질들이 채소 특유의 냄새 성분을 유발시킨다. 마늘, 파, 양파 등에서는 시스테인 설폭사이드(cystein sulfoxide)류가, 겨자, 양배추, 무와 같은 십자화과 식물체에서는 글루코시놀레이트(glucosinolate)류가 중요 전구물질로 작용한다.
3. 서로 다른 두 개의 냄새 수용체와의 결합부위(odotope)를 가진 냄새 분자는 서로 다른 두 개의 냄새 수용체와 결합할 수 있으며, 이들의 결합력은 각각 다르다. 즉, 저농도에서는 결합력이 강한 1번 냄새 수용체(OR_1)에만 결합하나, 그 농도가 높아져서 OR_1의 결합부위가 모두 채워지면, 그보다 결합력이 약한 OR_2 와도 결합하게 된다. 즉, 저농도에서는 OR_1과의 결합에 의한 전기적 신호만이 뇌로 전달되나, 고농도에서는 OR_1과 OR_2 모두에서 조합된 전기 신호가 전달된다. 이렇게 조합된 전기 신호는 흔히 전혀 새로운 냄새 특성으로 인지된다.

PART III

식품의 건강 기능 _ 생물학과 평가법

CHAPTER 04

산화방지와 만성질환 예방

산화방지제(antioxidant)는 산화제가 물질을 산화시키는 데 관여하는 산화반응을 억제 또는 지연시키는 물질이다. 동식물의 생명 유지에 절대적으로 필요한 물질인 산소는 대기 중에 약 20.9 % 존재하기 때문에 대부분의 물질이 산소로 인해 발생하는 산화반응을 피할 수 없다. 산소에서 유래하는 활성산소는 정상적인 대사작용으로 생성될 뿐만 아니라 외부 환경, 식이, 흡연 등 외적 요인에 의해서도 발생하여 산화스트레스(oxidative stress)를 유발한다. 산화방지제는 지방을 함유하는 식품의 가공, 저장 시 발생하는 지방산의 산화를 억제하여 식품의 영양적 가치를 유지하고 유통기한을 늘려주는 역할을 하고, 생물체 내에서는 단백질, 지방, 탄수화물, DNA, RNA와 같은 고분자물질의 산화를 억제함으로써 이들의 산화로 인한 생체대사의 교란을 막아 여러 질병으로부터 생물체를 보호한다.

1. 산화방지의 정의 및 개요

1.1. 산화방지 및 산화방지제

공기 중에는 약 20.9 %의 산소가 존재한다. 생명체는 산소 호흡을 함으로써 생명을 유지하지만, 산소로 인한 산화를 피할 수 없다. 식품도 예외일 수 없다. 산화는 물질이 산소와 결합하는 화학반응으로, 물질은 산소와 결합하면서 전자를 잃고 산화된다. 이러한 산화를 억제하거나 늦추는 반응을 산화방지작용이라고 하며, 전이금속, 활성산소(reactive oxygen species, ROS) 같은 산화촉진제(prooxidant)를 환원시키는 물질은 산화방지제라고 한다. 좀 더 구체적으로 산화방지제를 정의하면 '산화가 가능한 물질의 농도보다 아주 낮은 농도에서 산화를 지연 또는 억제시키는 물질'이다. 식품이나 생체에 존재하는 탄수화물, 지방, 단백질, DNA, RNA 등도 산화 가능한 물질에 속한다. 식품 산업에서는 특히 지방의 산화로 발생하는 산패냄새를 막기 위하여 산화방지제를 사용한다. 생체 내에서는 산소 대사 과정에서 자연스럽게 발생하는 활성산소의 공격으로부터 세포 및 세포 구성 물질을 보호하는 산화방지제의 역할이 중요하다.

산화방지제는 자유라디칼과 반응하여 중화시키는 기능이 있어서 자유라디칼 소거제라고도 한다. 산화방지제는 비타민인 A, C, 카로테노이드, 페놀성 화합물(phenolic compounds)°인 쿼세틴(quercetin), 카테킨, 안토사이아닌, 합성 산화방지제인 BHA, BHT 등이 있다. 우리 몸에서는 스스로 자유라디칼을 소거하는 내생적 산화방지제(endogenous antioxidants)를 만들기는 하지만, 체내에서 필요한 여분의 산화방지제는 주로 과일·채소류 등의 식이를 통하여 섭취하여야 한다. 이러한 산화방지제는 외인적 산화방지제(exogenous antioxidants) 또는 식이 산화방지제(dietary antioxidants)라고 한다. 산화방지제는 낮은 농도에서 산화방지 기능을 지속적으로 발휘하여 지방의 산화 유도기를 늦추고, 산화를 지연시키고, 산화 속도를 느리게 하여야 하며, 안정적이고 효과적이면서 독성이 없어야 한다. 또한 식품의 조직, 색깔, 풍미에 영향을 주지 않아야 한다. 산화방지제의 산화방지능은 농도, 극성, 매질(medium), 다른 산화방지제의 존재 유무에 영향을 받는다.

여러 산화방지제가 함께 존재할 때에 산화방지제의 상호작용은 상승작용(synergistic effect), 상가작용(additive effect), 길항작용(antagonistic effect)으로 구분한다. 이때 상가작용은 여러 산화방지제가 혼합된 상태의 산화방지능, 즉 총산화방지능(total antioxidant capacity)이 산화방지제 하나하나의 산화방지능 합계와 같다. 총산화방지능이 산화방지제 하나하나의 산화방지능을 합한 것보다 높을 때에는 상승작용이라고 하고, 이와 반대로 낮으면 길항작용이라 한다. 상승작용과 상가작용은 산화방지능이 바람직하게 나타나는 반응인 데 비하여 길항작용은 산화방지능이 감소되는 바람직하지 못한 상호작용이다.

우리 몸은 지속적으로 발생하는 활성산소를 제거하여 세포를 보호할 수 있도록 산화방

산화스트레스 체내에서 산화촉진제보다 산화방지제가 부족한 상태.
페놀성 화합물(phenolic compounds) 방향족 고리에 하이드록실기(-OH)가 붙어있는 파이토케미컬로서, 일반적으로 산화방지능을 보유하고 있다.

지 방어 체계(antioxidant defense system)를 구축하고 있다. 인체는 체내의 초과산화물제거효소(superoxide dismutase, SOD), 과산화수소분해효소(catalase)와 같은 산화방지 효소와 비타민 C, 플라보노이드 같은 식이 산화방지제에 의존하여 산화방지 항상성을 유지한다. 전이금속 킬레이팅과 하이드로과산화물(hydroperoxides)의 환원에 의한 활성산소 및 자유라디칼 형성 억제, 초과산화물(superoxide)과 일중항산소($^1O_2$) 제거 등이 산화방지 방어 체계의 일선을 담당하고, 플라보노이드 같은 라디칼 소거능 산화방지제들이 제이선의 방어선을 구축한다. 이러한 산화방지 방어 체계는 활성산소에 의한 단백질의 산화방지, DNA, RNA의 손상 억제, 지방 과산화(lipid peroxidation)를 억제하여 세포가 정상적 기능을 수행하게 한다. 표 4-1은 체내에서 발생하는 산화 및 산화제에 대한 산화방지 방어 체계를 보여준다.

| 표 4-1 | 체내에서 산화로부터 보호하는 산화방지 방어 체계

효소 및 산화방지제	산화방지반응
비타민 C, 비타민 E, 카로테노이드	세포질, 혈액, 세포막에서 활성산소를 소거하고, 지방의 자동산화반응을 억제
페놀성 화합물(페놀산, 플라보노이드, 타닌, 코엔자임 Q_{10})	라디칼을 소거하여 지방의 자동산화반응을 억제
초과산화물제거효소	$2O_2^{\bullet -} + 2H^+ \rightarrow H_2O_2 + O_2$
과산화수소분해효소	$2H_2O_2 \rightarrow 2H_2O + O_2$
글루타싸이온 과산화효소	$H_2O_2 + 2GSH \rightarrow 2H_2O + GSSG$ $LOOH + 2GSH \rightarrow LOH + H_2O + GSSG$
락토페린, 트랜스페린	철 격리
세룰로플라스민, 알부민	구리 격리

1.2. 산화스트레스

정상적 환경에서 생체는 산화제와 산화방지제가 적절한 균형을 이루고 있다. 산화방지제의 부족 또는 과도한 산화제의 존재로, 산화방지제보다 산화제의 산화 능력이 더 강력한 상태를 산화스트레스라고 한다. 음주, 흡연, 약물 복용, 자외선, 매연, 환경오염물질 등으로 인해 활성산소가 급격히 증가하여 산화스트레스가 유발될 수 있다. 노화와 더불어 코엔자임 Q_{10} 합성 등 활성산소 제거 능력이 저하되어 활성산소의 제거와 생성의 균형이 깨져 활성산소의 제거보다는 생성 쪽으로 치우치게 됨으로써 몸 속의 신경세포, 피부세포, 뇌세포, 망막세포 등이 산화스트레스의 공격을 받게 된다. 정상적인 생리 기능을 유지하기 위해서는 이러한 산화스트레스를 제거하는 것이 바람직하다. 세포 손상을 유발하는 산화스트레스에 만성적으로 노출되면 당뇨병, 염증, 심혈관질환, 치매, 암 등에 걸릴 확률이 높아진다.

1.3. 활성산소

활성산소는 활성산소종, 위해산소, 유해산소라고도 한다. 분자 내에 산소를 가지고 있으며, 일반적으로 반응성이 강하여 세포 내 물질들의 산화반응을 유발한다. 정상적인 세포 대사 과정에서 활성산소는 끊임없이 생성된다. 생명체의 호흡 과정에서 ATP를 만드는 전자전달계에서 2~5 %의 전자가 이탈하여 활성산소의 시발물질인 초과산화물을 형성하여 일련의 활성산소 생성에 관여한다. 호중구, 대식세포 같은 백혈구에서 호흡 폭발(respiratory burst 또는 oxidative burst)로 활성산소를 분출하여, 미생물 등 항원을 분쇄하는 체내 면역계에서도 발생한다. 음주한 후 알코올 분해를 위한 무독화 과정 중 간세포에서도 활성산소가 생성된다. 이렇게 정상적인 대사 과정에서 생성되는 활성산소가 제거되지 않으면 단백질, 지질, DNA 등 세포 성분이 손상을 받는다.

활성산소로는 일중항산소($^1O_2$), 과산화수소(H_2O_2), 하이포염소산(HOCl), 퍼옥시나이트라이트(peroxynitrite, $ONOO^-$), 초과산화물($O_2{\cdot}^-$), 하이드록실 라디칼(hydroxyl radical, $\cdot OH$), 퍼옥실 라디칼(peroxyl radical, $ROO\cdot$) 등이 있다. 산소로부터 활성산소가 생성되는 경로는 그림 4-1과 같다. 산소가 4개의 전자에 의하여 환원이 되면 두 분자의 물이 생성된다. 이들 활성산소 중에서 반응성이 뛰어난 하이드록실 라디칼은 많은 물질들과 10^9~10^{10}/M·sec의 속도 상수로 반응하며, 반감기가 10^{-9}초로 아주 짧기 때문에 발생하는 바로 부근에 존재하는 물질과 빠르게 산화반응을 일으킨다. 하이드록실 라디칼의 주요한 생성반응으로는 펜톤 반응(Fenton reaction)과 하버-바이스 반응(Haber-Weiss reaction)이 있다(그림 4-2).

$$O_2 \xrightarrow{e^-} O_2{\cdot}^- \xrightarrow{e^- + 2H^+} H_2O_2 \xrightarrow{e^- + H^+} \cdot OH \xrightarrow{e^- + H^+} H_2O$$

| 그림 4-1 | 산소로부터 활성산소의 생성 과정

호흡폭발 백혈구의 미생물 등 항원을 분해하기 위한 활성산소의 급격한 방출.
펜톤 반응 철 등의 금속을 촉매로 하여 과산화수소로부터 하이드록실 라디칼을 생성하는 반응.
하버-바이스 반응 과산화수소와 초과산화물로부터 하이드록실 라디칼을 생성하는 반응.

펜톤 반응

$$H_2O_2 + Fe^{2+} \longrightarrow Fe^{3+} + OH^- + \cdot OH$$

하버-바이스 반응

$$H_2O_2 + O_2^{\cdot -} \longrightarrow O_2 + OH^- + \cdot OH$$

| 그림 4-2 | 하이드록실 라디칼 생성에 관여하는 펜톤 반응과 하버-바이스 반응

2. 산화방지제의 산화방지반응

산화방지제의 특징적인 산화방지반응으로는 유리라디칼 소거, 금속 킬레이팅, 지방 산화 억제, 그리고 라디칼 형성 효소 억제 등 4가지 경우로 구분할 수 있다.

2.1. 유리라디칼 소거

유리라디칼은 홀전자(unpaired electron)를 하나 이상 가지고 있는 오비탈이 존재하는 원자, 분자 등을 일컫는다. 일반적으로 홀전자를 가지고 있어서 오비탈을 채우려고 하는 경향 때문에 유리라디칼은 반응성이 높다. 유리라디칼은 세포막의 불포화지방산을 산화시켜 지방 라디칼(lipid radicals)을 만들어내고, 이들 라디칼은 세포를 손상시키며 질병을 가속화시킨다. 유리라디칼은 단백질, DNA, RNA를 공격하여 세포가 정상적으로 작용하는 메커니즘을 방해하여, 궁극적으로는 염증, 질병, 노화를 촉진시킨다.

산화방지제는 전자 또는 수소를 유리라디칼에 제공하여 유리기를 소거(scavenging)한다. 그림 4-3은 산화방지제로서 비타민 C가 수소원자를 2,2-다이페닐-2-피크릴하이드라질(2,2-diphenyl-1-picrylhydrazyl, DPPH) 라디칼에 전달하여 환원시키는 과정을 보여준다. 벤젠고리를 가지고 있는 페놀성 화합물은 산화되어 페녹시 라디칼(phenoxy radical)을 형성하나, 공명구조를 통해서 반응성을 갖지 않는 안정적인 라디칼이 된다(그림 4-4). 페놀성 산화방지제의 이러한 공명구조 형성으로 환원제를 산화시키지 않고 안정된 라디칼로서 남아있게 된다. 그림 4-5는 플라보놀(flavonol)인 퀴세틴이 라디칼(R·, ROO·)에 전자를 주어 퀴논(quinone)을 형성하는 과정을 보여준다.

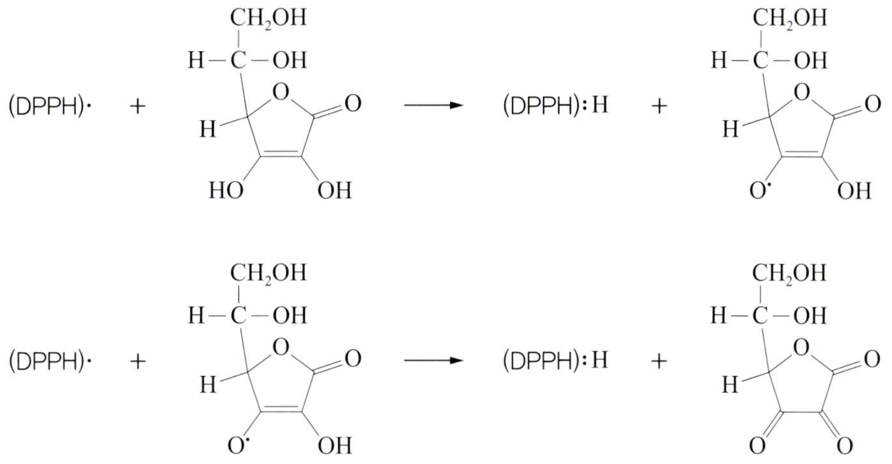

| 그림 4-3 | 비타민 C의 수소원자 제공에 의한 DPPH 라디칼 소거 반응

| 그림 4-4 | 페놀 구조를 갖는 산화방지제의 페녹시 라디칼의 안정적인 공명구조

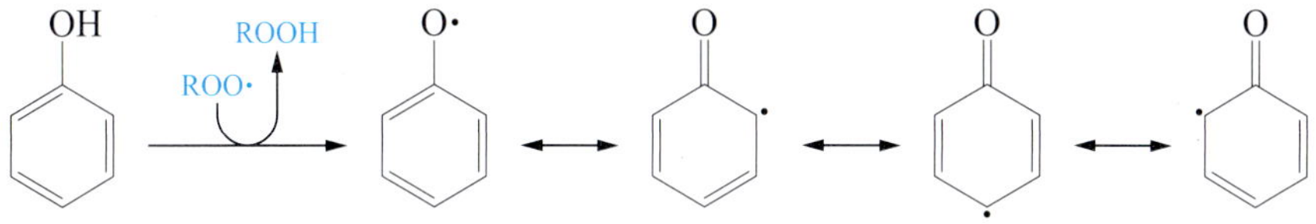

2.2. 금속 킬레이팅

금속이온이 촉매로 작용하여 산화반응을 촉진한다. 킬레이터(chelator)가 금속을 붙잡게 되면 금속에 의한 산화반응은 억제된다. 그림 4-6 (a)는 쿼세틴이 금속을 킬레이팅하는 주요 부위를 보여주고 있다. 각각의 플라보노이드는 독특한 자외선-가시선 흡광 스펙트럼(UV-vis absorption spectra)을 가지고 있다. 플라보노이드가 금속을 킬레이팅하는 경우는 에너지가 낮은 방향으로 자외선-가시선 흡광 스펙트럼의 적색편이(red shift)가 일어나게 된다(그림 4-6 b). 페놀성 화합물이 킬레이터로서 구리, 아연, 철과 같은 금속이온을 킬레이팅하여 산화를 억제하는 산화방지제의 역할을 한다. 이들 금속이온은 펜톤 반응에 관여하여 ·OH과 같은 활성산소를 생성하는데, 이때 플라보노이드는 금속을 킬레이트화함으로써 유리라디칼의 형성을 억제하여 산화를 막는다. 그러나 생체 내 대부분의 철, 구리는 락토페린, 알부민 같은 단백질과 결합된 형태로 존재하므로 자유라디칼 형성에 관여하는 반응은 아주 제한적이다. 플라보노이드 등 페놀성 화합물은 생체 내 소화/흡수 과정에서 철과 칼슘을 붙

quercetin

aroxyl radical

aroxyl radical

stable quinone

| 그림 4-5 | 퀴세틴에 의한 유리라디칼 소거

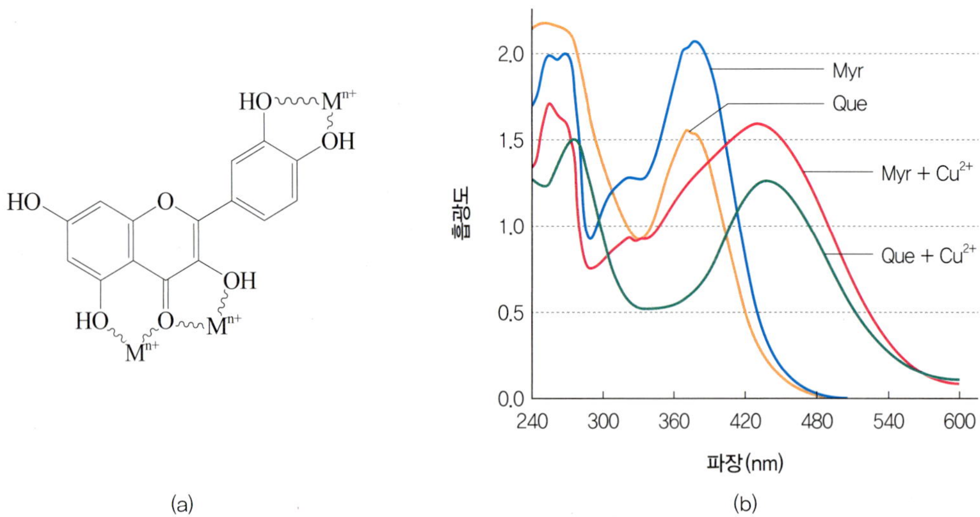

| 그림 4-6 | 퀴세틴의 금속이온 결합 부위(a)와, 퀴세틴(Que)과 미리세틴(Myr)의 구리 결합에 의한 흡광 스펙트럼의 변화(b)

(b)의 출처: Mira et al. (2002) Interactions of flavonoids with iron and copper ions: A mechanism for their antioxidant activity. Free Radical Research, 36: 1199-1208.

잡아 생물학적 이용도(bioavailability)를 떨어뜨리는 항영양소(antinutrient)로서도 작용한다.

2.3. 지방의 산화 억제

지방의 산화는 지방이 산소와 결합하는 과정을 통하여 일어난다. 지방산이 탄소와 탄소 사이에 이중결합을 가지고 있는 경우에 불포화지방산이라고 한다. 지방의 산화는 전자 밀도가 높은 이중결합을 가지는 불포화지방산에서 일어난다. 불포화도가 높은 지방산이 상대적으로 산화가 잘 되고, 산패냄새를 발생시키는 휘발성 물질을 더 많이 만들어낸다.

산소는 분자 오비탈의 전자 배치에 따라 삼중항산소($^3O_2$)와 일중항산소($^1O_2$)로 구분한다. 삼중항산소는 분자 오비탈의 에너지가 같은 두 개의 준위에 각각 전자가 하나씩 채워져 있는 라디칼 산소이다. 일중항산소는 삼중항산소가 엽록소, 리보플라빈 등과 같은 감광제(photosensitizer)를 통하여 22.5 kcal/mol의 에너지를 받아 생성되며, 분자 오비탈 가운데 가장 외각 오비탈 하나가 비워져 있는 비라디칼 산소이다. 이 2종류의 산소는 다른 에너지 준위와 라디칼 유무의 차이로 산화 메커니즘은 각기 다른 경로를 따른다.

삼중항산소는 개시, 전파, 종결의 3단계로 구별되는 지방산의 자동산화에 관여한다(그림 4-7). 개시 단계에서는 열/빛 에너지, 금속 촉매 등에 의하여 지방산에서 수소원자가 떨어져 나가 지방 라디칼(lipid radical, L·)을 형성한다. 전파 단계는 생성된 지방 라디칼이 삼중

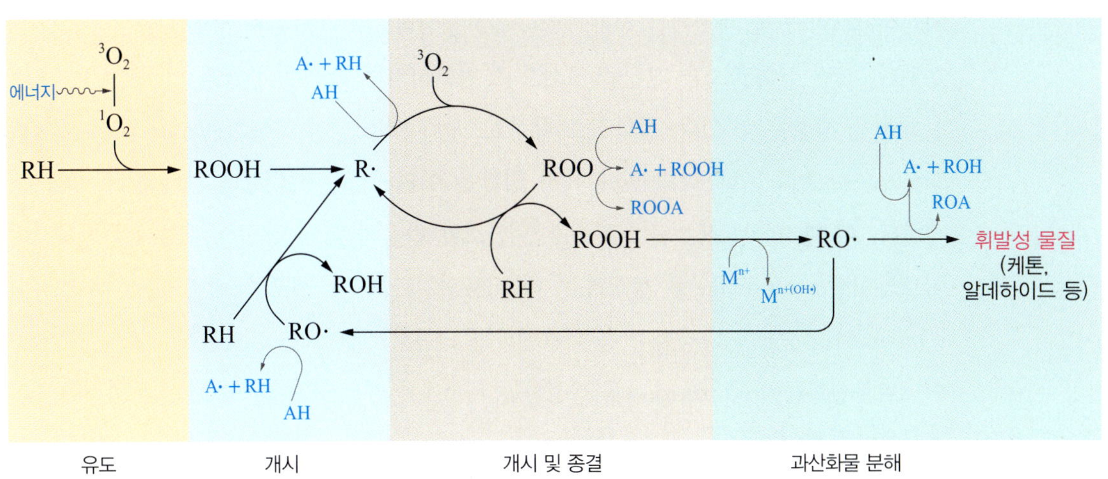

| 그림 4-7 | 지방 산화 과정 중 산화방지제의 상호 작용

출처 : 'Bailey's Industrial Oil and Fat Products, Sixth Edition, Six Volume Set. Edited by Fereidoon Shahidi. Copyright # 2005 John Wiley & Sons, Inc.' 책의 chapter 11 (p431-489)

항산소와 반응하여 하이드로과산화지방 라디칼(lipid hydroperoxide radical, LOO·)을 형성하고, 다른 지방을 라디칼로 만드는 과정이다. 종결 단계에서는 생성된 지방 라디칼(L·, LO·, LOO·)이 상호간 반응하여 비라디칼 물질을 형성한다. 일중항산소는 친전자체(electrophile)인 비라디칼로서 삼중항산소가 관여하는 자동산화의 개시 단계는 필요없이 전자 밀도가 높은 불포화지방산의 이중결합 탄소에 직접 결합하여 지방을 하이드로과산화지방(lipid hydroperoxide)으로 만든다. 일련의 지방 산화반응을 통해서 알코올, 알데하이드, 케톤 등의 휘발성 물질을 생성하고 산패냄새를 발생시킨다. 산화방지제는 삼중항산소가 관여하는 지방 산화의 연쇄반응에서 발생하는 지방 라디칼들을 환원시키고, 일중항산소를 소거하는 역할을 하여 지방의 산화를 억제한다(그림 4-7).

2.4. 라디칼 형성 효소반응 억제

생체 내의 NADH/NADPH 산화효소(NADH/NADPH oxidase), 잔틴 산화효소(xanthine oxidase), 리폭시제네이스(lipoxygenase), 고리형 산소첨가효소(cyclooxygenase), 사이토크롬 P450 모노옥시제네이스(cytochrome P450 monooxygenase), 산화질소 합성효소(nitric oxide synthase)와 같은 효소들이 대사 과정에서 활성산소와 활성질소를 생성한다. 체내로 유입된 독성물질을 제거하기 위하여 극성이 높은 대사체로 변환시키는 생물전환(biotransformation)의 반응인 제1상 반응(phase I reaction)에서 산화환원반응에 관여하는 사이토크롬 P450 모노옥시제네이스의 반응 과정에서 전자(electron)가 정상적으로 전달되지 않으면 활성산소가 생성된다. 잔틴 산화효소는 잔틴을 요산으로 변화시키는 반응에서 물과 산소로부터 초과산화물을 생성할 수 있다. 산화질소 합성효소는 아미노산인 아르지닌(arginine)을 시트룰린(citrulline)으로 변화시키는 반응에서 혈관을 이완시키는 라디칼인 산화질소(NO)를 생성한다. 이 과정에서 생성된 산화질소는 산소와 반응하여 더 강력한 산화제인 퍼옥시나이트라이트(peroxynitrite)을 형성하는 데 이용되기도 한다. 세포 내에서 에이코사노이드(eicosanoids) 대사 등 다양한 반응에 관련하는 리폭시제네이스는 지방산에 산소를 붙여 하이드로과산화물(hydroperoxide)을 생성하는 과정에서 과산화라디칼(LOO·)과 초과산화물을 생성하기도 한다.

3. 산화방지와 만성 질병 예방

과도한 활성산소로 인해 세포는 정상 기능을 상실하게 되어 궁극적으로 사멸하게 된다. 이러한 환경에 지속적으로 노출되면 암, 당뇨병, 노화 등과 같은 만성 퇴행성 질환(생활습관병)의 발병 위험성이 높아진다. 갈수록 고령화되는 사회구조 속에서 인간으로서 최소한의 삶의 질을 유지하기 위해서는 산화스트레스를 완화시키는 산화방지 식품을 섭취하는 등 개별적 노력이 필요하다.

3.1. 퇴행성 신경질환

사람은 노화가 진행됨에 따라 뇌세포 손상으로 기억력, 집중력, 학습 능력 등이 저하된다. 전 세계적으로 치매(dementia)를 앓는 사람은 20년마다 2배씩 증가하고 있어 2050년에는 그 수가 1억 1,000만 명 정도 될 것으로 예측한다. 우리나라도 예외는 아니어서 2013년에 치매 환자 수는 약 58만 명 정도였으나 2050년에는 약 271만 명에 이를 것으로 예측하고 있다. 치매는 주로 노인에게 나타나는 질병으로 대뇌 신경세포의 광범위한 손상으로 지능, 의지, 기억력 등의 저하가 일어난다. 치매 중 가장 흔한 유형은 알츠하이머병(Alzheimer's disease)이다. 아밀로이드 전구체 단백질로부터 독성이 강한 베타아밀로이드 펩타이드 42(amyloid-β peptide 42)가 생성되어 아밀로이드 플라크(plaque) 형성과 타우 단백질에 의한 신경원섬유매듭(neurofibrillary tangle)으로 인한 산화스트레스는 알츠하이머병 발병의 주요한 원인으로 알려져 있다. 활성산소의 과도한 생성으로 산화스트레스가 유발되어 미토콘드리아의 정상적 기능이 훼손됨으로써 신경세포 대사 기능이 제대로 이루어지지 못하는 것도 또 하나의 원인이 된다.

뇌의 신경세포는 산소를 많이 소모하고, DHA 등 불포화지방산의 농도가 높으며, 다른 조직에 비하여 산화방지 효소가 적어 활성산소의 공격에 유난히 취약하다. 산화방지제는 산소를 소모함으로써 생성된 활성산소의 소거, 활성산소에 의한 불포화지방산의 산화 억제, 그리고 세포 내 신호 전달을 증폭시켜 초과산화물제거효소와 같은 산화방지 효소의 생성을 유도하여 신경세포의 손상을 막아서 퇴행성 신경질환을 어느 정도 예방할 수 있다. 이러한 산화방지제로는 플라보노이드와 같은 파이토케미컬(phytochemicals)로 과일, 채소, 홍차,

생물전환 생체 내생 물질 및 이물을 더 수용성인 물질로 전화시키는 대사작용.

녹차, 커피, 콩 등에 많이 함유되어 있다.

3.2. 심혈관질환

콜레스테롤은 담즙산, 비타민 D, 스테로이드의 전구물질로, 신체의 정상적 기능을 위하여 이용되는 필수 불가결한 물질이다. 콜레스테롤은 간 등의 조직에서 합성되거나 음식물을 섭취함으로써 얻을 수 있다. 콜레스테롤은 간, 소장 등 조직에서 약 70~80 %를 만들고, 음식물 섭취를 통해서 20~30 %를 얻는다. 이러한 구조는 혈중 콜레스테롤 수치가 높을 경우에 식이요법만으로 수치를 낮추는 데는 한계가 있다는 것을 시사한다. 식이를 통해서 섭취한 콜레스테롤은 지단백질 중 가장 큰 킬로미크론(chylomicron, 암죽미립)에 의해서 조직으로 이동한다. 저밀도 지단백질(low-density lipoprotein, LDL)은 산화되면 동맥경화증을 촉진하는 나쁜 콜레스테롤이라 불리고, 고밀도 지단백질(high-density lipoprotein, HDL)은 혈액 및 조직 속에 있는 콜레스테롤을 제거하는 역할을 해서 좋은 콜레스테롤이라고 한다. 콜레스테롤은 혈액에 녹지 않으므로 지단백질에 함유되어 혈관을 타고 체내에서 이동한다.

심혈관질환은 심장 및 혈관에 발생하는 질환으로 고지혈증, 동맥경화증, 뇌졸증, 심근경색, 심부전, 협심증 등이 있다. 혈관 내벽에 콜레스테롤, 중성지방, 섬유조직, 칼슘, 대식세포 등이 축적되어 탄력을 잃고 단단해지며 좁아져서 혈류가 원활하게 흐르지 못하면 심혈관계 질환이 생긴다. 심혈관질환의 위험인자로는 고혈압, 흡연, 당뇨병, 혈중 콜레스테롤 농도의 상승, 운동 부족, 비만, 과음 등이 있다. 혈중 콜레스테롤이 240 mg/dL 이상인 고콜레스테롤혈증은 뇌졸중과 심장질환을 발생시키는 가장 위험한 인자 중의 하나이다.

산화방지 성분은 혈관 건강에 유익한 HDL 콜레스테롤이 간에서 더 많이 만들어지도록 하여 좋은 콜레스테롤은 유지하고 나쁜 콜레스테롤은 감소시키는 기능을 한다. 레스베라트롤(resveratrol), 카테킨, 퀴세틴, 갈산(gallic acid) 같은 페놀성 화합물이 간세포 실험에서 LDL 수용체의 발현을 높여 혈중 콜레스테롤의 수치를 낮춘다. 폴리페놀은 활성산소를 제거함으로써 LDL 콜레스테롤 산화의 강력한 저해제로 작용하여 동맥경화 등 심혈관계 질환을 예방한다. 폴리페놀 산화방지제는 항혈소판 작용(anti-platelet effect), 항염증 작용, 혈관 내막세포 작용을 개선하여 심혈관질환의 발병을 낮추는 작용을 한다. 역학연구에서 역시 과일·채소류로 섭취한 폴리페놀의 양이 많을수록 심혈관질환의 위험성은 낮아진다고 보고하였다.

3.3. 당뇨병

당뇨병은 체내에서 요구하는 양의 인슐린⊙이 충분히 생성되지 않거나 생성된 인슐린이 세포에 제대로 작용하지 못해서 혈액 내로 들어온 당을 충분히 세포가 흡수하지 못하여 혈당값(혈액 중 포도당의 양)이 높아지는 만성 질병이다. 혈당값이 혈청 100 mL에 공복 시 126 mg 이상, 식사 2시간 후에 200 mg 이상인 상태를 당뇨병으로 진단한다. 지나친 당질 섭취는 당뇨병의 유발과 악화에 많은 영향을 미친다. 당뇨병은 한번 발병하면 쉽게 완치되지 않기 때문에 평생 동안 혈당을 관리하여야 한다.

혈당을 유지하기 위해서는 적당한 유산소운동을 하고 정상 체중을 유지하여야 하며, 잡곡, 현미, 채소, 과일 등 당질의 흡수가 느린 저혈당 식품의 섭취가 필요하다. 활성산소의 증가로 유발되는 산화스트레스가 인슐린 의존성(제1형) 당뇨병 및 인슐린 비의존성(제2형) 당뇨병의 발병과 합병증 유발에 주요한 역할을 한다고 알려져 있다. 포도당 대사, 단백질 당화, 당화단백질 분해 등으로 형성된 초과산화물과 같은 유리라디칼에 의해 산화방지 방어 체계의 약화는 세포소기관 손상, 효소 손상, 과산화지방 증가, 인슐린 저항 유발을 초래한다. 동물실험에서는 비타민, 플라보노이드 같은 산화방지제가 당뇨병에 좋은 효과를 보였지만, 임상시험의 결과에서는 이를 뒷받침하지 못하였다. 하지만 과도한 혈당의 대사로 생성되는 유리라디칼의 형성 과정을 막을 수 있는 플라보노이드 같은 산화방지제는 당뇨병 치료를 위한 천연물질로서 활용할 수 있다.

3.4. 암

산화스트레스를 유발하는 활성산소는 DNA와 반응하여 구조 및 염기서열 등 유전자에 변화를 일으키거나, 효소 등의 단백질과 지질의 산화를 초래하여 세포의 정상적인 대사를 저해함으로써 암의 진행 과정을 촉진한다. 암세포는 다른 부위에 비하여 산화방지에 관여하는 효소의 활성이 낮고 비타민 C의 함량이 적다. 식이 섭취를 통하여 얻은 산화방지제와 생체 내의 산화방지제는 산화를 촉진하는 자유라디칼과 반응하여 이를 소거함으로써 세포 손상을 예방한다. 암세포를 이용한 시험관 및 동물 실험에서 산화방지제가 암 발생과 연관

킬로미크론 장에서 흡수된 지방을 림프관을 통하여 수송하는 지단백질.
대식세포 백혈구의 일종으로, 세포로 침입한 병원균이나 손상된 세포를 포식하여 면역 기능을 유지하게 한다.
역학연구 인간 집단을 대상으로 질병과 건강의 원인, 유형 등을 연구하는 학문.
인슐린 이자에서 생성되는 호르몬 단백질로서, 포도당을 세포 안으로 유입시키는 역할을 한다.

되는 자유라디칼에 의한 세포 손상을 막고, 발암물질을 무독화하는 효소의 발현을 높였다. 이에 사람에게 산화방지제를 보충함으로써 암 발생 및 암으로 인한 사망 위험을 낮출 수 있는지 여부를 확인하는 연구가 많이 진행되어 왔다. 비교적 콩을 많이 섭취하는 한국인 중 혈액 속에 아이소플라본(isoflavone)의 농도가 높은 경우 위암 발생률이 낮았다. 그러나 몇몇 관찰연구(observational studies)에서는 산화방지제의 섭취가 암 발생 위험과 관련하여 상반된 결과를 보여주었다. 베타카로텐, 토코페롤 등 산화방지 비타민을 이용한 무작위 대조 임상연구에서는, 원발암(primary cancer) 예방에 식이 산화방지제의 보충이 효과가 있다는 증거를 제시하지 못하였다. 암 환자에게 산화방지제를 보충하는 데 따른 효능에 대해서는 앞으로 더 많은 연구가 필요하다.

3.5. 비만

비만은 체내에 과도한 지방이 축적됨으로써 건강에 좋지 않은 영향을 미치는 질병으로, 체질량지수(BMI)가 30 이상인 경우를 가리킨다. 비만은 음식으로 섭취한 칼로리가 소비되는 칼로리보다 많아지는 에너지의 불균형이 생겨, 여분의 칼로리를 체내에 저장함으로써 발생한다. 비만 인구가 늘어나는 주된 이유로는 필요 이상의 과도한 식품 섭취, 신체 운동의 감소, 패스트푸드와 같은 고열량 식품의 섭취 증가를 꼽을 수 있다. 비만은 과도한 체지방의 축적으로 동맥경화증, 암, 당뇨병, 고혈압, 뇌졸중, 심장병, 담낭질환, 비알코올성 지방간 등과 같은 질병에 노출될 위험을 더욱 높인다. 최근의 연구에서 산화스트레스가 비만 및 관련 합병증 사이에 관련성이 있다는 결과가 보고되었다. 비만일 때에는 활성산소와 활성질소가 정상 상태보다 많다는 특징이 있다.

산화스트레스는 비만의 결과물이자 원인이다. 만성적 영양 과잉, 고지방 고탄수화물 식사, 포화/트랜스 지방산의 고함유 식사는 다양한 생화학적 반응에 의해서 산화스트레스를 유발한다. 산화스트레스는 백색지방조직(white adipose tissue)의 축적, 전지방세포(pre-adipocyte) 증식, 지방세포 분화, 식품의 섭취를 늘린다. 흔히 비만인 사람의 산화방지 방어력은 정상 체중인 사람보다 낮으며, 이는 복부 지방 다과와 반비례 관계를 보이는 것으로 알려져 있다. 비만한 사람은 대체로 신체 활동량이 부족할 뿐만 아니라 과일·채소류나 두류에 풍부한 산화방지제와 파이토케미컬의 섭취가 적어 산화방지능 상태가 낮은 편이다. 비만으로 증가하는 산화스트레스를 줄이려면 우선적으로는 신체 활동은 늘리고 체중을 감량해야 한다. 또한 산화방지 비타민과 폴리페놀을 많이 함유하고 있는 과일·채소류, 차, 커피를 섭취하여 산화스트레스를 완화시켜서 비만의 유발을 막거나 늦추는 전략도 가능하다.

3.6. 피부 노화

노화(aging)는 반응성과 독성이 높은 활성산소의 과도한 발생에 의한 산화스트레스 때문에 세포 내 탄수화물, 지방, 단백질, DNA, RNA 등 생체물질의 누적된 손상으로 세포의 정상적 기능이 감소하여 발생하는 것으로 여겨진다. 특징적인 피부 노화로는 주름, 피부 건조, 탄력 감소 등을 들 수 있다. 피부 노화는 내인성 피부 노화(자연 피부 노화, intrinsic skin aging)와 외인성 피부 노화(extrinsic skin aging)로 구분된다. 내인성 피부 노화는 유전적으로 결정되며 나이가 들면서 일어나는 피할 수 없는 현상인 반면에, 외인성 피부 노화는 자외선, 식이, 음주, 흡연, 대기오염 등과 같은 외적 인자로 인하여 발생하며 노력 여하에 따라 노화를 지연시킬 수 있다. 대표적인 외인성 노화로는 피부 광노화(skin photoaging)를 들 수 있다. 지속적으로 햇빛에 노출되는 얼굴, 목, 손, 팔 등의 피부에서 주로 나타난다. 햇빛 중 자외선은 피부에서 일중항산소, 하이드록실 라디칼 등의 활성산소를 생성하여 산화스트레스를 유발하고, 각질세포, 섬유아세포의 DNA 등을 공격하여 피부의 광노화를 촉진시킨다. 세포 내 활성산소는 프로콜라겐(procollagen)° 합성을 억제하고, 세포 밖 기질에 있는 콜라겐을 분해하는 기질금속단백질분해효소(matrix metalloproteinase) 합성을 촉진하여 각질세포, 섬유아세포 등의 피부세포를 손상시킨다. 산화방지제는 피부세포를 손상시키는 활성산소를 소거하거나 기질금속단백질분해효소를 억제하여 피부 노화를 예방할 수 있다.

4. 산화방지 건강기능식품

활성산소 감소에 도움을 주는 건강기능식품°의 기능성 원료(인체에 유용한 기능을 가진 원료)로는 고시형 원료와 개별 인정형 원료가 있다. 산화방지 관련 고시형 원료로는 클로렐라,

아이소플라본 콩 등 대두류의 주요 플라보노이드의 일종.
프로콜라겐 섬유아세포, 조골세포 등에서 만들어지는 콜라겐 전구물질.
건강기능식품 일상적인 식사로는 결핍되기 쉬운 영양소나 인체에 유용한 기능을 가진 원료나 성분을 사용하여 제조한 식품으로, 건강을 유지하는 데 도움을 준다.

스피루리나, 프로폴리스 추출물, 비타민 C, 비타민 E, 엽록소 함유 식물, 스쿠알렌이 있다. 개별 인정형 기능성 원료로는 대나무잎 추출물, 멜론 추출물, 복분자 추출물, 비즈왁스알코올, 코엔자임 Q_{10}, 토마토 추출물, 포도씨 추출물, 프랑스 해안송 껍질 추출물, 고농축 녹차 추출물 등이 있다. 산화방지능을 가지는 기능성 원료 중 몇 가지를 소개하기로 한다.

4.1. 비타민 C

비타민 C는 6개의 탄소로 이루어진 락톤(lactone)이며, 식물과 대부분의 동물은 체내에서 비타민 C를 합성한다. 하지만 사람, 영장류, 기니피그 등은 글로노락톤 산화효소(gulonolactone oxidase)가 없어 비타민 C를 합성할 수 없으므로 반드시 식이로 섭취하여야 한다. 비타민 C는 환원형인 아스코브산(ascorbic acid)과 산화형인 데하이드로아스코브산(dehydroascorbic acid)을 포함하며, 이 두 물질은 산화·환원 반응을 통해서 상호 전환을 할 수 있다(그림 4-8). 실제로 우리가 섭취하는 식품과 몸속에는 2가지 형태가 모두 존재한다. 제조 원료로는 비타민 C(*L*-ascorbic acid), *L*-아스코브산나트륨(sodium *L*-ascorbate), *L*-아스코빌스테아레이트(*L*-ascorbyl stearate), 아스코브산칼슘(calcium *L*-ascorbate), 아스코빌팔미

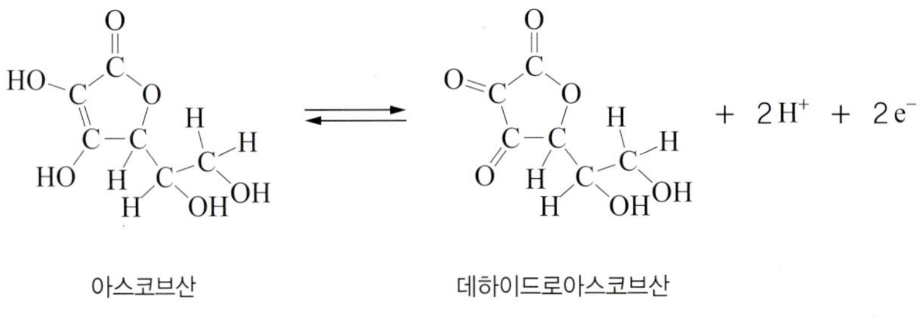

$\rightleftharpoons \quad + \ 2H^+ \ + \ 2e^-$

아스코브산 데하이드로아스코브산

| 그림 4-8 | 아스코브산과 데하이드로아스코브산의 구조

tip

건강기능식품의 성분

지표 성분(marker compounds)

원료 중에 함유되어 있는 화학적으로 규명된 성분 중에서 품질관리를 목적으로 정한 성분

기능 성분(biologically active compounds)

원료 중에 함유되어 있는 기능성을 나타내는 성분

테이트(ascorbyl palmitate), 식품 원료를 사용하여 비타민 C를 보충할 수 있도록 제조·가공한 것을 사용한다. 유해산소로부터 세포를 보호하는 데 필요한 비타민 C의 1일 섭취량은 30~1,000 mg이다.

4.2. 코엔자임 Q_{10}

코엔자임 Q_{10}의 Q는 퀴논 구조를 말하고, 10은 아이소프레닐(isoprenyl)기가 10개 있다는 뜻이다(그림 4-9). 코엔자임 Q_{10}은 유비퀴논(ubiquinone), 유비데카레논(ubidecarenone), 코엔자임 Q라고도 부른다. 퀴논 구조를 가지는 코엔자임 Q_{10}은 환원형 페놀 구조인 유비퀴놀(ubiquinol, $CoQH_2$) 형태가 되어 산화방지제로서 역할을 한다. 또한 코엔자임 Q_{10}은 생체 에너지 공장이라 불리는 미토콘드리아에 필수적으로 존재하여 생명 활동의 에너지원인 ATP를 생산하는 전자 전달계에서 전자 운반에 관여한다. 노인, 만성 질환자, 채식주의자의 체내 코엔자임 Q_{10} 함유량은 일반적으로 낮은 편이다. 콜레스테롤 합성 억제제인 스타틴(statin) 계열의 약물을 복용하게 되면, 코엔자임 Q_{10}의 합성도 방해를 받으므로 코엔자임 Q_{10}도 함께 복용하여야 한다. 기능성 원료로서 코엔자임 Q_{10}은 아그로박테리움(*Agrobacterium tumefaciens*), 파라코커스(*Paracoccus denitrificans*), 슈도모나스(*Pseudomonas aeruginosa*) 등의 배양 산물을 헥세인, 아세톤, 아이소프로필알코올, 아세트산에틸로 추출하고 이를 농축 또는 정제하여 제조해서 980 mg/g 이상 함유하여야 한다. 산화방지에 도움을 줄 수 있는 코엔자임 Q_{10}의 1일 섭취량은 90~100 mg이다.

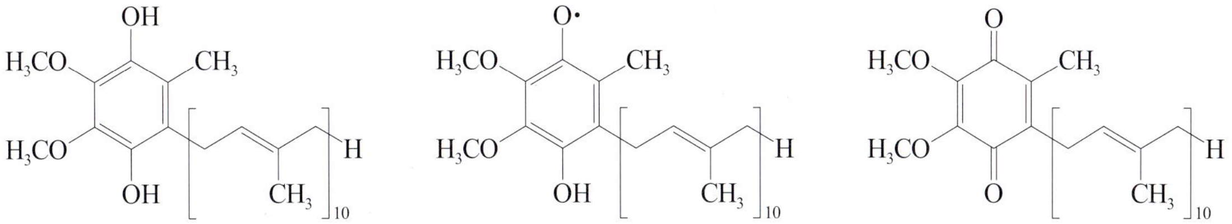

유비퀴놀($CoQH_2$) 세미유비퀴논 라디칼(CoQH•) 유비퀴논(CoQ)

| 그림 4-9 | 코엔자임 Q_{10}의 구조

4.3. 복분자 추출물

복분자 주정 추출물은 원재료인 복분자(*Rubus coreanus*) 열매를 건조시켜 50 % 주정으로 2회 추출하고 여과해서 진공 농축한 후 건조시켜 만든다. 복분자 추출물의 지표 성분은 엘라그산(ellagic acid)으로 표준화된 기능성 원료에는 1.5~2.5 % 정도 함유되어 있다(그림 4-10). 복분자 주정 추출물은 시험관시험에서 지방의 산화 감소와 유리라디칼 제거능을 보였으며, 동물시험에서는 산화방지능 증진에 관여하는 산화방지 효소의 활성이 증가하였다. 그러나 이러한 기능성이 인체 적용시험으로는 확인되지 않았다. 따라서 "산화방지능 증진에 도움을 줄 수 있으나 관련 인체 적용시험이 미흡함"이라고 하여 "생리 활성 기능 3등급"에 해당하는 기능성을 인정받았다.

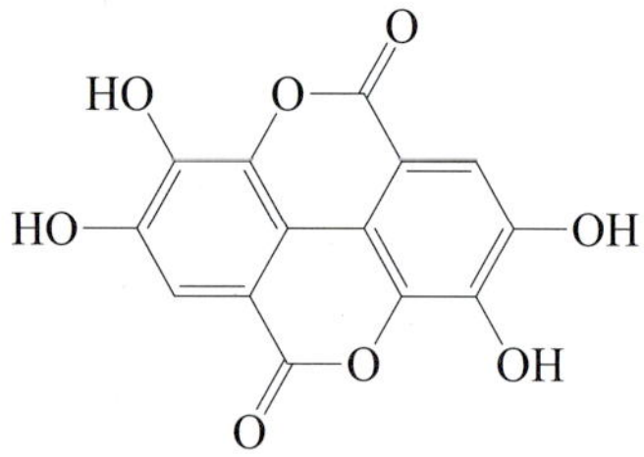

| 그림 4-10 | 엘라그산의 구조

4.4. 프랑스 해안송 껍질 추출물

프랑스 해안송(*Pinus pinaster*) 껍질을 주정을 이용하여 연속 추출하고 농축하여 막여과 분리한 후 건조시켜 만든다. 기능 성분은 프로사이아니딘(procyanidin)이며, 60~80 % 정도로 기능성 원료의 표준화가 이루어졌다. 인체에 유해한 활성산소를 제거하는 데 도움을 줄 수 있는 산화방지제로서 프랑스 해안송 껍질 추출물의 1일 섭취량은 100~300 mg이다.

4.5. 녹차 추출물

녹차의 물 또는 주정 추출물은 식품 원료로 사용하고 있으며, 산화방지제의 용도로 쓰일 경우에는 식품 첨가물로 허용하고 있다. 차에서 추출한 카테킨(catechin; 함량은 70~110 %)은 "차카테킨(tea catechin)"이라 하여 식품 첨가물로서 허용하고 있다. 폴리페놀 화합물 중 플라반-3-올(flavan-3-ol)로 구분되는 카테킨은 에피갈로카테킨[(-)-epigallocatechin, EGC], 에피갈로카테킨갈레이트[(-)-epigallocatechin gallate, EGCG], 에피카테킨[(-)-epicatechin, EC], 에피카테킨갈레이트[(-)-epicatechin gallate, ECG] 등으로 구성되어 있다. 이 4종류의 카테킨이 200 mg/g 이상 함유되어야 하고, 카페인은 50 g/kg 이하로 존재하여야 한다.

단원정리

동식물의 생명 유지에 절대적으로 필요한 물질인 산소는 대기 중에 약 20.9 % 존재하는데, 이 산소로 인해 대부분의 물질은 산화반응을 피할 수 없다. 산소에서 유래하는 활성산소는 정상적인 대사작용에서 유래할 뿐만 아니라 외부 환경, 식이 섭취, 흡연 등 외적 요인에 의해서도 발생하며, 산화스트레스를 유발하는 데 기여한다. 산화방지제는 산화를 억제하는 물질로, 지방을 함유하는 식품의 가공, 저장 시에 발생하는 지방산의 산화를 억제하여 식품의 영양적 가치를 유지함은 물론이고 유통기한을 늘려주는 역할을 한다. 한편, 체내에서 산화방지제는 산화스트레스로부터 단백질, 지방, 탄수화물, DNA, RNA 등과 같은 고분자물질의 산화를 억제한다. 또한 이들의 산화에 의한 생체 대사의 교란을 막아 세포가 정상적으로 기능할 수 있도록 하며, 암, 노화, 퇴행성 신경질환, 심혈관질환 등 여러 질병을 예방할 수도 있다.

연습문제

1 산화방지제를 정의하시오.

2 산화스트레스를 정의하시오.

3 코엔자임 Q_{10}이 세포 안에서 수행하는 기능을 서술하시오.

4 과산화수소분해효소(catalase)가 과산화수소에 작용하는 촉매 반응식을 제시하고, 10분자의 과산화수소로부터 과산화수소분해효소의 작용에 의해 생성되는 활성산소는 몇 분자인지 말하시오.

5 산화방지제인 비타민 C가 펜톤 반응에서 산화촉진제로 작용할 수 있는 이유를 말하시오.

6 뇌의 신경세포가 산화스트레스에 특히 취약한 이유가 무엇인지를 말하시오.

1. 산화방지제는 산화를 억제하는 물질이다.
2. 산화스트레스는 산화방지제가 산화촉진제보다 적게 존재하는 상태를 말한다.
3. 전자 전달계의 전자 전달에 관여하여 생체 에너지인 ATP를 합성하고, 페놀성 화합물로서 산화방지 기능을 한다.
4. 과산화수소분해효소는 '$2H_2O_2 \rightarrow 2H_2O + O_2$' 반응을 촉매한다. 이 반응에서 활성산소는 생성되지 않는다.
5. 그림에서와 같이 펜톤 반응으로 산화방지제인 비타민 C는 3가 철을 2가 철로 환원을 시켜서 펜톤 반응이 다시 일어날 수 있도록 하며, 강력한 산화제인 하이드록실 라디칼이 생성되도록 돕기 때문에 산화제로서 역할을 한다.

$$H_2O_2 + Fe^{2+} \longrightarrow \cdot OH + OH^- + Fe^{3+}$$

$$+)\ \text{ascorbate} + Fe^{3+} + OH^- \longrightarrow Fe^{2+} + H_2O + \text{ascorbyl radical}$$

$$\text{ascorbate} + H_2O_2 + OH^- \longrightarrow \cdot OH + H_2O + \text{ascorbyl radical}$$

ascorbate

ascorbyl radical

6. 다른 조직에 비하여 산소 소모가 많고, DHA 등 불포화지방산의 농도가 높으며, 산화방지 효소가 적어 활성산소의 공격에 유난히 취약하기 때문이다.

CHAPTER 05 식품의 항암 기능

암 질병으로 인한 위험도를 낮추기 위한 목적으로, 혁신적인 암 치료법의 개발과 더불어 암의 조기 진단으로 발병 초기에 적절한 치료를 받을 수 있도록 하는 노력들이 이어지고 있다. 이러한 노력의 결과로 암 환자의 5년 생존율은 매년 증가 추세를 보이고 있으며, 발생 빈도가 높은 갑상샘암, 위암, 대장암 환자의 5년 생존율은 암 환자 평균값보다 높은 수준을 유지한다. 그럼에도 여전히 암 질병은 우리나라의 사망 원인 중 가장 비율이 높고, 전체 인구 가운데 암 발생자 수의 비율을 나타내는 암 발생률은 매년 증가하고 있다. 따라서 암 예방을 위한 암의 조기 진단 및 획기적인 치료법의 개발은 암의 위험도를 낮추는 효율적인 방법이 된다. 식이의 선택과 조절로 암 발병률을 낮추고 암의 진행 속도를 늦추고자 하는 연구가 다양한 각도에서 활발히 진행 중인 이유이기도 하다.

본 장에서는 암 질병의 원인과 진행 과정을 살펴보고, 암의 발병 및 진행을 저해하는 식품과 암을 예방하고 치료에 도움을 줄 수 있는 식생활 조절방법을 알아보고자 한다.

1. 암 질병의 이해

암은 인체를 구성하는 세포의 유전자에 변화가 일어나서 불완전하게 성숙하고 과도하게 증식함으로써 장기가 파괴되어 그 기능을 하지 못하게 되는 질병이다. 정상적인 세포는 크기가 커지고 분열하여 증식하는 과정을 이어가면서도 자체의 조절 기능을 통하여 성장과 분화 그리고 사멸의 과정을 거쳐서 적정한 수를 가지는 정상 상태를 유지한다. 정상 세포에서는 세포가 손상되면 그 부분을 치유하여 문제를 해결한다. 손상에서 원상태로 회복하기 어려운 경우에는 세포자살(apoptosis)을 통하여 세포가 제거되어 모 개체는 정상 상태를 유지하게 된다. 유전자에 변화가 생긴 암세포에서는 이러한 조절이 이루어지지 않아서 세포가 비정상적으로 과다하게 증식하여 결국 종양으로 발전하고 주위로 침입하여 조직과 장기를 파괴하게 된다.

1.1. 암의 원인

암을 유발하는 주요 원인으로는 만성 감염, 방사선 조사, 식이, 흡연 등이 있으며, 부모로부터 물려받은 유전자 이상에 의하여 암이 유발되는 경우도 있다.

암 발생 원인 중에 흡연이 차지하는 비율은 전체의 약 30 %이고, 식이도 비슷하여 30 % 가량 된다. 세포가 바이러스, 박테리아, 기생생물 등에 감염되어서 손상이 축적되면 암세포로 전환될 수 있는데, 이러한 만성 감염에 의한 암 유발은 전체 암 유발 원인의 약 18 %가량 차지한다. 이 수치들은 금연, 올바른 식이 습관, 감염 예방 등에 의하여 전체 암 발생의 80 % 정도는 그 위험도를 낮출 수 있다는 것을 보여준다. 유전적 요인으로 암이 발병하는 비율은 전체의 5 % 정도이다.

암을 일으키는 원인은 화학적 요인, 물리적 요인, 생물적 요인으로 구분할 수 있다.

1.1.1. 화학적 요인

발암원이 될 수 있는 화학물질은 정상 세포의 유전자를 손상시켜서 유전적 변이를 유발하여 암세포로 전환시킨다. 직접적인 발암원 물질은 유전자와 단백질에 결합하여 그 기능과 구조에 손상을 일으켜 암을 유발하는 데 비하여, 간접 발암원 물질은 체내에서 대사되어 발암성을 가지는 활성화된 형태로 전환된 후에 암을 일으킨다. 발암물질로는 아플라톡신 B_1(aflatoxin B_1), 벤지딘(benzidine), 벤조피렌(benzo[a]pyrene), 카드뮴(cadmium) 등이 있으며, 이들 물질은 담배, 환경 오염원, 일부 식품 등에 포함되어 있다. 알코올 섭취는 폐암, 유방암, 간암, 위암, 대장암의 위험도를 높일 수 있으며, 흡연과 결합되면 발암성은 상승효과를 가지게 되어 함께 하지 않았을 때에 비하여 상대적인 암 발생 위험도가 5배 이상 증가한다.

1.1.2. 물리적 요인

이온화 방사선에 의하여 유전자의 염기와 당-인산 구조가 손상을 입어 유전적 변이가 일어나면서 암이 유발될 수 있다. 이온화 방사선을 방출하는 대표적 물질은 라돈(radon) 기체로, 비흡연자에게서 폐암을 일으키는 주요 원인물질이다. 자외선은 세포에서 P53 유전자의 돌연변이를 유발하고 면역반응을 억제하는 메커니즘으로 피부암을 유발할 수 있다.

1.1.3. 생물적 요인

세포가 바이러스, 박테리아, 기생생물 등에 감염됨으로써 손상이 일어나고 그 손상이 축적되어 암을 유발할 수 있다. 인체유두종바이러스(human papillomavirus, HPV)에 의하여 자궁경부암이 유발될 수 있고, B형 간염바이러스와 C형 간염바이러스에 감염되면 간암이 발병할 수 있다. 헬리코박터 필로리균(*Helicobacter pylori*)은 위에 염증을 일으켜서 유전자 변이를 유도하여 위암 발생의 위험도를 증가시킨다.

1.2. 암의 발생 메커니즘

정상 세포는 엄격한 조절 과정 아래에서 성장, 분화, 세포자살 과정을 통하여 증식하거나 정지된 상태를 유지하고, 때로는 사멸하기도 한다. 암세포는 여러 원인으로 유전자에 이상이 생기고, 그 결과 정상 상태와 다른 단백질이 합성되어 세포의 생명 활동을 조절하는 기능에 이상이 발생한다. 증식을 조절하는 기능을 잃은 암세포는 새롭게 생성되는 혈관을 통하여 영양분과 산소를 공급받으면서 비정상적으로 빠르게 증식한다. 이후 암세포는 혈관이나 림프관을 통하여 다른 조직이나 기관으로 이동하여 새로운 장소에서 계속 증식을 이어나간다. 이러한 암의 발생 과정은 암 유발 개시단계, 암 유발 촉진단계, 암 진행단계, 전이단계로 나눌 수 있다.

1.2.1. 암 유발 개시단계

암 유발 개시단계(initiation)는 발암물질, 이온화 방사선 등의 발암원에 의하여 세포의 DNA가 손상되어 돌연변이 세포가 유발되는 단계이다. 이 단계는 다시 원래대로 돌이킬 수 없는 비가역반응이며, 손상된 세포 중 일부가 이후 단계에서 암세포로 전환된다.

1.2.2. 암 유발 촉진단계

암 유발 촉진단계(promotion)는 발암원으로 인하여 돌연변이가 생긴 세포가 발암 촉진물질에 의하여 증식 상태를 계속 유지함으로써 양성 종양이 유발되는 단계이다. 발암 촉진물질은 발암원의 역할은 하지 못하지만 발암원의 작용을 촉진하여 암 발생 과정을 유지하는 역할을 한다.

1.2.3. 암 진행단계

암 진행단계(progression)는 양성 종양에서 악성 종양으로 전환되는 단계이다. 암 유발 유전자가 활성화되고 암 억제 유전자에 더 많은 이상이 생겨서 암세포의 증식이 활발하게 일어난다. 암세포에 영양을 공급할 수 있는 혈관이 왕성하게 생성되고, 세포자살은 저해됨으로써 암세포의 증식은 촉진된다.

1.2.4. 전이단계

전이단계(metastasis)는 악성 종양으로부터 암세포가 분리되어 다른 조직이나 장기로 이동하여 증식하는 단계이다. 암세포는 원래의 위치에서 벗어나 주위의 조직에 침투하고, 혈관이나 림프관을 따라 이동하여 다른 장소에서 증식하면서 새로운 악성 종양으로 발전한다.

1.3. 암 유전자

세포의 DNA 손상이 고정화되어서 정상적인 조절 기능을 잃고 무한하게 증식하면 암으로 발전하게 된다. 이러한 과정은 암을 유발하는 종양유전자(oncogene)와 암 유발을 억제하는 종양억제유전자(tumor suppressor gene)의 작용 상태에 따라 촉진되거나 억제된다.

원종양유전자(proto-oncogene)가 유전자 변이에 의하여 종양유전자로 전환되어 발현되면, 그 결과로 세포 증식이 촉진되고 세포자살이 억제되어 세포의 증식 속도가 제어되지 않고 높은 속도를 유지하게 된다. 종양유전자인 RAS 유전자가 단일 염기의 변환 결과로 RAS 단백질이 활성화되면 세포의 증식 활동이 증가한다. 인간에게서 발병하는 암의 약 20 %에서 단일 염기가 변화되어 활성화된 RAS 유전자를 발견할 수 있다.

종양억제유전자가 발현되어 생성하는 단백질은 대부분 세포의 성장을 억제하는 기능을 가진다. *RB1*°과 *TP53*°은 세포주기조절자(cell cycle regulator)로서 세포의 분열을 억제하여 무분별한 세포 증식을 막는 역할을 한다. 이러한 종양억제유전자에 돌연변이가 발생하여 제 기능을 하지 못하면 세포의 증식이 조절되지 않아서 암으로 발전할 수 있다.

암세포에서는 종양유전자가 활성화되고 종양억제유전자가 저해되어 세포의 증식이 정상적인 조절 기능을 받지 않고 활발하게 일어나게 된다.

2. 암과 식품

암을 일으키는 요인 중에서 식이가 차지하는 비율이 약 30 %인데 음주가 차지하는 비율은 약 3 %이다. 이러한 수치는 식이 습관을 개선함으로써 암 발생의 위험도를 의미 있는 수준으로 낮출 수 있다는 것을 나타낸다.

암을 치료하는 과정에서 환자에게 흔히 나타나는 증상이 영양 결핍이다. 이것은 항암 약물 치료와 방사선 치료가 영양 결핍을 유발하고, 체내의 영양소는 주로 암세포 증식에 이용되기 때문이다. 암 환자에게서 발생하는 영양 결핍은 면역력을 떨어뜨리는 등 환자의 상태를 악화시킬 뿐만이 아니라 사망의 주요 원인이 되기도 한다.

일상 생활에서 섭취하는 식품에는 암 발생의 위험도를 높이거나 또는 낮출 수 있는 것이 모두 포함되어 있다. 아울러 암 환자의 식이는 암 치료의 효율성에 영향을 미치는 중요한 요소가 된다.

2.1. 암과 식품 성분

2.1.1. 단백질과 아미노산

단백질의 섭취량은 암 발생 증가와 연관되어 있다고 알려져 있다. 단백질 중에서 동물성 단백질의 위험성은 식물성 단백질보다 높다. 특히 쇠고기와 같은 붉은색 육류는 대장암 세포의 증식을 촉진하여 암 발생 증가에 영향을 미친다.

단백질은 인체의 주요 성분으로서 면역력을 유지하고 강화하는 기능을 가지고 있으므로

RB1 retinoblastoma protein의 유전자. Retinoblastoma protein은 세포주기를 억제하여 과도한 세포분열을 방지한다. *RB1*의 이상이 발생하면 망막아세포종, 방광암, 골육종 등이 유발될 수 있다.

TP53 tumor protein *p53*의 유전자. Tumor protein *p53*은 세포주기 차단, 세포자살, DNA수복(DNA repair)을 유도한다. *TP53*의 이상은 암을 유발할 수 있다.

단백질이 부족하면 면역력 약화로 이어질 수 있다. 이는 암 발생을 증가시킬 수 있는 반면에 암 치료의 성공률은 낮아지게 할 수 있다. 콩은 동물성 단백질을 대신할 수 있는 단백질 공급원이다. 콩에는 아르지닌(arginine)의 함량이 높은데 아르지닌은 T세포와 NK세포의 기능을 촉진하여 면역력을 증가시키는 기능이 있으며 암세포의 증식과 전이를 억제하는 것으로 알려져 있다.

2.1.2. 지방질

포화지방산의 함량이 높은 동물성 지방질의 섭취량이 증가하면 대장암과 유방암의 발생 위험이 높아진다. 지방질의 섭취량이 증가함에 따라 지방질의 소화와 흡수를 위하여 담즙산의 분비도 증가하게 된다. 장으로 분비된 담즙산은 분해되어 발암물질로 전환될 수 있는데, 이때 생성된 발암물질에 의하여 대장의 세포가 손상되어 대장암이 유발될 수 있다. 동물성 지방질을 비롯한 영양 성분을 과다하게 섭취하여 비만이 되면 세포에서 발암 촉진인자가 유도되고 세포 증식을 조절하는 세포자살이 저해되어 암 발생의 위험도는 높아진다. 여성은 동물성 지방질의 과다 섭취로 비만이 유도되면 이러한 메커니즘에 의하여 유방암의 발생 위험이 커진다.

다가불포화지방산은 암의 위험도를 낮추는 역할을 하는 것으로 알려져 있다. 에이코사펜타엔산(eicosapentaenoic acid, EPA)은 암세포의 세포막 물질 투과성을 향상시켜서 항암제가 암세포 내부로 이동하는 것을 도와 항암제의 작용 효율을 높인다. EPA와 감마리놀렌산(γ-linolenic acid)은 인간의 암세포에 대하여 독성을 가지고 있으며, 항암제의 암세포에 대한 독성을 강화시키는 역할을 한다.

2.1.3. 비타민

산화방지 기능을 지닌 비타민은 활성산소의 세포 산화작용을 억제하여 암세포가 생성되는 것을 저해한다.

비타민 A는 면역력을 강화하고 발암물질이 생성되는 과정을 억제하여 암 발생 위험도를 낮추는 기능이 있다. 비타민 A의 전구물질인 베타카로텐(β-carotene)을 다량으로 섭취하였을 때 폐암의 발생 위험도가 낮아진다는 연구 결과가 있다. 이것은 베타카로텐이 비타민 A의 전구물질로서가 아니라 산화방지제로서의 역할을 하기 때문이다. 반면에 흡연자는 베타카로텐을 다량으로 섭취하는 것이 오히려 폐암 발병률을 높인다는 연구 결과도 있다. 이는 베타카로텐 섭취와 흡연이 결합하면 비타민 A의 대사 이상으로 DNA 산화가 유발된다는 가설에 기반한다.

암 환자들은 일반적으로 비타민 E가 결핍된 상태인데, 비타민 E의 체내 함량이 낮은 상태에서는 항암제인 아드리아마이신의 심장에 대한 독성이 증가한다. 비타민 E를 보충하여 체내 함량을 높이면 항암제의 효능을 개선할 수 있다.

비타민 C는 산화방지제로서의 역할 이외에 면역력을 강화시켜서 암 발생 위험도를 낮출 수 있다.

2.1.4. 무기질

셀레늄(selenium, Se)은 세포 내의 산화방지작용에 필요한 무기질로서, 산화방지작용에 관여하는 글루타싸이온 과산화효소(glutathione peroxidase)의 필수 성분이다. 글루타싸이온 과산화효소의 산화방지작용으로 암 발생의 위험도는 감소하게 된다. 셀레늄은 현미와 해산물에 많이 포함되어 있다.

아연(zinc, Zn)은 세포의 면역력 유지에 중요한 역할을 하는 무기질로서, 아연의 체내 함량을 유지하면 면역력이 강화되어 암 발생의 위험도를 낮출 수 있다.

나트륨(natrium, Na)의 섭취량이 증가하면 위암과 심혈관질환이 발병할 위험도가 높아진다. 나트륨은 위 점막의 손상을 유발할 수 있으며 손상을 입은 세포는 암세포로 전환될 수 있다.

2.1.5. 식이섬유

식이섬유는 장 운동을 활성화하여 배변 활동이 잘 이루어지도록 돕고 수분을 포함하여 변의 양을 늘리는 역할을 한다. 이러한 활동으로 발암물질이 장에 머무르는 시간이 줄고 장에서의 발암물질 농도가 낮아져 대장암의 발생 위험이 줄어든다. 또한 담즙산이 장에서 분해되면서 생성되는 물질은 발암을 촉진하는 역할을 할 수 있는데, 식이섬유는 담즙산과 결합하여 체외로 배출함으로써 이러한 위험도를 낮출 수 있다.

2.1.6. 파이토케미컬

파이토케미컬(phytochemical)은 식물이 생산하는 2차 대사산물로서 영양소는 아니지만, 식물을 외부로부터 보호하는 원래의 역할 이외에 인간이 섭취하였을 때는 특정한 생리활성

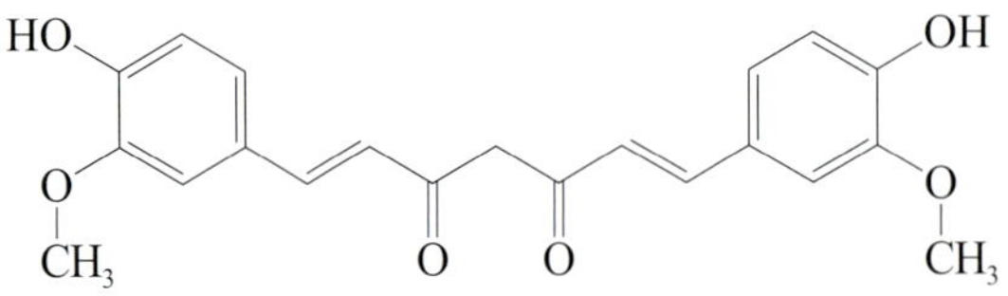

커쿠민

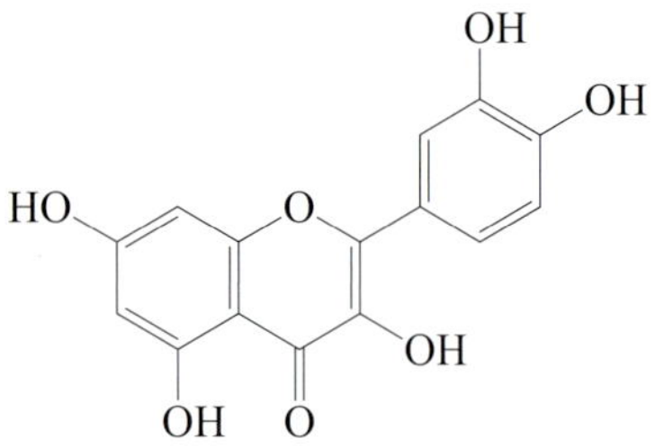

퀴세틴

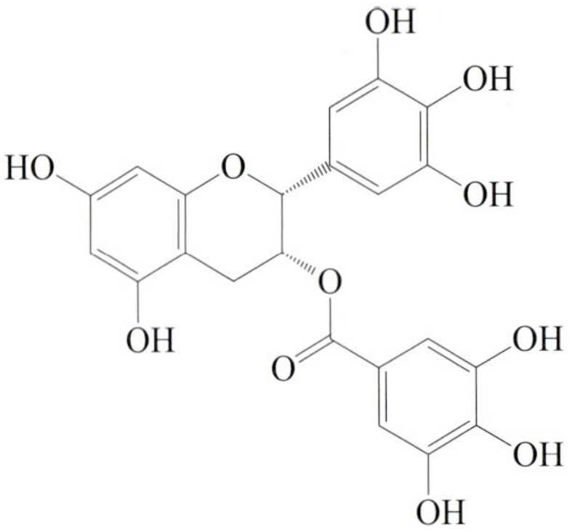

EGCG

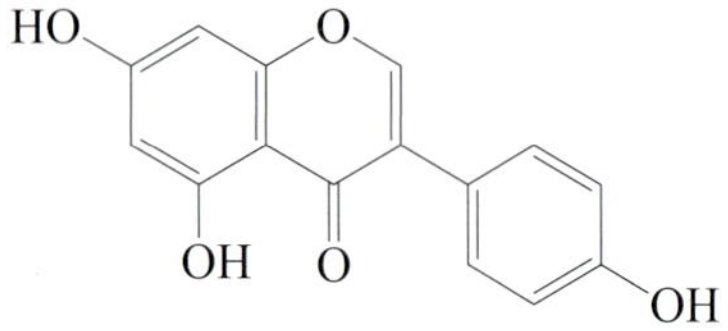

제니스테인

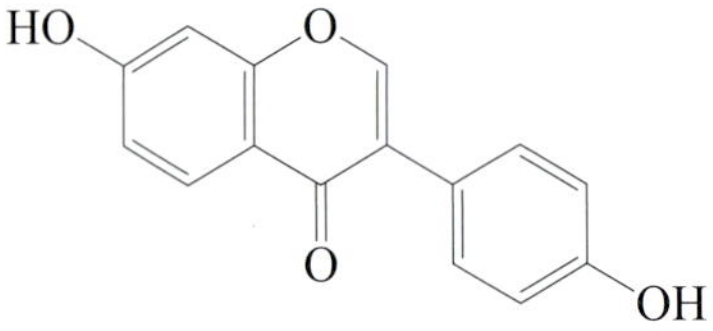

다이제인

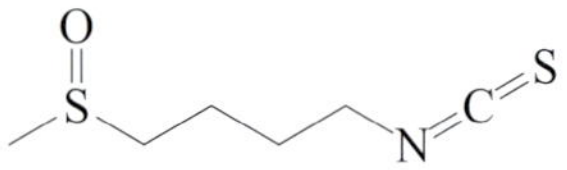

설포라판

| 그림 5-1 | 파이토케미컬들의 구조

을 나타낸다(그림 5-1).

커쿠민(curcumin)은 강황에 함유되어 있는 물질로서 암세포에 영양 성분을 공급하는 혈관의 생성을 억제하거나 암세포 증식을 억제하는 기능을 가지고 있으며, 발암물질을 불활성화시키는 phase II 효소들의 발현량을 증가시켜서 암 발생의 위험도를 낮출 수 있다.

퀘세틴(quercetin)은 사과, 배, 양파 등에 다량 함유되어 있는 물질로서, 뇌암과 기관지암의 위험도를 낮추는 작용을 한다. 퀘세틴은 우수한 산화방지제 기능을 가지고 있으며, *P53* 돌연변이와 암세포 전이 관련 단백질의 발현을 억제하여 항암성을 나타낸다.

에피갈로카테킨 갈레이트(epigallocatechin gallate, EGCG)는 녹차에 다량 함유되어 있는 물질로서 유방암과 전립샘암의 발병을 억제하는 것으로 알려져 있다. EGCG는 세포주기 정지(cell cycle arrest)와 세포자살을 유도하여 암세포의 증식을 억제하는 기능을 가지고 있다.

제니스테인(genistein)과 다이제인(daidzein)은 콩에 많이 포함되어 있는 물질로서 여성호르몬과 유사한 기능을 하면서 유방암과 골다공증을 예방한다고 알려져 있다. 유방암에 대해서는 이들 물질이 예방 효과가 없다는 연구 결과도 나와 있다.

설포라판(sulforaphane)은 황 성분을 함유하고 있는 물질로서 브로콜리, 콜리플라워, 양배추 등에 함유되어 있다. 설포라판은 대장암의 위험도를 감소시키는 것으로 알려져 있는데, 발암물질을 불활성화시키는 phase II 효소들의 발현을 유도하는 기능이 있어서 항암작용을 하는 것으로 보인다.

2.2. 암 예방을 위한 식생활

암을 유발할 수 있는 위험물질은 식이에서 제외시키고 암 발생을 억제하는 기능을 가지는 식품을 선택하는 식생활을 함으로써 암을 예방할 수 있다. 국가암정보센터에서는 암 예방을 위한 식생활 지침으로 다음 사항들을 제시하고 있다.

- 신선한 채소와 과일을 충분히 섭취하여 파이토케미컬, 비타민, 식이섬유 등을 공급한다. 생채소는 끼니마다 먹고 과일은 매일 1회 이상 간식으로 섭취한다.
- 특정한 식품에 편중되지 않는 다채로운 식단으로 균형 잡힌 식사를 한다. 잡곡과 도정하지 않은 곡류를 섭취하고, 두류나 두류 가공품을 매일 먹는다.
- 인공 조미료와 소금의 사용을 제한하여 음식을 짜지 않게 먹는다.
- 탄 음식을 먹지 않는다. 육류는 삶거나 끓여서 먹고 조리하는 과정에서 탄 육류는 먹

tip

phase II 효소

phase II 효소는 발암물질을 분해하는 효소로서 글루타싸이온 S-전달효소(glutathione S-transferase), 퀴논 환원효소(quinone reductase), 메틸기 전달효소(methyltransferase) 등이 해당된다.

지 않는다.

- 붉은색 육류와 육가공품의 섭취를 제한한다. 붉은색 육류는 주 2회 이하로 먹고 햄, 소시지 등의 육가공품 섭취량을 줄인다.

암의 위험도를 낮추기 위해서는 암을 조기에 진단하고 효과적으로 치료하려는 노력과 더불어 암을 예방하려는 노력이 함께 실천되어야 한다. 항암성이 있는 식품 성분의 섭취를 적절하게 늘리고, 암을 유발할 수 있는 식습관을 개선하는 것이 그 시작이다.

단원정리

암은 만성 감염, 방사선 조사, 식이, 흡연, 유전 등의 원인으로 인한 세포 손상이 축적되어 유전자가 손상되고, 그 결과 세포가 비정상적으로 증식하여 조직과 장기를 파괴하는 질병이다. 암은 발암원에 의하여 유발되는 암 유발 개시단계, 발암 촉진물질에 의한 암 유발 촉진단계, 암세포 증식이 촉진되는 암 진행단계, 다른 장소로 암이 전이되는 전이단계의 발생 과정을 거친다. 암을 유발하는 종양유전자가 활성화되고 암 발생을 저해하는 종양 억제유전자 발현이 억제되면 암세포의 증식이 활발하게 일어난다.

식품의 적절한 섭취로 영양 상태를 양호하게 하여 면역력을 유지하고, 암 유발을 억제하는 식품을 선택하여 암의 위험도를 낮출 수 있다. 비타민 A, 비타민 E, 비타민 C는 산화방지제로서 활성산소의 산화작용을 저해하여 암세포가 생성되는 것을 억제한다. 셀레늄은 산화방지작용에 관여하고 아연은 면역력 유지에 관여하여 암 발생을 억제한다. 식이섬유는 대장암의 위험도를 낮출 수 있다. 파이토케미컬인 커쿠민, 퀴세틴, EGCG, 제니스테인, 다이제인, 설포라판은 암세포의 증식을 억제하는 항암성을 지니고 있다.

연습문제

1 만성 감염에 의한 간암 발병 과정을 설명하시오.

2 암의 발생 메커니즘을 단계별로 설명하시오.

3 종양 억제유전자의 예를 들고 그 기능을 설명하시오.

4 지방질 섭취가 대장암 유발에 미치는 영향을 설명하시오.

5 식이섬유가 대장암 유발에 미치는 영향을 설명하시오.

6 커쿠민이 항암성을 가지는 메커니즘을 설명하시오.

1. B형 간염 바이러스나 C형 간염 바이러스가 간세포를 손상시키고, 세포의 손상이 축적되어 세포 유전자 변이가 일어나면 암세포로 변환될 수 있다.
2. 1) 암 유발단계 : 발암원에 의하여 돌연변이세포가 생성되는 단계.
   2) 암 유발 촉진단계 : 발아 촉진물질에 의하여 돌연변이세포의 증식 상태가 유지되어 양성 종양이 유발되는 단계.
   3) 암 진행단계 : 혈관 생성이 일어나고 세포자살이 억제되어 암세포의 증식이 촉진되는 단계.
   4) 전이단계 : 암세포가 혈관이나 림프관을 따라 이동하여 다른 장소로 옮겨서 증식하는 단계.
3. *RB1*과 *TP53*은 세포주기조절자(cell cycle regulator)로서 세포의 분열을 억제하여 무분별한 세포 증식을 막는 역할을 한다.
4. 담즙산은 분해되면 발암성을 가지게 되어 대장암을 유발할 수 있다. 지방질 섭취가 증가하면 지방질의 소화를 위하여 담즙산의 분비량이 증가하게 되어 대장암 유발 가능성이 높아진다.
5. 식이섬유는 발암물질의 장내 체류시간을 줄이고 그 농도를 낮추는 기능을 하며 담즙산과 결합하여 체외로 배출시킴으로써 대장암 유발을 억제한다.
6. 커쿠민은 혈관 생성과 암세포 증식에 필요한 인자의 발현을 억제하고 phase II 효소의 발현량을 증가시켜 발암물질을 불활성화시킨다.

CHAPTER

06 지질 대사와 식품의 기능

지질(脂質)은 식품의 주요 성분으로서 유리지방산, 중성지질, 콜레스테롤, 인지질, 지용성 비타민 등 매우 다양한 무극성 소수성 물질을 포함한다. 본 장에서는 다양한 지질 성분 중에서 주요 생활습관병(life style disease)과 밀접한 관계가 있는 중성지질 및 콜레스테롤의 대사 과정과 조절 메커니즘 그리고 이와 관련 있는 식품의 효능에 관하여 공부하고자 한다.

이와 관련한 생체 내 지질 대사는 세포 내 지질 대사와 혈중 지단백질 대사로 크게 구분할 수 있다. 지질 성분이 몸속에 과도하게 축적되면 동맥경화나 심혈관질환을 일으킬 수 있다. 이 밖에 인슐린 비의존성 당뇨병이나 비만도 지질 대사에 문제가 생기는 경우가 많아 지질 대사 과정을 적절히 조절하는 것은 건강을 유지하는 데 매우 중요하다고 할 수 있다. 지질 대사를 건강하게 유지하기 위해서는 식품의 적절한 섭취가 매우 중요하다. 특히 높은 혈중 LDL 콜레스테롤의 농도가 심혈관질환을 일으키는 가장 중요한 인자로 알려져 있어서, 식

tip

LDL 콜레스테롤

수용성 혈액에서 지용성 지질을 운반하기 위해 지단백질이라는 운송 수단이 사용된다. 지단백질은 표면에 단백질과 일부 수용성이 있는 지질이 존재하고 내부에 다량의 소수성 지용성 지질을 포함하는 것으로 밀도에 따라 여러 가지로 분리된다. 이 중 LDL은 저밀도 지단백질(low-density lipoprotein)을 의미하며 LDL에 포함된 콜레스테롤은 심혈관질환을 유발하는 것으로 알려져 있다.

품 섭취를 통하여 LDL 콜레스테롤의 수준을 적절하게 조절한다면 건강 유지에 도움을 줄 수 있다.

1. 개요

본 장에서는 다양한 지질 성분 가운데 콜레스테롤과 중성지질의 대사 과정과 조절 메커니즘 그리고 이와 관련이 있는 식품의 효능에 대하여 공부하기로 한다.

콜레스테롤은 27개의 탄소로 구성된 소수성 유기화합물로 스테롤 고리 모양 구조를 가지는 것이 특징이다. 콜레스테롤은 몸속에서 여러 가지 기능을 하고 있는데, 세포막의 주요 구성분으로 막 유동성을 조절하고 스테로이드 호르몬, 담즙산, 비타민 D 합성의 원료로도 사용된다(그림 6-1). 하루에 필요한 콜레스테롤의 총량 가운데 약 75 %는 간 조직에서 합성되고 나머지 25 % 정도는 식품을 섭취함으로써 공급된다. 몸속에서 콜레스테롤을 배출하는 주요 경로는, 콜레스테롤을 이용하여 담즙산을 생성한 후에 소화 과정을 통하여 배출하는 것이다.

건강한 사람의 경우에는 몸속 콜레스테롤의 항상성이 잘 유지되므로 섭취량에 따라 간 조직에서 합성하는 양이 조절되어 몸 안의 총콜레스테롤의 양은 거의 일정하게 유지된다. 심장병을 유발하는 인자로 알려진 LDL 콜레스테롤의 농도를 낮추기 위해서는 식품으로 섭취하는 콜레스테롤의 양이 중요하다고 인식하였던 적이 있으나, 식품으로 섭취하는 콜레스테롤 양은 혈중 LDL 콜레스테롤의 농도에 큰 영향을 주지 않는다는 것이 추가 연구 결과로 밝혀졌다. 따라서 혈중 콜레스테롤의 농도를 낮추기 위해서는 식품 섭취를 통한 조절보다 몸 안에서 생성되는 양을 줄이거나 배출량을 늘려야 한다. 반면 식품으로 섭취하는 포화지방의 양은 LDL 콜레스테롤을 높인다. 따라서 식품 섭취를 통해 혈중 LDL 콜레스테롤 농도를 낮추려면 포화지방이 많이 들어 있는 육류, 버터 등의 식품을 적게 섭취해야 한다.

유리지방산 탄소수 4~22개 또는 그 이상이 사슬 모양으로 결합한 알킬기 말단 카복실기를 갖는 유기산.
중성지질 트라이아실글리세롤(triacylglycerol)을 이르는 말. 글리세롤 뼈대 분자에 유리지방산 세 분자가 에스터 결합으로 연결된 것. 저장지방.
콜레스테롤 포유류에서 발견되는 스테롤 화합물. 고리 모양 구조를 가지며 세포막의 구성분, 담즙산과 비타민 D 합성의 원료로 사용되는 등 여러 가지 생화학적 기능을 가진다.
인지질 인산을 포함하고 있는 지질. 뼈대 분자로 글리세롤이나 스핑고신을 포함한다. 막지방.
지단백질 지질을 포함하는 복합 단백질을 총칭하는 말. 혈장의 지방 및 다른 지질과 결합하여 이들을 운반하는 수용성 단백질로 혈장의 모든 지질은 지단백질로 존재한다. 밀도에 따라 초원심 분리를 통해 분리되며 킬로미크론, VLDL, LDL 및 HDL을 포함한다.

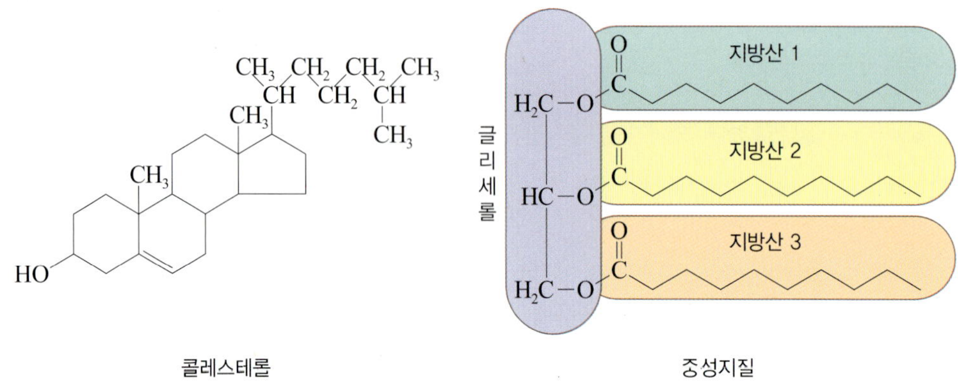

| 그림 6-1 | 콜레스테롤과 중성지질의 화학구조

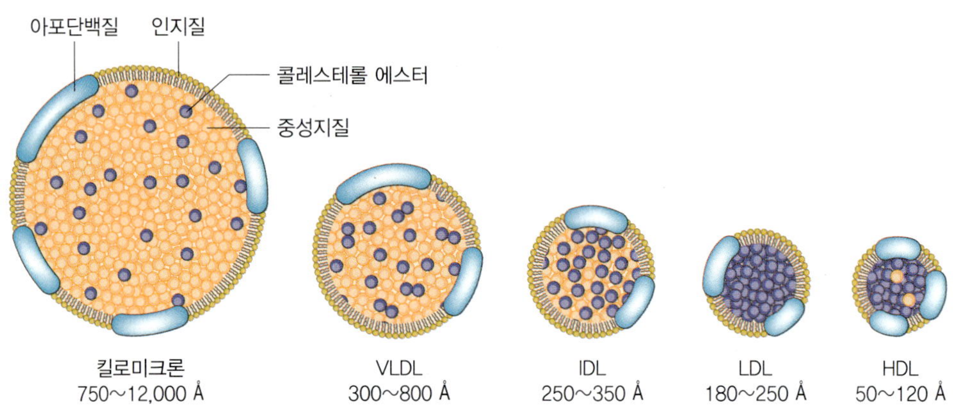

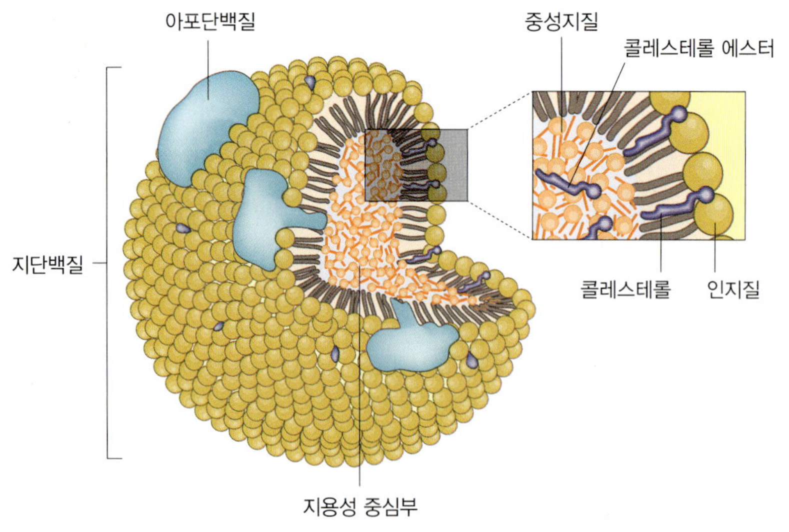

| 그림 6-2 | 지단백질의 종류와 구조

중성지질은 주로 체내의 잉여 에너지원을 저장하는 기능을 담당한다. 화학구조상 중성지질은 글리세롤 뼈대 분자에 세 분자의 지방산이 에스터 결합을 한 형태로 되어 있는데 지방산 중 거의 대부분 긴사슬지방산(탄소 수 13~21개)이 연결되어 있다(그림 6-1). 중성지질은 주로 지방 조직에 저장되지만 간, 근육, 심장 등 다른 조직에도 쌓일 수 있다. 조직 내 중성지질의 농도는 생합성과 산화 대사의 균형을 통하여 유지되며, 세포 내 지방산 합성 대사는 세포질 및 소포체에서, 지방산 산화 대사는 미토콘드리아 내부에서 일어나며 합성 대사가 활성화되면 산화 대사가 억제되는 등 서로 반대되는 조절 과정을 통하여 합성 및 산화 과정을 효율적으로 조절한다.

중성지질은 혈액에 용해되지 않으므로 혈액 내에서 지단백질(lipoprotein)이라는 특별한 지질 성분 운반체를 통하여 수송된다. 지단백질은 밀도에 따라 킬로미크론, VLDL, IDL, LDL, HDL로 구분한다. 표면에는 단백질과 지질의 친수성 부위가 노출되어 있으며 내부에는 소수성 지질 성분을 포함하고 있는 공 모양의 지질 수송체로 혈액 내에서 소수성 지질 성분을 수송하는 역할을 담당한다(그림 6-2). LDL은 저밀도, HDL은 고밀도 지단백질을 의미한다. 각 지단백질의 종류는 대사적, 기능적으로 구분되는데 LDL은 혈관을 포함한 다른 조직에 콜레스테롤을 전달하여 축적할 수 있는 반면에, HDL은 혈관이나 조직에서 콜레스테롤을 추출하여 간 조직에 전달하는 기능을 담당하므로 각각 해로운 지단백질과 유용한 지단백질이라 구분하고 있다. 따라서 심혈관질환 등 만성 질환의 예방을 위해서는 몸에 해로운 LDL 콜레스테롤은 낮추고 유용한 HDL 콜레스테롤의 농도는 높이는 것이 중요하며, 이는 적절한 식품 섭취로도 이룰 수 있다.

2. 생체 내 지질 대사와 조절

앞에서 설명한 것과 같이 생체 내 지질의 대사 과정은 크게 세포 내 대사와 혈액 내 대사로 구분할 수 있다. 본 장에서는 콜레스테롤 및 중성지질 대사의 세포 내 대사와 혈액 내 지단백질 대사의 조절 과정에 대하여 공부하기로 한다.

2.1 세포 내 콜레스테롤의 생합성과 분해 과정

콜레스테롤은 간 조직세포에서 아세틸-CoA 분자를 기질로 생합성된다. 콜레스테롤 생

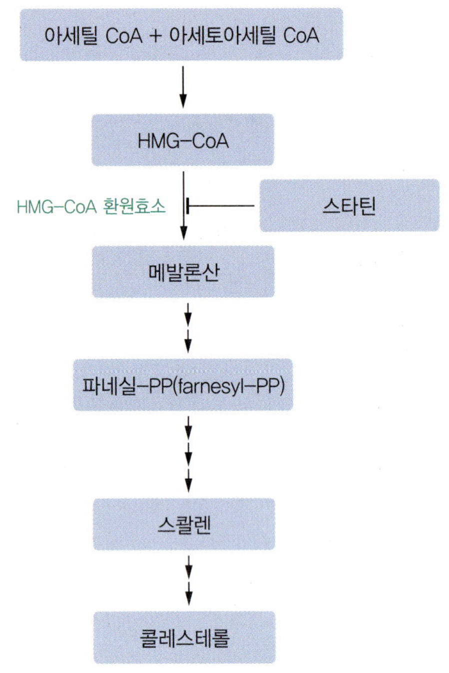

| 그림 6-3 | 콜레스테롤의 생합성 대사와 스타틴의 작용

합성 단계는 매우 복잡한 여러 과정을 거치게 되는데 가장 중요한 효소반응은 3-하이드록시-3-메틸글루타릴 CoA(3-hydroxy-3-methylglutaryl CoA, HMG-CoA) 화합물이 메발론산염(mevalonate)으로 전환되는 반응으로 HMG-CoA 환원효소°에 의하여 매개된다. 이 반응은 콜레스테롤 생합성의 율속 단계(rate-limiting step)이므로 HMG-CoA 환원효소의 효소작용을 직접 억제하면 콜레스테롤의 생합성이 줄어서 조직 및 혈중 콜레스테롤 농도를 효과적으로 제어할 수 있다. 콜레스테롤 저해제인 스타틴(statin) 약물은 이러한 원리로 콜레스테롤 농도를 낮추며, 스타틴 약물은 콜레스테롤 생합성 억제를 통해 심혈관질환 발병률을 유의적으로 감소시킨다(그림 6-3).

한편 체내 콜레스테롤은 담즙산으로 분해된다. 담즙산은 간 조직에서 생성되어 담낭에 저장되었다가 식품을 섭취하면 소화 과정 중에 소장으로 분비된다. 담즙산은 양용성 화합물로 지용성 식품 성분을 유화시켜 물에 녹여 소화효소인 리파아제(lipase) 작용을 받을 수 있도록 돕는 역할을 한다. 소화 후에 95 % 정도의 담즙산은 체내에 재흡수되고 약 5 % 내외의 담즙산은 체외로 배출되는데 이 경로가 콜레스테롤을 분해하여 몸 밖으로 배출하는 주요 경로가 된다. 담즙산과 흡착하는 레진(resin) 성분을 약물로 복용하여 담즙산의 배출을 촉진함으로써 체내의 콜레스테롤 농도를 낮출 수 있으며, 식품에 함유된 식이섬유나 다당류 성분도 담즙산과 흡착하여 배출을 촉진하는 기능이 있어서 이를 적절히 섭취하면 혈중 콜레스테롤의 농도를 낮출 수 있다.

2.2 세포 내 지방산의 생합성과 산화

세포 내 지방산의 생합성과 산화 과정은 각각 다른 장소에서 일어난다. 지방산의 생합성은 각각 세포질/소포체에서, 산화 과정은 미토콘드리아 기질 부위에서 일어난다. 이렇듯 합성과 분해 대사가 다른 장소에서 일어나므로 합성이 촉진되면 다른 장소에서 분해를 억제하는 식의 조절작용이 용이해진다. 지방산의 생합성은 아세틸-CoA를 기질로 하여 탄소 수 2개씩 지방산의 길이를 늘려가는 방식으로 합성이 진행되며, 지방산의 산화 과정은 지방산 말단 카르복실기에서 세 번째 탄소인 베타 탄소가 산화되는 4단계의 생화학반응을 거쳐 아세틸-CoA가 생성되므로 이를 지방산의 베타산화라고 한다.

세포 내에는 지방산의 합성과 산화 중 한쪽의 대사 과정이 활성화되면 나머지 대사 과정은 불활성화되는 조절 메커니즘이 있어서 대사 과정을 효율적으로 조절한다. 이러한 조절 과정에서 중요한 역할을 하는 단백질 인자로서 AMP-활성화 단백질인산화효소(AMP-activated protein kinase, AMPK)°라는 단백질이 있다. 효소 활성은 세포 내 신호 전달 과정 조절에 의하여 인산화효소(kinase) 단백질이 활성화되면 효소 단백질에 인산기를 붙여주는 인산화를 통하여 효소 활성을 조절하는데, AMPK의 경우는 세포 내 에너지 수준이 낮아져 ATP(adenosine triphosphate)가 분해되고 AMP(adenosine monophosphate) 농도가 높아지면 AMPK가 인산화되어 활성이 증가하고 활성형 AMPK는 에너지 대사 과정에 관련된 여러 효소 단백질을 다시 인산화함으로써 ATP 생성을 촉진하고 ATP가 소모되는 생합성대사 등을 억제하는 조절을 하게 된다(그림 6-5 참조).

지방산의 대사 조절에 중요한 작용점이 있다. 지방산 합성의 경우는 미토콘드리아에 다량으로 존재하는 아세틸-CoA를 세포질로 이동시킨 후에 합성이 진행되는데(그림 6-4), 이때 ATP-시트르산염분해효소(ATP-citrate lyase)가 중요한 역할을 한다. 따라서 이 효소의 활성을 억제하면 지방산의 합성을 억제할 수 있다. 한편 세포질에서 아세틸-CoA가 말로닐-CoA(Malonyl-CoA)로 전환되는 아세틸-CoA 카복실화 효소(acetyl-CoA carboxylase, ACC)가 지방산 합성의 율속 단계 효소로 작용하며, 이 효소작용을 억제하면 마찬가지로 지방산 합성을 억제할 수 있다. 지방산 산화 대사에서는 세포질에서 아실-CoA(acyl-CoA)가 미토콘드리아로 수송되는 과정에 관여하는 카르니틴 아실 전환효소-I(carnitine acyl transferase-I, CAT-I)가 중요한 조절 작용점으로 작용한다. 지방산 합성°에 중요한 ACC와 지방산 산화°에 중요한 CAT-I는 AMPK에 의해 서로 반대 방향으로 활성이 조절된다(그림 6-5). 세포 내 AMP 농도가 높고 ATP 농도가 낮으면, 즉 AMPK가 활성화되고 활성형의 AMPK는 ACC와 CAT-I 단백질을 인산화하는데 인산화된 ACC는 효소 활성이 억제되는 반면 인산화된

HMG-CoA 환원효소 콜레스테롤 생합성 대사의 율속 단계 효소로 HMG-CoA에서 메발론산을 생성하는 반응을 매개한다. 이 효소를 억제하면 혈중 콜레스테롤 농도를 효과적으로 낮출 수 있다.

AMPK 세포 내 AMP 농도가 높아지면 활성화되는 효소로 에너지 대사를 조절하는 주요 단백질이다. AMPK가 활성화되면 지방산 산화 등 이화작용을 통해 ATP 합성이 촉진되며 지방산, 중성지질, 콜레스테롤 합성 등 동화작용이 억제된다.

지방산 합성 포도당 등 단순 당에서 지방산의 생합성. 생성된 지방산은 글리세롤과 에스터화 반응하여 중성지질로 전환된다.

지방산 산화 지방산의 탄소 수가 두 개 적은 지방산이 되면서 점차 분해되는 대사 과정.

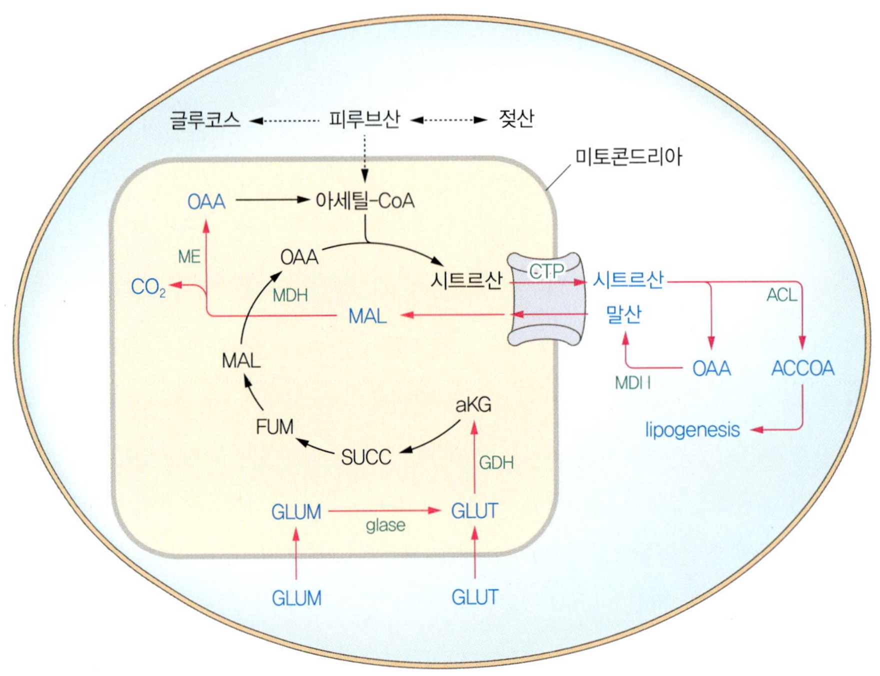

ATP-시트르산염 분해효소를 저해하면 지방산 합성 저해를 통해 중성지질 농도 및 체지방 함량을 감소할 수 있다.

ME : malic enzyme
MDH : malic dehydrogenase
GLASE : glutaminase
GDH : glutamic dehydrogenase
ACL : ATP-citrate lyase
CTP : citrate transport protein

| 그림 6-4 | ATP-시트르산염분해효소는 지방산 합성의 주요 조절 단계

CAT-I은 효소 활성이 증가하게 되며 이는 지방산 합성을 억제하고 지방산 베타산화를 촉진하여 세포 내 ATP 생성을 통해 농도를 높이는 데 기여한다.

한편, 세포 내 에너지 수준이 높으면 아세틸-CoA 농도가 증가하며, 이를 기질로 이용하여 지방산 합성이 진행된다. 이때 ACC 효소에 의해 아세틸-CoA에서 생성된 말로닐-CoA는 지방산 합성에 사용되기도 하지만, 동시에 CAT-I 단백질에 결합하여 아실-CoA가 미토콘드리아로 이동하는 작용을 억제함으로써 지방산 산화를 억제한다. 반면, 지방산 합성이 억제되면 말로닐-CoA 합성이 감소하여 CAT-I 단백질에 결합하여 지방산 산화 과정을 억제하는 작용이 해지되어 지방산 산화 과정이 촉진된다(그림 6-5).

앞서 언급한 대로 이 과정은 AMPK 활성에 의해 조절된다. 즉, 세포 내 에너지 수준이 감소하면 AMP 농도가 증가하여 AMPK가 활성화되고, 앞에서 언급한 지방산 합성 경로의 ACC 효소를 인산화하여 활성을 억제한다. 한편 말로닐 CoA 탈카복실시화 효소(malonyl-

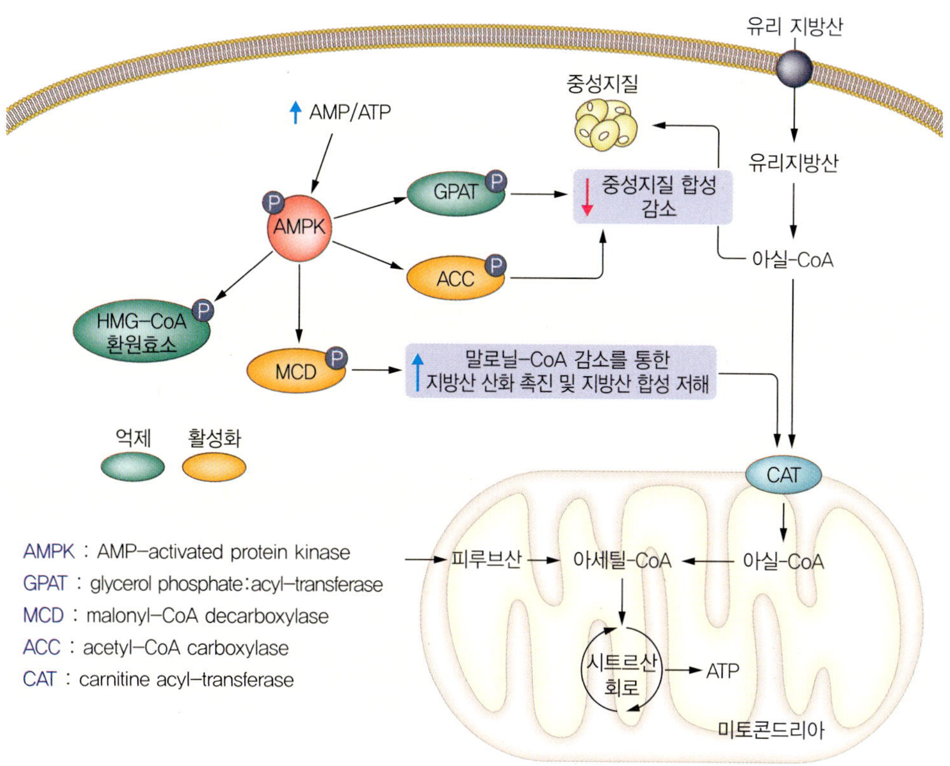

| 그림 6-5 | AMPK에 의한 지방산 및 콜레스테롤 대사의 조절

CoA decarboxylase, MCD)는 말로닐 CoA를 분해하는데, 이 효소 활성은 AMPK에 의해 인산화되면 효소가 활성화되어 지방산의 합성 억제와 산화 과정을 촉진한다. 아울러 지방산을 기질로 하여 중성지질을 합성하는 과정에 관여하는 글리세롤인산:아실기전달효소(glycerol phosphate:acyl transferase, GPAT) 활성은 AMPK 인산화에 의해 억제되는데 이를 통해 AMPK 활성은 세포 내 중성지질의 합성을 억제하는 데 기여한다(그림 6-5). 즉, 세포 내 에너지 수준이 낮으면 AMPK가 활성화되어 ACC, MCD, GPAT 효소를 인산화하여 활성을 조절함으로써 말로닐-CoA 농도를 낮추어 지방산의 산화 과정을 통해 ATP 생성을 촉진하여 세포 내 에너지 수준을 회복하고 중성지질 생합성을 억제하며 중성지질 생합성을 억제하는 데 기여한다. 이러한 여러 가지 활성을 통하여 AMPK는 세포 내 에너지 대사를 총체적으로 조절하는 기능을 담당하게 된다. 만약, 적절한 식품 성분을 통해 AMPK를 인위적으로 활성화하면 저장된 지방을 산화하고 새로운 지방이 합성되는 것을 억제하여 고지혈증, 인슐린 비의존성 당뇨병, 비만 등으로 유발되는 대사증후군 증상을 개선시킬 수 있다.

즉, 식품 성분 및 천연물을 이용하여 AMPK를 활성화하면 세포 내 에너지 소모량을 증가시켜 축적된 중성지질의 농도를 낮추고 체지방 감소 효과를 얻을 수도 있다.

2.3. 세포 내 중성지질의 합성 및 가수분해

세포 내에서 합성된 지방산은 글리세롤 뼈대 분자에 에스터화 결합으로 연결되어 트라이아실글리세롤(triacylglycerol, TAG)이라는 중성지질로 합성되어 저장된다. 체내에서 중성지질의 대부분은 지방 조직에 저장되지만 간, 근육, 심장 조직 등에도 지방방울(lipid droplet)의 형태로 저장되기도 한다. 중성지질의 합성 및 가수분해 경로는 비교적 최근에 연구가 진행된 분야로 아직 많은 연구가 진행중이다.

지방 조직에 저장된 중성지질은 공복 시 혹은 에너지가 많이 필요한 상황에서 가수분해되어 지방산과 글리세롤 뼈대 분자가 에너지원으로 사용된다. 중성지질인 트라이아실글리세롤은 가수분해 과정을 거치면서 다이아실글리세롤(diacylglycerol, DAG), 모노아실글리세롤(monoacylglycerol, MAG)을 거치면서 유리된 지방산이 아실-CoA로 생성되며 결국 세 분자의 아실-CoA와 글리세롤 뼈대 분자로 분해된다. 각각 가수분해 과정에서 애디포스 트라이아실글리세롤 리파아제(adipose TG lipase, ATGL), 호르몬감수성 리파아제(hormone-sensitive lipase, HSL), 모노아실글리세롤 리파아제(MG lipase, MGL)의 세 종류의 리파아제가 관여한다(그림 6-6). 중성지질 분해 과정은 글루카곤과 에피네프린 호르몬 작용에 의하여

tip

대사증후군(代謝症候群, metabolic syndrome)

심혈관질환과 인슐린 비의존성 당뇨병 등의 위험 요인들이 군집을 이루는 현상을 한 가지 질환군으로 개념화시킨 것이다. 바꾸어 말하면 대사증후군이 있는 경우 심혈관계 질환 혹은 인슐린 비의존성 당뇨의 발병 위험도가 높다.

이 증상에 대한 개념은 1988년 리븐(Gerald Reaven) 박사가 체내에서 인슐린 작용이 원활하지 않은 인슐린 저항성이 비만, 심혈관질환, 인슐린 비의존성 당뇨, 고혈압 등 대사질환의 원인이 된다고 주장하며 'X 증후군(syndrome X)'이라고 명명한 데서 비롯되었다.

후속 연구 결과 1998년 세계보건기구는 인슐린 저항성이 이들 증상의 모든 요소를 모두 설명할 수 있다는 확증이 없으므로 '대사증후군'이라 부르게 되었다. 대사증후군의 정의는 나라와 지역에 따라 다소 차이는 있으나 높은 혈중 중성지질의 농도, 낮은 혈중 HDL 콜레스테롤의 농도, 인슐린 저항성, 비만, 고혈압의 5가지 요인 중 3가지 요인을 포함하는 경우에 일반적으로 대사증후군으로 진단한다.

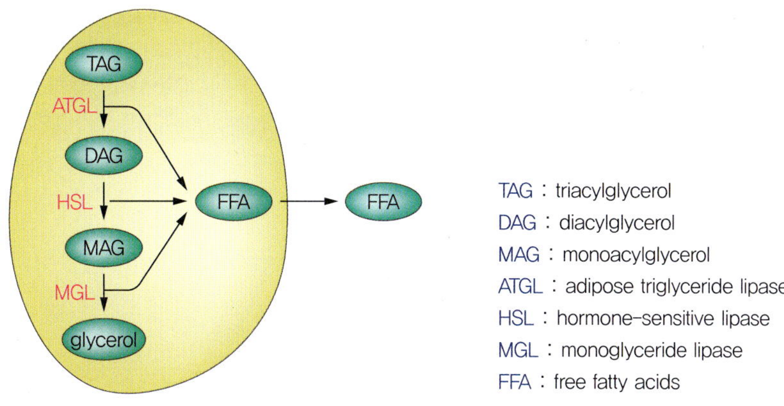

| 그림 6-6 | 지방세포에서의 중성지질 가수분해 과정

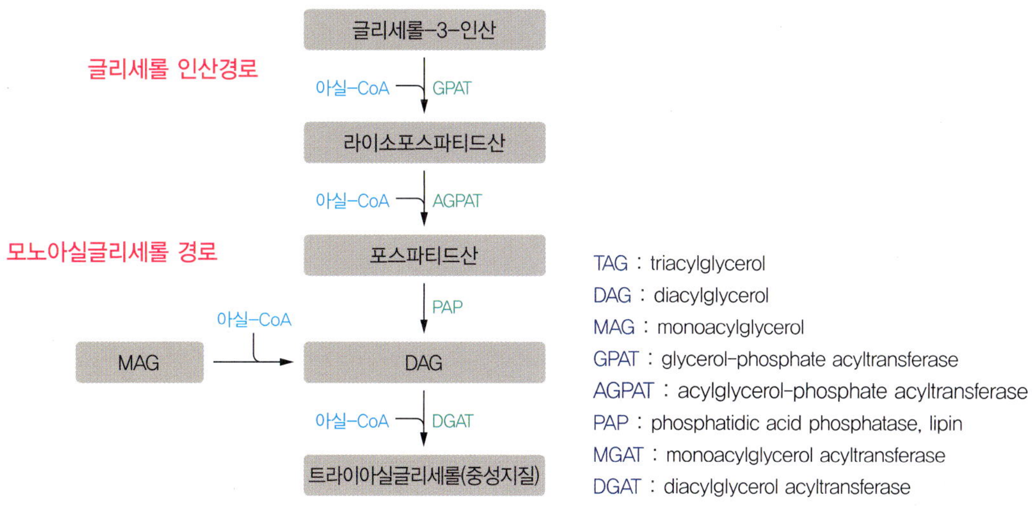

| 그림 6-7 | 중성지질 합성 과정

촉진되고, 인슐린 작용에 의하여 억제된다. 글루카곤과 에피네프린은 공통적으로 cAMP 농도를 증가시켜 단백질 인산화효소 A의 신호 전달 경로를 활성화하고, HSL 단백질의 인산화를 증가시키며 이를 통해 중성지질의 분해를 촉진시킨다. 인슐린은 일련의 신호 전달 과정을 통하여 cAMP 분해를 촉진하여 중성지질의 분해 과정을 억제한다.

중성지질의 생합성 과정은 글리세롤 3-인산에서 합성되는 경로와 DAG에서 합성되는 두 가지 경로가 있다. 그림 6-7에 요약된 것과 같이 글리세롤의 인산 합성 경로는 GPAT, AGPAT, lipin, DGAT 효소의 일련의 생화학반응 과정을 통하여 글리세롤 3-인산과 아실-CoA를 기질로 이용하여 중성지질이 합성된다. 이 과정을 식품 성분이나 약물 등으로 억

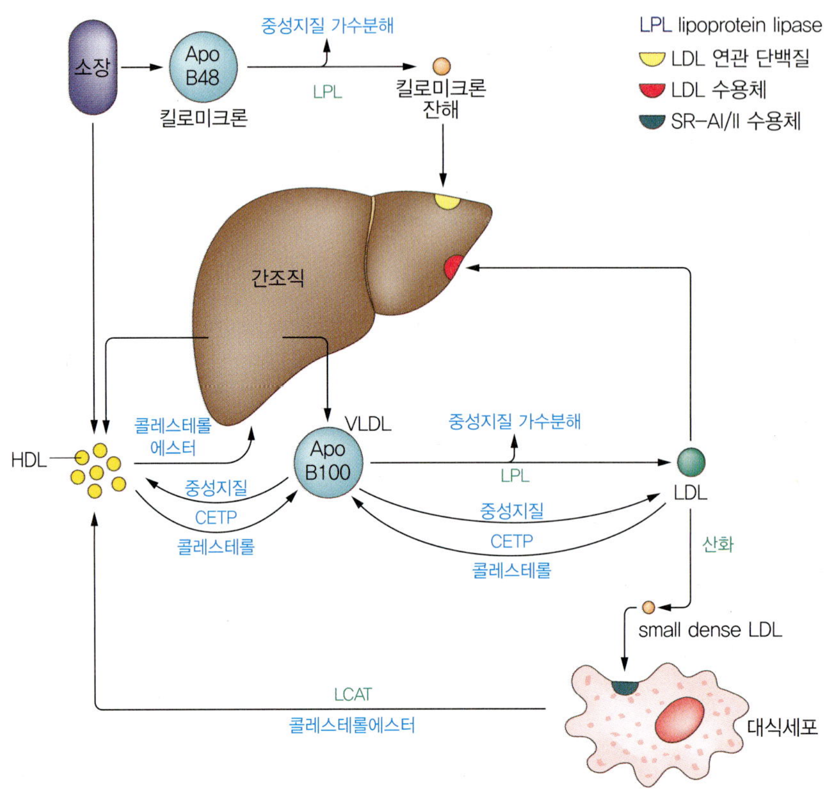

| 그림 6-8 | 지단백질의 대사

CETP, cholesterylester transfer protein; LCAT, lecithin-cholesterol acyltransferase

제하면 체내 중성지질의 축적을 억제할 수 있다.

2.4. 지단백질의 대사 과정

각 조직에서 사용되는 중성지질과 콜레스테롤은 간 조직에서 합성되어 지단백질의 형태로 운반된다. 지방 조직에 저장된 중성지질은 지방 조직에서 직접 지단백질로 합성되지는 못하고 지방산과 글리세롤로 분해되어 간 조직으로 이동한 후 간 조직에서 다시 중성지질로 합성되어 VLDL의 형태로 혈중 지단백질로 분비된다. 즉, 간 조직에 존재하는 중성지질은 지단백질 생성의 주원료로 사용된다.

지단백질은 밀도에 따라 킬로미크론, VLDL, IDL, LDL, HDL의 다섯 가지 종류로 구분되며(그림 6-2 참조) 킬로미크론은 식품으로 섭취된 지질 성분을 수송하기 위하여 소장에서 합

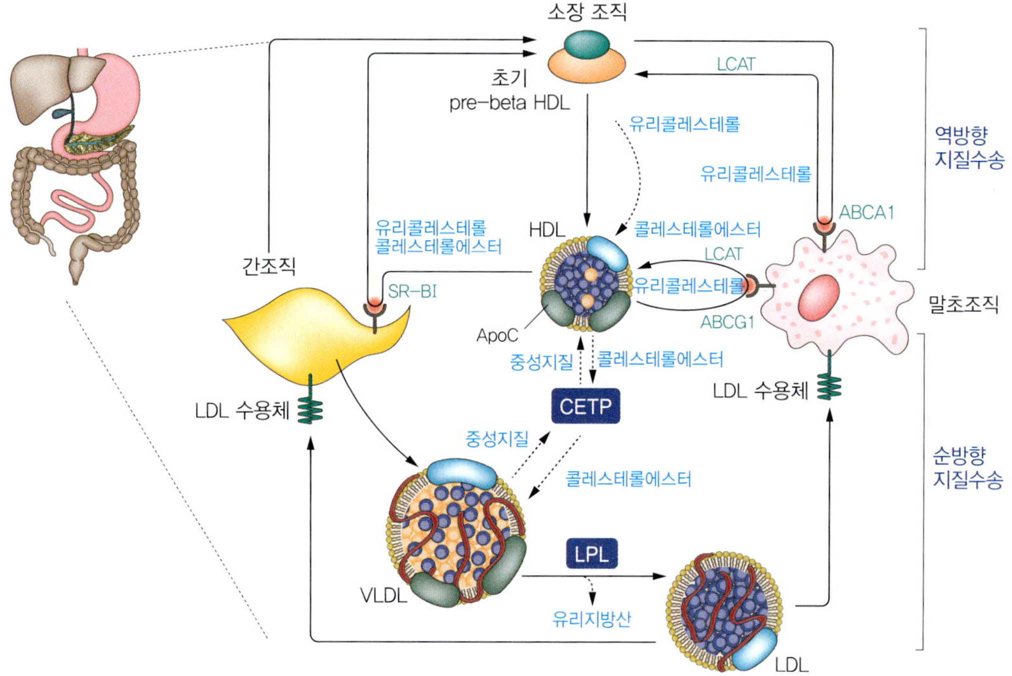

| 그림 6-9 | 역콜레스테롤 수송

CETP, cholesterylester transfer protein; LCAT, lecithin-cholesterol acyltransferase, LPL, lipoprotein lipase; SR-BI, scavenger receptor class B, member I (HDL 수용체); ABCA1, ATP-binding cassette protein, subfamily A, member 1; ABCG1, ATP-binding cassette protein, subfamily G, member 1; ATP

성되는 지단백질로 밀도가 가장 낮고, VLDL은 간 조직에서 합성되는 주요 지단백질이다. VLDL은 혈중에서 중성지질이 가수분해되면서 콜레스테롤의 비율이 점차 증가하여 IDL이나 LDL로 전환된다. LDL은 콜레스테롤이 주성분인 지단백질이다(그림 6-8). HDL은 간과 소장에서 생성되는데 다른 지단백질과 달리 일반 조직에서 간으로 콜레스테롤과 지질 성분을 운송하는 역방향 수송을 담당하므로 HDL에 의한 콜레스테롤 수송을 역콜레스테롤 수송(reverse cholesterol transport)°이라고 한다(그림 6-9).

킬로미크론, VLDL, IDL, 그리고 LDL은 혈관이나 조직으로 콜레스테롤을 운송하는데 농도가 높을 경우 동맥경화, 관상동맥질환, 뇌혈관질환 등을 유발할 수 있으므로 유해한 지단백질로 분류되나, HDL은 혈관 등 조직에 쌓인 콜레스테롤을 추출하여 간조직으로 이동시

역콜레스테롤 수송 혈중 HDL에 의한 콜레스테롤 수송. 일반적으로 콜레스테롤은 간조직에서 말초조직으로 수송되는데 HDL은 말초조직에서 간조직으로 역방향 수송을 담당한다.

| 표 6-1 | 한국인의 이상지질혈증 진단 기준

총콜레스테롤(mg/dL)	높음	≥230
	경계치	200~229
	정상	<200
LDL 콜레스테롤(mg/dL)	높음	≥150
	경계치	130~149
	정상	100~129
	적정	<100
HDL 콜레스테롤(mg/dL)	낮음	<40
	높음	≥60
중성지방(mg/dL)	높음	≥200
	경계치	150~199
	정상	<150

켜 분해할 수 있기 때문에 건강에 유용한 지단백질로 분류한다. 따라서 건강한 콜레스테롤의 농도를 표시할 때 혈중 총콜레스테롤의 농도뿐 아니라 LDL과 HDL 콜레스테롤의 농도와 둘 사이의 비율을 주요 지표로 이용한다. 콜레스테롤의 농도뿐 아니라 혈중 중성지질의 농도도 심혈관질환의 독립적 예측자이자 대사증후군의 5대 지표 중 하나이므로 혈중 농도를 적정하게 유지하는 것이 중요하다. 건강한 중성지질 및 콜레스테롤의 농도 기준은 주기적으로 업데이트되고 있으며, 국가나 기관에 따라 기준이 조금씩 다른 경우가 있으나 일반적 기준은 표 6-1과 같다.

2.5. 지질 대사의 주요 조절인자

2.5.1. 스테롤 규정 성분 결합단백질(SREBP)

지질 대사를 조절하는 주요 유전자 전사 조절인자로서 스테롤 규정 성분 결합단백질(sterol regulatory-element binding protein, SREBP)이 있다. 세 가지 종류의 SREBP 가운데 SREBP-1c는 지방산의 생합성 관련 유전자 발현을 조절하고, SREBP-2는 콜레스테롤 생합성 경로의 주요 유전자 발현을 조절하며, SREBP1-1a는 지방산과 콜레스테롤의 합성에 동시 관여한다. SREBP는 세포 내 콜레스테롤을 포함한 스테롤의 농도에 의하여 활성이 조절된다. 세포 내 콜레스테롤의 농도가 높으면 SREBP는 소포체에서 SCAP-Insig라는 두 단백질과 결합하여 불활성 형태로 존재하므로 콜레스테롤이나 지질의 합성이 일어나지 않는다. 그러나 세포 내 콜레스테롤 농도가 감소하면 콜레스테롤을 합성하여야 하므로 SREBP가 활성화되어야 하는데 이 과정에서 Insig단백질이 해리되면서 SCAP-SREBP 복합체가 골지체로 이동하여 단백질 분해효소에 의하여 *N*-말단이 분해되면서 핵으로 이동하여 활성형 전사인자로 작용하게 된다. SREBP-1c는 ACC 등 지방산 생합성 대사의 주요 유전자 발현을 유도하고, SREBP-2는 HMG-CoA 환원효소 및 LDL 수용체 등 콜레스테롤 대사에 관련하는 유전자의 발현을 주로 활성화하게 된다. 즉, 세포 내 콜레스테롤 농도가 낮아지면 SREBP가 활성화되어 콜레스테롤과 지방산의 합성을 촉진하여 세포 내 지질 대사의 항상성이 유지된다.

2.5.2. AMP-활성화 단백질인산화효소(AMPK)

세포 내 지질 대사를 조절하는 주요 조절인자로서 AMP-활성화 단백질인산화효소(AMPK)라는 단백질의 기능도 중요하다. AMPK는 세포 내 주요 에너지원인 ATP가 가수분해되어 AMP 농도가 높아지면 높은 수준의 AMP 농도에 의하여 활성화되는 인산화효소단백질로, 하위 효소단백질을 인산화하여 활성을 조절함으로써 에너지 대사의 조절을 총괄한다. 매우 다양한 기능을 수행하고 있는데 특히 여러 활성 중 지질 대사와 관련하여 지방산의 산화 촉진 및 합성 저해, 그리고 콜레스테롤의 합성을 저해하는 기능이 잘 알려져 있다. 앞서 설명한 대로 AMPK는 지방산 합성의 주요 효소인 ACC를 인산화하여 지방산의 합성을 억제하고, 말로닐-CoA의 농도를 낮추어서 이로 인한 지방산의 산화 억제 효과를 해제시켜 지방산의 산화를 촉진한다. 또한 HMG-CoA 환원효소를 인산화를 통하여 활성을 억제함으로써 콜레스테롤의 생합성 과정을 저해한다(그림 6-5 참조). AMPK는 활성화되어 합성 대사 과정을 억제하고 산화 대사 과정을 유도하여 ATP 생성을 촉진한다. AMPK는 세포 내 에너지 수준이 낮을 때 활성화되지만 특정 기능성 식품 성분이나 약물을 이용하여 AMPK를 인위적으로 활성화시키면, 지질 산화도를 높이고 콜레스테롤의 생성을 낮출 수 있다. AMPK 활성화는 혈당 감소와 인슐린 민감도 증가에도 기여를 하는 것으로 알려져 있어 복합적인 대사 효능을 얻을 수 있는 대사 조절인자로 중요성이 인식되고 있다.

SREBP 콜레스테롤 및 지방산 대사를 조절하는 주요 유전자 전사조절인자. 주로 세포 내 스테롤 농도가 낮아지면 활성화되어 콜레스테롤 및 지방산 합성 관련 유전자 발현을 촉진한다.

2.5.3. 퍼옥시솜 증식체활성화 수용체(PPAR)

퍼옥시솜 증식체활성화 수용체(peroxisome proliferator-activated receptor, PPAR)는 핵 수용체라고 하는 단백질군 중의 하나로서 리간드와 결합하면 활성화되어 핵에서 유전자 전사 조절인자로 작용한다. α, β, γ의 세 가지 유형이 있으며 각각 조직 특이적 발현을 통하여 주요 대사 과정을 제어한다. 특히 PPAR-α는 간조직에서 발현되며 지방산 산화 대사와 관련된 유전자 발현을 촉진하여 혈중 중성지질의 농도 감소에 기여하는 것으로 알려져 있다. PPAR-γ는 지방 및 근육조직에 많이 발현되며 지질 생성(adipogenesis)과 인슐린 민감도 개선에 관여한다. PPAR은 리간드 결합부위가 비교적 큰 편으로 여러 가지 종류의 화합물과 결합하는 특성이 있어서, 천연물이나 기능성 식품 소재 성분에도 PPAR과 결합하여 지질 대사를 조절하는 화합물들이 많이 보고되고 있다.

3. 지질 대사와 관련 있는 효능 평가의 원리

3.1. 콜레스테롤 농도 조절에 대한 효능 평가의 원리

콜레스테롤 효능 평가에는 주로 유해한 LDL 콜레스테롤의 농도를 낮추는 방법이 제안되어 왔다. 이 중에는 식품으로 섭취한 식이 콜레스테롤의 흡수 저하, 콜레스테롤의 분해 및 배출 경로인 담즙산의 배출 촉진, 콜레스테롤의 생합성 억제 등의 방법이 제안되었다. 이러한 방법은 LDL 콜레스테롤의 농도와 심혈관질환의 위험도를 효과적으로 낮출 수 있으나, LDL 콜레스테롤의 농도가 낮은 조건에서도 심혈관질환이 발생하는 경우도 많아서 유용한 HDL 콜레스테롤의 농도를 높이는 방법도 제안되고 있다.

3.1.1. 콜레스테롤의 생합성 저해

콜레스테롤은 주로 간조직에서 생합성되는데 율속 단계 효소인 HMG-CoA 환원효소의 저해제를 사용하면 생합성을 억제시켜 유해한 LDL 콜레스테롤의 농도를 효과적으로 낮출 수 있다. 스타틴은 이러한 활성을 갖는 약물로서 전 세계적으로 많이 이용되고 있다. 식품이나 천연물에도 이러한 활성을 가지는 물질들이 보고되어 있다. 특히 홍국은 모나스쿠스(*Monascus*) 효모 발효로 생성되는 스타틴 성분이 효능 물질로서, 콜레스테롤을 조절하는 효과가 인증된 건강기능식품이기도 하다.

3.1.2. 식이 콜레스테롤의 흡수 저하

섭취한 콜레스테롤의 흡수를 저해하는 방법이 LDL 콜레스테롤을 낮추는 방법으로 제시되고 있다. 콜레스테롤의 흡수 경로는 몇 가지가 있는데, 첫째는 소장조직에서 발현되는 NPC1L1이라고 하는 세포막 단백질을 통하여 흡수되는 경로이다. 따라서 NPC1L1 단백질 저해제를 섭취하면 콜레스테롤의 흡수를 낮출 수 있다. 이미 관련 메커니즘을 이용한 이제티미브(izetimibe)라는 약물이 개발되어 있으며, 식품 성분 중에도 NPC1L1 단백질 활성을 저해하거나 NPC1L1 유전자 발현을 억제하는 물질들이 보고되고 있다. 둘째, 식물스테롤은 콜레스테롤과 NPC1L1 막 단백질을 통하여 경쟁적으로 흡수된다. 때문에 식물스테롤을 섭취하면 콜레스테롤의 흡수를 제한하는 데 효과적이다. 섭취된 식물스테롤은 ABCG5/G8이라는 또 다른 막 단백질을 통하여 배출되어 몸 안에 흡수되지 않는다. 식물스테롤은 우리나라 건강기능식품으로 인증되어 있다. 셋째, 담즙산과 흡착하는 성질을 지닌 다당류 등을 섭취하면 담즙산의 재흡수를 억제하고 배출을 촉진하는데 이는 LDL 콜레스테롤을 낮추는 데 효과적이다. 위에 언급한 내용은 이미 관련 메커니즘을 이용한 약물이 개발되어 있으며, 식품 성분 중에도 유사한 기능을 하는 물질이 존재하므로 건강기능식품 개발에 응용될 수 있다.

3.1.3. HDL 콜레스테롤의 상승

앞에서 언급한 것과 같이 LDL 콜레스테롤의 농도를 낮춘다고 비례해서 심혈관질환의 위험도가 낮아지지는 않는다. 따라서 다른 노력이 추가되어야 하는데, 몸에 유용한 HDL 콜레스테롤의 농도를 높이는 방법이 연구되고 있다. HDL 지단백질은 역콜레스테롤 수송을 통하여 혈관에 쌓인 콜레스테롤을 제거해 줄 뿐만 아니라 자체적으로 산화방지, 항염증 작용 등 건강에 유용한 기능을 하는 것으로 알려져 있어서 HDL 농도를 높임으로써 건강상의 이익을 추가로 얻을 수 있다. 이때 단순히 HDL의 농도를 높이는 것 외에 HDL 콜레스테롤을 통해 조직에 쌓인 콜레스테롤을 간조직으로 운송한 후, 체외 배출을 종합적으로 유도하는 것이 중요하다. HDL요법으로 제안된 방법 가운데 콜레스테릴에스터전달단백질(cholesteryl-ester transfer protein, CETP) 저해제에 대한 연구가 진행되고 있다. CETP는 HDL과 VLDL/LDL 간에 지질의 맞교환을 매개하는 효소로서 HDL에서 콜레스테롤을 VLDL/LDL로 이동시키는 동시에 VLDL/LDL에서 HDL로 중성지질을 받아들이기 때문에, CETP 활성이 높으면 HDL 콜레스테롤이 VLDL/LDL 콜레스테롤로 전환되는 효과가 있으므로 유용한 콜레스테롤이 해로운 콜레스테롤로 전환되는 효과가 있다(그림 6-9 참조). 따라서, CETP 활성을 억제하면 HDL 콜레스테롤 농도를 높일 수 있어 유용한 콜레스테롤 농도를 높일 수 있다. 한편, 역콜레스테롤 수송에 관련하는 유전자 발현을 높여주는 LXR 핵 수용체를 활성화하면 HDL 콜레스테롤 농도를 올릴 수 있는 것으로 알려져 있다. 그러나 LXR은 지방간을 일으킬 우려가 있어서 이러한 부작용 문제가 없으면서 HDL농도는 높여주는 방법으로 HDL 콜레스테롤의 농도를 높여줄 수 있을 것으로 기대하고 있다. 식품 성분 중에 CETP 저해제나 지방간을 유도하지 않는 LXR 활성제가 HDL 콜레스테롤 농도 상승 효과가 있는 기능성 물질로 활용될 수 있다.

3.2. 중성지질 농도 조절에 대한 효능 평가의 원리

혈중 지방산 및 중성지질의 농도가 높으면 심혈관질환 및 당뇨병 등 만성 질환의 위험도가 높아지므로 이들 농도를 낮게 유지하는 것이 중요하다. 혈중 중성지질의 농도는 HDL 콜레스테롤 농도와 역상관관계를 보이므로, HDL 콜레스테롤의 농도를 높이면 동시에 중성지질의 농도는 낮출 수 있다. 그 밖에 혈중 중성지질의 농도는 식품으로 섭취한 지질 성분을 운반하는 킬로미크론 농도 및 간에서 생성된 VLDL 지단백질 농도와 비례하므로, 지단백질의 합성을 저해하는 방법이 제시되고 있다. PPAR-α를 활성화하면 VLDL에 포함된 중성지질 가수분해 및 간조직의 흡수 촉진, 간조직의 지방산 산화 촉진 등의 기능을 통하여 중성지질의 농도를 낮출 수 있다. 한편, 중성지질을 많이 함유한 지단백질 생합성에 마이크로솜 트라이아실글리세롤 수송단백질(microsomal triglyceride transfer protein, MTP)이라는 단백질이 관여하는데, 이 단백질의 활성 저해에 대한 연구도 진행되고 있다. 한편 지방산은 중성지질 합성의 원료이므로 앞서 언급한 AMPK 활성을 통해 지방산 산화를 촉진하면 중성지질 농도를 낮추는 데 기여할 수 있다.

4. 지질 대사 조절이 효능 있는 주요 식품 소재

4.1. 홍국쌀

홍국은 붉은색을 띠는 누룩이다. 일반적으로 찐 쌀을 원료로 하여 모나스쿠스속 홍국균을 접종, 발효시킨 것이 홍국쌀이다. 홍국쌀은 콜레스테롤 농도를 강하시키는 강한 효능을 갖는데, 이는 홍국균 발효 과정에서 생성된 모나콜린 K라고 하는 콜레스테롤 억제제 성분에서 기인한다. HMG-CoA 환원효소 억제제인 스타틴 화합물에는 몇 가지 유도체가 존재하는데, 그중 콜레스테롤 강하 처방 약물로 사용되는 로바스타틴과 모나콜린 K가 동일한 화합물이다. 따라서 홍국의 콜레스테롤 저하 효능은 HMG-CoA 환원효소를 직접 저해하여 나타난다(그림 6-3 참조). 홍국은 국내에서 건강기능식품, 기능성 쌀 등으로 판매되고 있다. 건강기능식품으로서의 홍국은 모나콜린 K를 0.05 % 이상 함유하여야 한다. 외국에서도 대체의학 분야에서 콜레스테롤을 저해시킬 목적으로 사용하고 있다.

4.2. 폴리코사놀

폴리코사놀(policosanol)은 식물 왁스에서 추출한 지방 알코올 혼합물이다. 폴리코사놀 성분은 AMPK 단백질을 직접 활성화시키고 활성화된 AMPK는 HMG-CoA 환원효소를 인산화하여 활성을 억제한다. 즉, 폴리코사놀은 콜레스테롤의 생합성을 AMPK 단백질의 활성을 조절함으로써 간접적으로 억제하고, 이를 통하여 유해한 LDL 콜레스테롤의 농도를 낮춘다. 폴리코사놀 성분 중 옥타코사놀과 헥사코사놀의 단일 성분에 대한 효능도 보고되고 있다.

4.3. 식물스테롤

식물스테롤은 콩류, 과일, 채소류 등에 널리 존재하는 천연 화합물로서, 식품 성분으로 오랫동안 섭취해 온 물질 중의 하나이다. 식물스테롤은 소장에서 콜레스테롤과 같은 경로로 흡수되기 때문에 식물스테롤을 섭취하면 소화, 흡수 과정에서 콜레스테롤의 흡수를 낮추는 효과를 얻을 수 있다. 즉, 식물스테롤과 콜레스테롤은 NPC1L1 수송체 단백질을 통하여 소장세포로 흡수된 후에 콜레스테롤은 몸속으로 흡수되나 식물스테롤은 선택적으로 ABCG5/G8 수송체 단백질을 통하여 체외로 배출된다. 이러한 특성을 이용해서 콜레스테롤이 많이 함유된 버터 등에 식물스테롤을 첨가하면 콜레스테롤의 흡수를 낮출 수 있을 뿐 아니라 건강기능식품으로 사용되기도 한다.

당뇨병 혈당이 높아져 소변으로 당이 배출되는 병. 혈당을 조절하는 인슐린이 부족하거나 작동을 잘 하지 못해서 발병하게 된다. 인슐린이 부족한 경우를 인슐린 의존성 당뇨, 인슐린이 잘 작동하지 않는 경우를 인슐린 비의존성 당뇨라고 한다.

홍국쌀 홍국으로 발효시킨 쌀로서 발효 산물 중 모나콜린 K는 강력한 콜레스테롤 저해 효과가 있다.

폴리코사놀 식물 왁스에서 추출한 지방 알코올 혼합물로 사탕수수, 밀랍, 곡류의 새싹 등에서 추출한다.

식물스테롤 식물에 존재하는 스테롤로서 포유류에 존재하는 콜레스테롤과는 화학구조가 다른 캄페스테롤 등을 포함한다.

오메가 3-지방산 탄소 사슬의 끝에서 세 번째 탄소에서부터 이중결합(C=C)이 시작되는 필수불포화지방산이다. 알파-리놀렌산, EPA(eicosapentaenoic acid), DHA(docosahexaenoic acid)가 포함된다(102쪽).

4.4. 오메가 3-지방산

오메가 3-지방산은 등푸른생선에 많이 함유되어 있는 다가 불포화지방산으로, 알파-리놀렌산, EPA, DHA 등을 포함한다. 오메가 3-지방산은 지방을 많이 섭취하지만 심혈관질환의 발병 빈도가 낮은 에스키모인을 대상으로 한 연구 결과에서 그 효능 물질로 알려지게 되었으며, 지질 대사 및 혈당 대사 조절, 항염증, 혈행 개선 등 다양한 건강 효과가 확인되었다. 건강기능식품으로서 중성지질의 강하 효능을 인정받았으며, 심근경색 2차 발생 예방 및 고중성 지혈증 치료를 위한 의약품으로도 허가를 받았다. 오메가 3-지방산이 중성지질의 농도를 낮추는 메커니즘은 명확하게 규명되지 않았지만 PPAR-α 핵 수용체의 활성 조절이 주요 메커니즘으로 제시되고 있다. GPR120이라는 단백질이 세포막에 존재하는 오메가 3-지방산의 수용체로 규명되어 항염증 및 혈당 대사 조절에 관여한다는 결과가 보고되어 있다.

단원정리

콜레스테롤은 세포막의 주성분이며 호르몬, 비타민 D, 담즙산 등의 원료가 되는 유용한 성분이다. 하루 필요량의 약 75 %가 간조직에서 생합성되며 지단백질에 포함되어 혈액을 통하여 다른 조직으로 수송된다. 체내에 콜레스테롤이 필요 이상으로 존재하면 LDL 지단백질로 수송되어 여러 조직에 축적되는데, 그 중 혈관에 쌓이는 콜레스테롤은 동맥경화와 심장병의 원인이 되므로 콜레스테롤 농도를 낮추도록 조절하여야 한다. 유해한 LDL 콜레스테롤의 농도를 낮추는 방법으로는 간조직의 콜레스테롤 생합성 억제, 콜레스테롤 분해 촉진, 식이 콜레스테롤의 흡수 억제 등의 방법이 있으며 적절한 식품을 섭취함으로써 조절할 수도 있다.

한편, HDL은 혈관에서 콜레스테롤을 추출하여 간조직으로 운반하는 기능을 하므로 유용한 지단백질로 간주되고 있다. HDL 농도를 높이면 심장병 예방에 도움이 되므로 식품 성분이나 천연물을 이용하여 HDL의 농도를 높이려는 방법이 연구되고 있다.

중성지질은 체내 주요 에너지원으로, 글리세롤 뼈대 분자에 지방산 세 분자가 에스터 결합을 한 화합물이다. 혈중에서는 주로 VLDL 지단백질에 많이 포함되어 있으며 혈중 중성지질의 농도가 높으면 심장병 발병의 위험인자로 꼽힌다. 혈중 농도는 대사증후군의 지표 중 하나이다. 중성지질의 농도를 낮추기 위한 방법으로 PPAR-α 핵 수용체의 활성화 등이 정립되어 있다.

연습문제

1 콜레스테롤의 기능에 대하여 설명하시오.

2 다른 날에 비하여 콜레스테롤의 섭취량이 두 배로 증가한 날, 몸 안에서 일어나는 콜레스테롤의 대사 변화에 대하여 설명하시오.

3 LDL 콜레스테롤의 농도를 낮추기 위한 방법을 제시하고, 식이섬유를 섭취함으로써 LDL 콜레스테롤의 감소 효능을 설명하는 메커니즘을 제시하시오.

4 식물스테롤을 섭취하였을 때에 혈중 콜레스테롤의 농도가 감소하는 과정을 설명하시오.

5 세포 내 에너지 대사를 조절하는 AMPK 단백질을 활성화시킨 경우에 나타나는 지방산 대사 및 콜레스테롤의 대사 조절 과정에 대하여 설명하시오.

6 혈중 HDL의 농도를 높여 심장병을 예방하고자 할 때에 고려하여야 할 사항에 대하여 논하시오.

1. 콜레스테롤은 몸속에서 다양한 기능을 수행한다. 세포막의 주성분으로 막 유동성을 조절하고, 스테로이드 호르몬, 비타민 D, 담즙산 생성의 원료로 사용되는 등 몸 안에 꼭 필요한 필수 성분 중의 하나이다.
2. 몸 안의 콜레스테롤 대사는 항상성이 잘 유지되고 있다. 하루에 필요한 콜레스테롤의 총량 중에 간조직에서 생합성되는 콜레스테롤 양은 약 75 %이고 나머지 25 % 정도는 식품으로 섭취된다. 그런데 섭취량이 두 배로 늘어나면 몸속에서 합성하는 콜레스테롤 양을 감소시켜서 전체 콜레스테롤의 양은 일정하게 유지한다.
3. LDL 콜레스테롤의 농도를 낮추기 위해서는 1) 식이 포화지방의 섭취량 감소, 2) 소장에서 콜레스테롤의 흡수를 억제, 3) 소장에서 담즙산의 배출 증가, 4) 간조직에서 콜레스테롤의 생합성 억제, 5) 간조직에서 콜레스테롤을 담즙산으로 분해, 전환 촉진 등의 방법을 사용할 수 있다. 이 중 식이섬유는 소장에서 작용하여 콜레스테롤의 흡수를 억제하거나 담즙산과 흡착하여 배출을 억제하는 메커니즘을 통하여 혈중 LDL 콜레스테롤의 농도를 낮추는 것으로 생각된다.
4. 식물스테롤은 소장에서 콜레스테롤과 함께 흡수된 후, 소장세포의 ABCG5/G8이라고 불리는 스테롤 배출 통로를 통하여 선택적으로 배출된다. 따라서 식물스테롤을 섭취하면 흡수 과정에서 콜레스테롤과 경쟁하기 때문에 상대적으로 콜레스테롤의 흡수량을 감소시킨 뒤 소장세포에서 배출되므로 혈중 콜레스테롤의 농도를 감소시키는 기능을 한다.
5. AMPK는 세포 내 에너지 대사를 조절하는 주요 단백질 인산화효소로 다른 단백질을 인산화하여 활성을 조절하게 된다. ACC와 HMG-CoA 환원효소는 각각 지방산의 합성과 콜레스테롤의 합성에 중요한 단백질로 작용하는데 AMPK가 활성화되면 인산화를 통해 활성이 억제된다. 이 과정을 통하여 AMPK가 지방산의 합성 및 콜레스테롤의 합성을 동시에 억제하게 된다.
6. HDL은 역콜레스테롤 수송을 담당하는 지단백질로 혈관에 축적된 콜레스테롤을 추출하여 간조직으로 운송하는 기능을 담당한다. 따라서 혈중 HDL 콜레스테롤 농도가 높으면 일반적으로 심혈관질환 발생 위험이 낮은 것으로 인식된다. HDL 콜레스테롤 농도에는 남녀 성별에 따라 차이가 있어 일반적으로 남자의 경우 여자보다 HDL 콜레스테롤의 농도가 낮다. 따라서 HDL 농도를 측정할 때는 이러한 성별 차이를 고려하여야 한다. 한편, HDL 콜레스테롤 농도가 높으면 혈관을 비롯한 말초조직에서 간조직으로 콜레스테롤 이동이 증가하는데 이러한 콜레스테롤 이동과 연동되어 간조직에서 콜레스테롤 합성이 적절히 저해되고, 콜레스테롤이 분해되어 체외로 배출되는 과정도 활성화되는 것이 중요하다. 콜레스테롤 합성이 계속 활성화되거나 배출되는 과정이 막혀 있으면 HDL 콜레스테롤이 높아도 적절한 건강 효능을 기대하기 어려울 수 있다.

CHAPTER 07

체중 조절/비만과 식품의 기능

흔히 무엇이든 "많으면 많을수록 좋다"고 말하지만 딱히 그렇지 않은 것도 있으니 바로 우리 몸속에 있는 지방이다. 건강을 위하여 적당한 체지방을 유지하는 것은 매우 중요한 일이다. 그러나 식이로 섭취하는 에너지와 생활이나 운동으로 소비되는 에너지 양의 불균형으로 잉여 에너지가 생기면 이는 지방의 형태로 몸에 과도하게 축적되어 비만이 발생하게 된다. 비만은 그 자체로서도 심각한 문제이지만 심혈관계 질환과 고지혈증, 당뇨병 등 만성퇴행성 질환의 위험 요인이 되므로 사회적 문제로 대두되고 있다. 우리나라도 비만 인구가 급속히 늘고 있는 가운데 과학적 근거를 기반으로 한 체지방 감소와 관련 있는 건강기능식품이 개발되어 판매되고 있다. 따라서 본 장에서는 비만에 대한 올바른 이해와 체지방 감소와 관련 있는 건강기능식품에 대하여 알아보고자 한다.

1. 비만이란?

세계보건기구(World Health Organization, WHO)에서는 전 세계적으로 비만 인구가 증가하고 있으며, 이는 "치료가 필요한 병"이라고 경고하였다. WHO의 통계에 의하면 2008년 기준으로 20세 이상 성인 중 14억 명이 과체중이며 이 중 5억 명은 비만이고, 5세 이하 어린이 중 400만 명이 과체중 또는 비만인 것으로 나타났다. 우리나라도 예외가 아니어서 2013년 「국

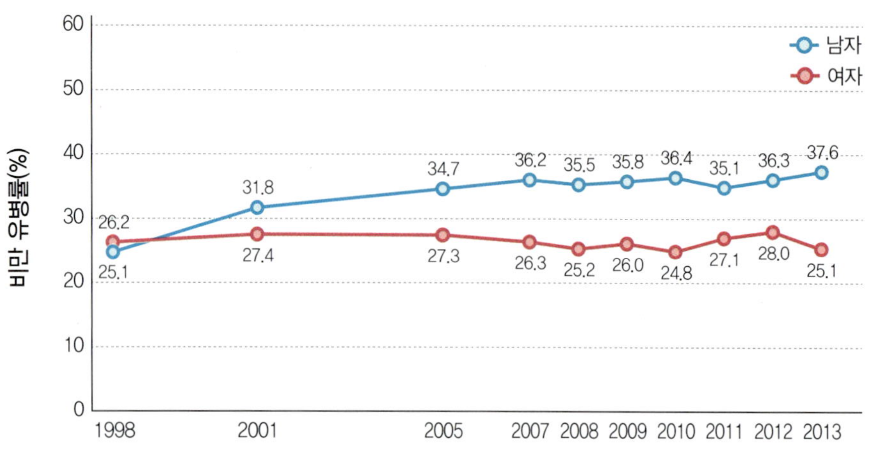

※ 비만 유병률 : 체질량지수(kg/m²) 25 이상인 분율, 만19세 이상
※ 2005년 추계인구로 연령 표준화

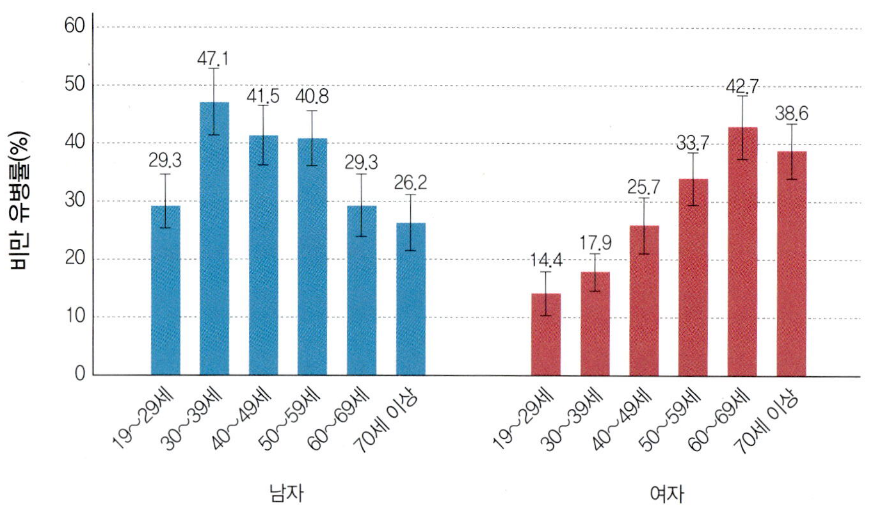

※ 비만 유병률 : 체질량지수(kg/m²) 25 이상인 분율, 만19세 이상

| 그림 7-1 | 연도 및 성별로 본 비만 유병률 추이

출처: 2013년 국민건강통계보고서

민건강영양조사」에 따르면 체질량 지수(body mass index, BMI) 25 kg/m² 이상을 비만이라 하였을 때, 만 19세 이상 전체 인구의 32.5 %(남자 37.6 %, 여자 27.5 %)가 비만인 것으로 나타났다(그림 7-1). 이는 한국인 3명 중 1명이 비만인 시대가 되었음을 뜻한다. 더욱이 비만은 당뇨, 심혈관계 질환, 암 등과 직접적인 상관관계가 있는 것으로 밝혀져 개인의 건강과 의학적 문제를 넘어 사회경제적 문제로 확대되고 있다.

tip

비만의 분류

지방세포 수와 크기에 따른 분류

- 지방세포 증식형: 지방세포 수의 증가
- 지방세포 비대형: 지방세포의 크기 증가
- 혼합형: 지방세포 수 및 크기 증가

여성형 비만과 남성형 비만

- 여성형 비만: 하체 비만형, 주로 여성에게서 나타나며, 엉덩이 및 대퇴부에 체지방 축적
- 남성형 비만: 상체 비만형, 주로 남성에게서 나타나며, 복부 및 팔 등 신체 상부에 축적

내장비만형과 피하비만형

- 내장비만형: 복부에 지방이 과잉 축적된 상태
- 피하비만형: 피하에 지방이 쌓이는 형태

※ 내장지방조직은 피하지방조직에 비해 염증반응이 활발히 일어나고, 피하비만형에 비하여 당뇨병, 고지혈증, 지방간, 고혈압 등 만성 질환 합병증을 일으키기 쉽다. 컴퓨터 단층촬영을 이용하면 내장지방과 피하지방을 쉽게 구분할 수 있다. 내장지방 면적/피하지방 면적 비율이 0.4 이상이면 내장비만형으로 판정한다.

1.1. 비만의 원인

우리가 음식으로 섭취한 에너지는 체온 조절, 육체적 활동, 체세포 생성 등에 사용되고, 나머지는 체내에 지방의 형태로 축적된다. 즉, 섭취된 에너지에 비하여 소모되는 에너지가 적을 경우에 잉여 에너지가 체지방으로 몸 안에 축적되어 비만이 나타난다. 비만은 단순성 비만과 증후성 비만으로 구분된다. 단순성 비만은 에너지의 섭취량과 소모량의 양적 불균형이 오랫동안 지속되어 발생한다. 반면에 인슐린 의존성 당뇨병, 쿠싱 증후군, 난소 기능 상실, 갑상샘 기능 이상 저하 등 내분비계에 이상이 있거나 뇌의 시상하부 장애로 식욕 조절에 문제가 생겨 발생하는 비만을 증후성 비만이라고 한다. 그렇다면 "체지방 과다"라고 하는 비만은 어떻게 해서 일어나는지, 그 원인을 살펴보기로 하자.

1.1.1. 과식과 식사 습관

단순하게 생각해 보면 우리의 소화, 흡수 능력이 정상인 상태에서 음식으로 섭취한 에너지보다 소비한 에너지가 적으면 남은 에너지는 체내에 지방의 형태로 축적되는데, 체지방은

주로 피하와 장기 주변에 쌓인다. 비만과 관계 있는 식사 요인으로는 음식물의 종류, 식사 형태, 식사 속도, 저작 횟수 등이 있다. 미국, 인도, 중국 등 20여 개 국가를 대상으로 지방 섭취와 비만 인구를 조사한 연구에서, 지방 에너지의 섭취 비율이 클수록 비만 인구의 비율도 큰 것으로 보고되었다. 또한 많은 역학 연구에 따르면, 설탕 감미료가 다량 함유되어 있는 탄산음료의 섭취도 체중 증가와 관련이 있는 것으로 나타났는데, 당질은 인슐린 분비와 인슐린 저항성에 영향을 미치기 때문에 체지방의 축적을 초래하기 쉽다. 밤에 과식을 하거나, 동일한 1일 섭취량을 먹더라도 한 끼에 한꺼번에 섭취하는 것은 비만을 불러오기 쉽다.

1.1.2. 운동 부족

운동 부족은 1일 총 에너지 소비량의 약 30 %를 차지하는 활동 에너지량과 기초대사량(60~70 %)을 감소시켜 체내에 지방 축적을 일으킨다. 뿐만 아니라 인슐린 감수성(insulin sensitivity)의 저하로 지방 합성 및 축적을 야기시켜 비만을 유발하는 것으로 알려져 있다.

1.1.3. 유전적 요인

부모가 비만이면 자녀들의 비만 비율이 70~80 %이고, 한쪽 부모가 비만이면 자녀들 중 40~50 %가 비만이 된다는 연구 보고는, 유전적 요인이 비만 발생에 어느 정도 영향을 미칠 수 있다는 사실을 알려준다. 예를 들어 쌍둥이 형제가 어려서 음식 문화가 서로 다른 가정으로 각각 입양되어 떨어져 성장하였음에도 성인이 되었을 때에 비슷한 체형을 지니는 것을 종종 볼 수 있다. 유전적으로 비만인 사람은 체내 대사에 있어서 에너지의 소비회로가 발달하지 않았을 뿐만 아니라, 지방조직에서 열을 발생시키는 능력이 저하되어 있기 때문에 섭취한 에너지가 체지방으로 저장되는 비율이 정상인보다 상대적으로 더 높다.

비만과 관련된 유전자 중 렙틴(leptin)은 지방세포에서 분비되며 식욕 억제작용을 하는 것으로 알려져 있다. 렙틴을 결핍시킨 ob/ob 마우스의 경우, 포만감의 신호 전달 이상으로 과식을 지속하다가 결국에는 비만에 이르게 된다. 비만한 사람의 경우, 혈중 렙틴의 농도는 높은 데도 불구하고 식욕이 억제되지 않는 것은 렙틴의 감수성이 낮기 때문으로 관찰되었다. 그러나 비만의 발생에는 후천적인 사회 환경의 요인이 크게 관여하는 것으로 보인다.

1.1.4. 사회 환경적 요인

산업과 기술이 발달할수록 우리 생활은 점점 편리해지고 윤택해졌으나 활동량은 급격히 감소하였다. 활동량의 감소뿐만 아니라 식습관이 점점 서구화되면서 이는 섭취 칼로리의 과잉으로 이어져 비만 증가의 원인으로 작용하고 있다. 과거에는 부유한 계층의 비만율이 높았으나 20세기 후반부터는 반대 현상이 일어나고 있다. 영양 불균형의 과잉 열량 섭취가 비만의 직접적인 원인이 되고 있다. 또한 스트레스, 우울증, 불안 등과 같은 심리적 요인들도 비만에 영향을 미친다.

1.1.5. 내분비인자

시상하부에는 식이 섭취와 만복감을 조절하는 중추가 있는데, 이 시상하부가 손상되면 식욕이 조절되지 않아 음식을 과잉 섭취하게 되어 비만이 일어난다. 갑상샘호르몬은 열 발생을 증가시키고 탄수화물, 단백질, 지방의 대사에 관여하는데, 이 호르몬의 분비 기능이 떨어지면 기초대사량도 감소되어 결국 비만이 된다.

신장 또는 간질환을 치료하기 위하여 부신피질 스테로이드제를 장기간 복용하였을 때에 부신피질호르몬(adrenocorticotropic hormone, ACTH)의 과잉 분비로 비만이 나타나는 경우가 있다. 또한, 쿠싱 증후군(Cushing's syndrome)은 부신피질 자극호르몬의 분비를 증가시킴으로써 부신피질을 자극하고 코티솔(cortisol)이 과잉 생성되어 결국에는 체내 중심부 지방세포의 증식을 초래한다. 폐경 이후에 여성호르몬의 분비가 급격하게 감소하면 피하 지방의 합성이 촉진되어 비만이 유발되기도 한다.

1.2. 비만과 질병

1.2.1. 당뇨병

비만은 어떤 특정한 사람에게서 인슐린 저항성(insulin resistance)을 증가시키고, 계속적인 인슐린 분비의 증가에 따른 이자 β-세포의 기능 약화와 손상으로 결국에는 당뇨병을 유발할 수 있다. 혈중 인슐린은 세포막에 존재하는 인슐린 수용체와 결합하는데, 비만일 경우에는 인슐린 수용체의 결합력이 낮아 인슐린이 제대로 작용할 수 없게 한다. 지방세포는 지방을 축적할 뿐만 아니라 내분비기관으로서 유리지방산(free fatty acids)과 다양한 사이토카인(cytokines)을 분비하고 지방세포 주변으로 면역세포를 유인하여 염증반응을 활성화시킨다. 염증반응과 유리지방산의 분비 증가는 인슐린 저항성을 유발하며, 인슐린 비의존성 당뇨의 원인이 된다(그림 7-2).

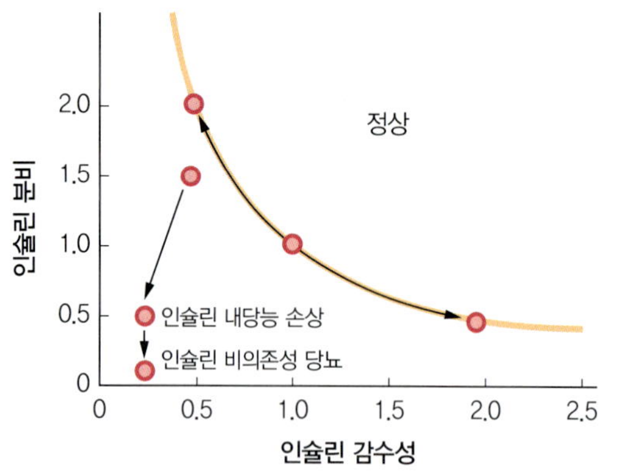

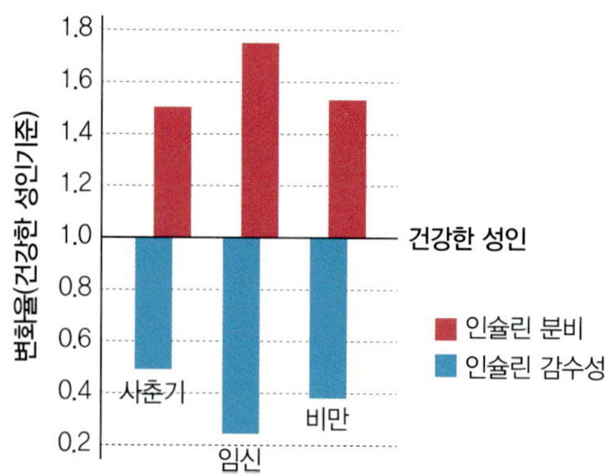

| 그림 7-2 | 비만에 따른 인슐린 감수성과 분비

출처: Kahn SE, Hull RL, Utzschneider KM. Mechanisms linking obesity to insulin resistance and type 2 diabetes. Nature 14; 444(7121):840-846, 2006

tip

인슐린 저항성이란?

인슐린은 이자 β-세포에서 식사 후에 분비되는 호르몬으로, 혈중에 있는 포도당을 세포 안으로 들어가게 하거나 간에서 새로운 포도당이 생성되는 것을 억제시켜 혈당을 조절한다. 비만한 사람에게서 보이는 인슐린 저항성은 생리적 인슐린의 농도가 정상보다 저하된 대사 상태를 의미하는 것으로, 인슐린이 효율적으로 사용되지 못하는 경우를 말한다. 인슐린 저항성이 높으면, 이자는 계속해서 많은 인슐린을 만들어내고 이로 인하여 고혈압이나 고지혈증은 물론 심장병, 당뇨병까지 초래할 수 있다.

1.2.2. 심혈관계 질환

비만한 사람에게서 고지질혈증(hyperlipidemia)은 쉽게 찾아볼 수 있다. 이는 심혈관계 질환의 중요 원인이 되는 혈중 초저밀도 지단백질(very low-density lipoprotein, VLDL), 저밀도 지단백질(low-density lipoprotein, LDL), 중성지방의 수준은 높은 반면에 고밀도 지단백질(high-density lipoprotein, HDL)의 수준은 낮기 때문이다. 간으로 유입하는 유리지방산이 증가하고, 비만에 따른 인슐린 저항성으로 인해 간에서 VLDL의 생성이 증가하는 것이 원인이다. LDL은 산화된 LDL(oxidized LDL)로 변하여 동맥경화증을 일으킬 수도 있다.

고혈압의 위험은 정상 체중인 사람보다 비만한 사람이 5배 높으며, 실제로 비만한 사람의 약 60 %가 고혈압이다. 비만이 고혈압을 유발하는 메커니즘은 확실하지 않지만, 체액의 증가, 신장에서는 나트륨 보유의 증가 및 레닌-앤지오텐신-알도스테론계(renin-angiotensin-

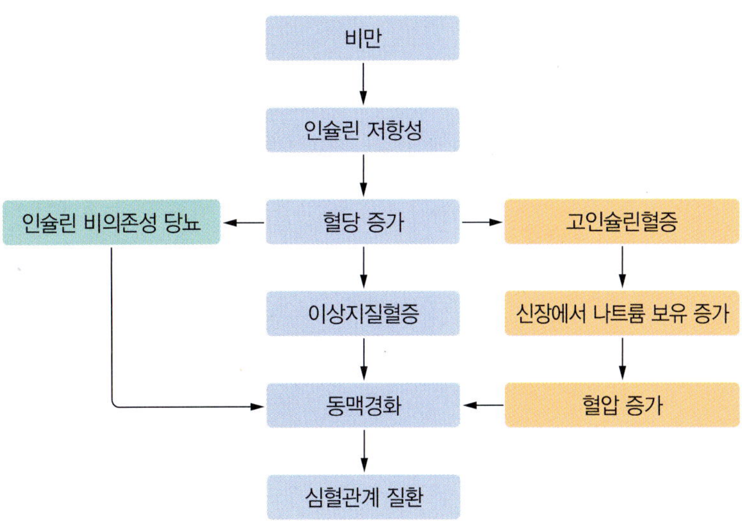

| 그림 7-3 | 비만과 대사성 질환과의 관계

| 표 7-1 | 적절한 체중 감소로 얻는 건강 효과(10 kg 체중 감소 시)

사망률	•전체 사망률 20 % 감소 •당뇨 관련 사망률 30 % 감소 •비만 관련 암 사망률 40 % 감소
혈압	•수축기 혈압 10 mmHg, 이완기 혈압 20 mmHg 감소
당뇨	•공복혈당 50 % 감소
고지혈증	•총콜레스테롤 10 %, LDL 콜레스테롤 15 %, 중성지방 30 % 감소 •HDL 콜레스테롤 8 % 감소
기타	•인슐린 감수성, 폐 기능, 난소 기능 개선 •관절 통증, 수면무호흡증, 숨 막히는 증세 감소

출처: Overweight and obesity: the public health problem(www.fph.org.uk)

aldosterone system, RAS)의 활성화가 관여하는 것으로 보인다. 비만에 따른 혈중 유리지방산의 증가는 산화질소(nitric oxide, NO)의 생성 억제 및 알파 1-아드레날린 촉진제(alpha 1-adrenergic agonist)로 작용하여 결국에는 혈관을 수축시켜 혈압을 상승시킨다. 30만 명의 성인을 7년간 추적 관찰한 연구에 따르면, 체질량 지수가 1 kg/m^2 증가하면 허혈성 심장질환의 위험은 9 % 증가, 고혈압성 사망과 허혈성 뇌졸중은 8 % 증가하는 것으로 나타났다. 따라서 심혈관계 질환을 예방하기 위한 비만의 치료는 매우 중요하다(그림 7-3, 표 7-1).

1.2.3. 암

암 유병률은 정상 체중인 성인에 비하여 비만한 남성은 1.33배, 비만한 여성은 1.55배 더 높게 나타나서 비만도가 높아질수록 암 발생의 위험도도 높아진다. 남성의 경우는 식도암, 대장암이, 여성은 유방암과 자궁암의 발병률이 높다. 비만이 암 발생에 영향을 미치는 메커니즘은 명확하지 않으나, 산화스트레스에 의한 DNA 손상, 성호르몬의 대사와 인슐린 저항성에 따른 암세포 증식 및 혈관 형성 등에 의한 것으로 알려져 있다. 복부 비만으로 인한 역류성 식도염은 식도암을 유발할 수 있고, 대장암은 고인슐린혈증과 연관이 있다. 비만한 폐경기 여성은 유리 에스트로겐이 증가하는데, 이는 유방암 위험과 관련이 있다.

1.2.4. 호흡기질환

호흡기질환 환자는 체중이 증가하면 호흡 곤란이 악화될 수 있다. 비만은 수면 시 호흡이 일시 정지되는 수면무호흡증의 위험 요인으로도 알려져 있는데, 누운 자세에서 목 주변의 지방조직에 의해 상기도가 좁혀지기 때문이다. 비만한 정도가 심함에 따라 수면무호흡증의 유병률은 높아지므로 체중을 줄이면 수면무호흡증의 중증도를 감소시킬 수 있다.

1.2.5. 담낭질환

비만은 간에 지방 축적을 유도하므로 콜레스테롤 대사에도 영향을 주며, 콜레스테롤을 이용하여 만들어지는 담즙의 분비가 증가하면 담석의 형성도 촉진될 수 있다. 이와 더불어 비만에 따른 인슐린 저항성은 산화스트레스를 증가시키고, 이는 콜레시스토키닌 수용체를 포함한 막 수용체를 손상시켜 담낭 수축에 영향을 미치는 것으로 알려져 있다. 실제로 BMI가 45 이상의 고도 비만인 여성 환자들과 24 이하인 정상 범위의 성인 여성을 관찰한 연구 결과에서 고도 비만군에서 담낭질환의 발생률이 7배 이상 높았다고 한다.

2. 체지방 조절 메커니즘과 바이오마커

2.1. 지방의 합성 및 체내 축적 억제

지방의 합성 억제를 통한 체지방 감소 메커니즘은 지방 합성에 관여하는 효소 및 전사 인자의 활성을 저해시킴으로써 지방산 합성을 감소시키는 것이다. 또한 지방의 체내 축적을 억제시킴으로써 체지방을 감소시키기도 하는데, 지방산의 합성과 축적에 관여하는 효소 및 전사 인자는 다음과 같다.

- 지방산합성효소(fatty acid synthase, FAS): 아세틸 CoA(acetyl CoA)와 말로닐 CoA(malonyl CoA), NADPH를 사용하여 긴사슬지방산(long chain fatty acids)을 합성하는 효소이다.
- 포도당-6-인산탈수소효소(glucose-6-phosphate dehydrogenase, G6PDH): 포도당-6-인산을 6-포스포글루코노-δ-락톤(6-phosphoglucono-δ-lactone)으로 전환시키는 효소로서 5탄당 인산화회로를 조절하는 기능을 갖는다. 이 과정 중 생성된 NADPH는 지방산 생합성에 사용된다.
- 말산효소(malic enzyme): 말산(malate)을 피루빈산(pyruvate)으로 전환시킴으로써 당신생 합성(gluconeogenesis)을 촉진하는 기능을 가지고 있으며, 피루빈산 생성 과정에서 만들어지는 NADPH는 지방산을 합성하는 데 사용된다.
- 아세틸-CoA 카복실화효소(acetyl-CoA carboxylase, ACC): 아세틸-CoA로부터 말로닐-CoA를 합성할 때에 관여하는 효소로 지방산 합성의 제한효소(rate-limiting enzyme)이다. ACC는 ACC1과 ACC2 2개의 아이소폼(isoform)이 있으며, ACC1은 간과 지방 조직, ACC2은 근육에서 주로 발현한다. ACC1은 지방산 생합성을 조절하고, ACC2는 미토콘드리아에서 β-산화를 조절한다.
- Sterol regulatory element binding protein(SREBP): 지방산과 콜레스테롤 생합성 경로에 관련 있는 효소를 활성화하여 간에서 지방산과 콜레스테롤 합성을 조절하는 주요 전사 인자이다. 이 중 SREBP-1c는 주로 지방산과 중성지방의 합성에 관여한다. 중성지방 합성과 관련된 FAS, ACC, 스테아로일-CoA 불포화효소(Stearoyl-CoA desaturase, SCD-1)와 같은 유전자의 발현을 조절한다.
- Cluster of differentiation 36(CD36): Class B scavenger receptor family에 해당하는 막 단백질로 단핵구, 대식세포, 혈소판, 근육세포, 지방세포 등에서 발현한다. CD36 결핍 마우스는 혈액 내 포도당, 콜레스테롤 및 중성지방이 높은 수준을 보이는 것이 특징이며, 비만실험 동물 모델의 간 및 지방 조직에서 CD36 발현이 증가하였다.
- 지방세포 지방산 결합단백질(adipocyte fatty acid binding protein, aP2): FABP4라고도 불리며, 지방세포로 지질과 지방산을 운반하는 데 중요한 인자이다.
- 지단백질 분해효소(lipoprotein lipase): 지단백질 분해효소로 지단백질의 지방을 조직으로 이동시켜 체조직에 지방을 축적하는 역할을 한다.

2.2. 지방의 산화 촉진

지방의 산화 촉진은 식이로 섭취한 지방이나 체내 축적된 체지방의 산화를 촉진시킴으로써 체지방을 조절하는 메커니즘이다. 예를 들어 카르니틴 팔미토일전달효소-1(carnitine Palmitoyltransferase-1, CPT-1)은 미토콘드리아 효소로서 미토콘드리아 막 외부의 긴사슬지방산을 카르니틴을 이용하여 막 안으로 수송하는 역할을 한다. 즉, 미토콘드리아 내로 지방산을 이동시키는 CPT-1의 활성을 증가시켜 지방산의 산화를 촉진시킴으로써 지방으로부터 에너지 생산을 증가시키는 것이다.

- 카르니틴 팔미토일전달효소-1(CPT-1): 지방산이 에너지원으로 사용되려면 미토콘드리아 안으로 이동하여야 하는데, 이때 관여하는 효소가 CPT-1, CPT-2이다. CPT-1의 활성 및 발현이 증가하면 긴사슬지방산의 수송이 많아지고 β-산화가 증가한다.
- Peroxisome proliferator-activated receptor α(PPARα): PPARs(Peroxisome proliferator-activated receptors)는 에너지와 지방 대사를 조절하는 전사 인자로 작용하며, 주로 지방산의 대사를 조절하는 간, 신장, 심장, 골격근 등에 분포한다. 이 중 PPARα는 지방산의 β-산화 등 지질의 이화작용(catabolism)을 촉진하는 역할을 한다.
- AMP activated protein kinase(AMPK): 세포 내의 에너지 항상성 유지에 센서 역할을 하는 효소인 AMPK는 세포 내의 에너지가 감소하는 경우, 즉 ATP가 고갈되어 AMP/ATP 비율이 증가하는 경우에 활성화되어 ATP를 소비하는 과정(예를 들어 지방산이나 콜레스테롤의 합성)을 억제하고 ATP를 생산하는 과정(예를 들어 지방산의 산화와 해당 과정)을 촉진한다.

2.3. 열 발생 촉진

에너지 소비를 늘리는 방법으로 근육이나 갈색지방조직(brown adipose tissue, BAT)에서 열 발생(thermogenesis)을 증가시키는 방법이 이용되고 있다. 갈색지방은 백색지방과 달리 미토콘드리아를 함유하고 있어 열 발생을 일으킨다. 이러한 열 발생 과정은 미토콘드리아 내막에 존재하는 짝풀림 단백질(uncoupling protein, UCP)이라는 단백질을 통하여 일어나며 UCP가 변이되면 비만을 유발할 수 있다. 최근 어린이들에게만 존재한다고 알려진 갈색지방조직이 성인에게서 발견되면서 UCP가 체중 조절에 도움을 줄 수 있다는 것이 밝혀져 관심을 모으고 있다.

2.4. 지방의 흡수 억제

식이로 섭취하는 지방의 흡수를 억제함으로써 체지방 축적을 억제시킨다. 지방의 흡수를 억제시키는 방법은 소장에서 중성지방을 분해하는 리파아제(lipase)의 작용을 억제시키거나 섭취한 지방을 변으로 배설시킴으로써 가능하다.

2.5. 식욕 억제

식욕 조절 호르몬들은 위장관계와 뇌하수체-시상하부 축을 통하여 식욕을 조절하는 것으로 알려져 있다. 관련 호르몬으로는 글루카곤 유사 펩타이드(glucagon-like peptide, GLP-1), 콜레시스토키닌(cholecystokinin, CCK), 그렐린(ghrelin), 세로토닌(serotonin), 렙틴 등이 있다. GLP-1는 장관 내 영양분 또는 혈당 농도에 자극을 받아 분비되는 호르몬으로서 이자 β-세포에서 인슐린의 분비를 자극한다. 이러한 작용은 혈당을 낮추고 포만감을 증가시켜 음식물 섭취를 감소시킨다. CCK는 음식물, 특히 지방이 장에 들어오면 분비되는 호르몬으로 담낭 수축, 장관운동, 이자 호르몬 분비 등을 조절하는 것으로 알려져 있다. 또한 CCK는 중추

tip

백색지방 vs 갈색지방

백색지방(white adipose tissue)

지방을 축적하는 에너지 저장 기능 및 아디포카인(adipokines)을 분비하여 에너지 항상성 유지에 관여한다.

갈색지방(brown adipose tissue)

열 생성에 관여하며 백색지방에 비하여 비교적 많은 미토콘드리아를 가지고 있다.

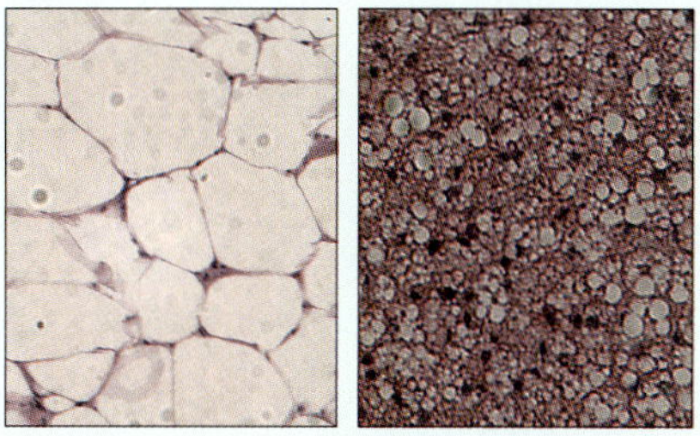

백색지방 갈색지방

백색지방과 갈색지방의 현미경 사진

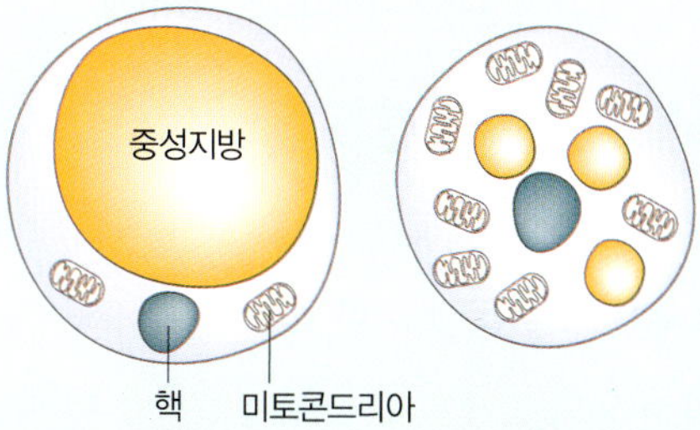

중성지방

핵 미토콘드리아

백색지방 갈색지방

백색지방과 갈색지방의 세포 구조

신경계로 전달되어 식욕을 억제하도록 유도하는 기능을 한다. 그렐린은 위에서 분리해낸 28개의 아미노산으로 구성된 펩타이드 호르몬으로 음식 섭취와 체내 영양 상태에 대한 신호를 시상하부에 전달하는 역할을 하며, 식욕을 증가시키는 호르몬이다. 렙틴은 지방세포에서 분비되는 호르몬으로 뇌 시상하부에 신호를 전달하여 체내 에너지의 항상성을 유지한다. 렙틴의 분비가 적거나 렙틴 수용체에 이상이 있는 경우에 식욕이 왕성해진다.

2.6. 지방세포자살

세포자살(apoptosis)은 세포 주기에 있어서 필연적인 세포사 과정으로, 염색체 응축, 세포막 파괴, 핵 붕괴, 세포자살체의 형성으로 특징지어진다. 세포자살 신호 전달 과정에는 카스파제(caspase), 사이토크롬 C(cytochrome C), B-세포림프종 2(B-cell lymphoma 2, bcl-2), bcl-2 associated X protein(BAX), 폴리 ADP-리보스중합효소(poly ADP-ribose polymerase, PARP) 등 다양한 인자가 관여하여야 한다. 지방 전구세포 및 일반 정상 조직세포에 영향을 끼치지 않으면서 지방세포에만 세포자살을 일으킨다면 세포자살 메커니즘에 의한 체지방 감소 효능을 확인할 수 있으며, 이것은 비만 치료 접근법의 하나가 될 수 있다.

3. 기능성 평가방법

체지방 감소를 위한 건강기능식품의 효능을 평가하는 방법으로는 시험관 내 실험, 동물실험, 인체 적용시험으로 크게 구분할 수 있다.

3.1. 시험관 내 시험의 예

3.1.1. 지방세포 분화

지방세포 생성(adipogenesis)이란 지방 전구세포가 지방세포로 분화하는 과정을 가리키며, 지방세포의 형성 및 지방 축적에 있어서 중요한 역할을 한다. 비만이나 대사성 질환 연구에 많이 이용되는 세포주인 3T3-L1 지방 전구세포는, 특정 처리를 하면 세포 내에 지방구가 축적되는 지방세포로 분화하게 된다. 지방세포의 분화 과정에서 CCAAT-enhancer-binding proteins α(C/EBPα), Peroxisome proliferlator-activated receptor γ(PPARγ) 같은 전사 인자

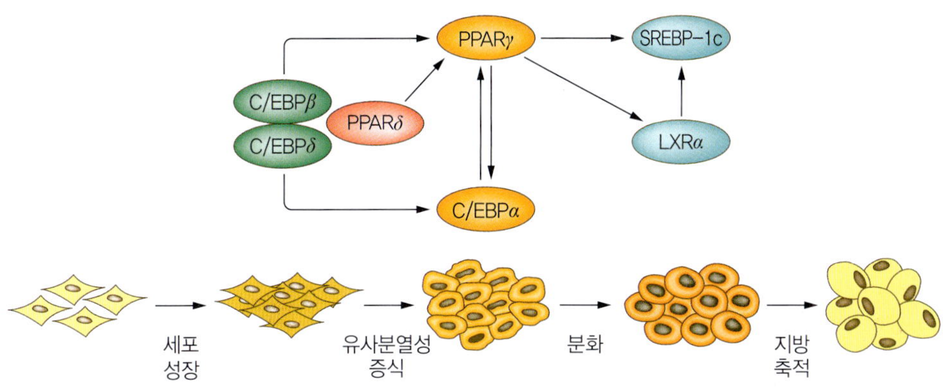

| 그림 7-4 | 3T3-L1 섬유아세포의 분화 단계 및 관련 유전자

출처: Madsen L. et al., Obesity: genomics and post genomics., Informa Healthcare USA Inc. New York 1() p429-450, 2007

가 관여하며, 이들은 지방산결합단백질 4(fatty acid bindng protein 4, FABP4), FAS, SCD-1, 아디포넥틴(adiponectin) 등과 같은 지방세포 특이 유전자의 발현을 유도하는 것으로 알려져 있다. 지방 전구세포를 지방세포로 분화시키면서 기능성 원료를 세포에 처리한 후, 지방구를 염색시키는 오일-레드 O(oil-red O) 염색법으로 지방세포로 분화된 세포의 감소 정도를 확인한다. 또한, 관련 유전자 및 단백질의 발현 정도를 측정함으로써 체지방 감소 기능성이 있는지의 여부를 판단할 수 있다(그림 7-4).

3.2. 동물실험의 예

3.2.1. 동물 모델

체지방 감소와 관련 있는 동물실험 모델로는 고지방 또는 고탄수화물 식이로 유도되는 비만 모델과 렙틴(ob/ob) 또는 렙틴 수용체(db/db)가 결핍되어 있는 마우스 등을 사용한다. 특히 과도한 칼로리 섭취로 인한 비만을 연구하기 위한 모델로는 고지방 식이 유도 비만 모델을 많이 사용한다. 고지방 식이에 함유된 식이 지방의 수준은 총에너지의 30~78% 범위이며, 단순히 지방의 양뿐만 아니라 종류에 따라 비만이 유발되는 정도와 병리가 다르게 나타나는 것을 확인할 수 있다. 주로 사용되는 지방은 돈지(lard), 우지(beef tallow), 팜기름(palm oil), 코코넛기름(coconut oil), 코코넛버터(coconut butter), 옥수수기름, 콩기름 등이다. 고지방 식이로 유도되는 비만 동물실험의 모델은 체중 증가 및 체지방 축적, 지방간, 호르몬 변화, 지방 및 당 대사 관련 효소의 생산, 기능 및 유전자 발현 변화 등의 특징을 가진다(그림 7-5).

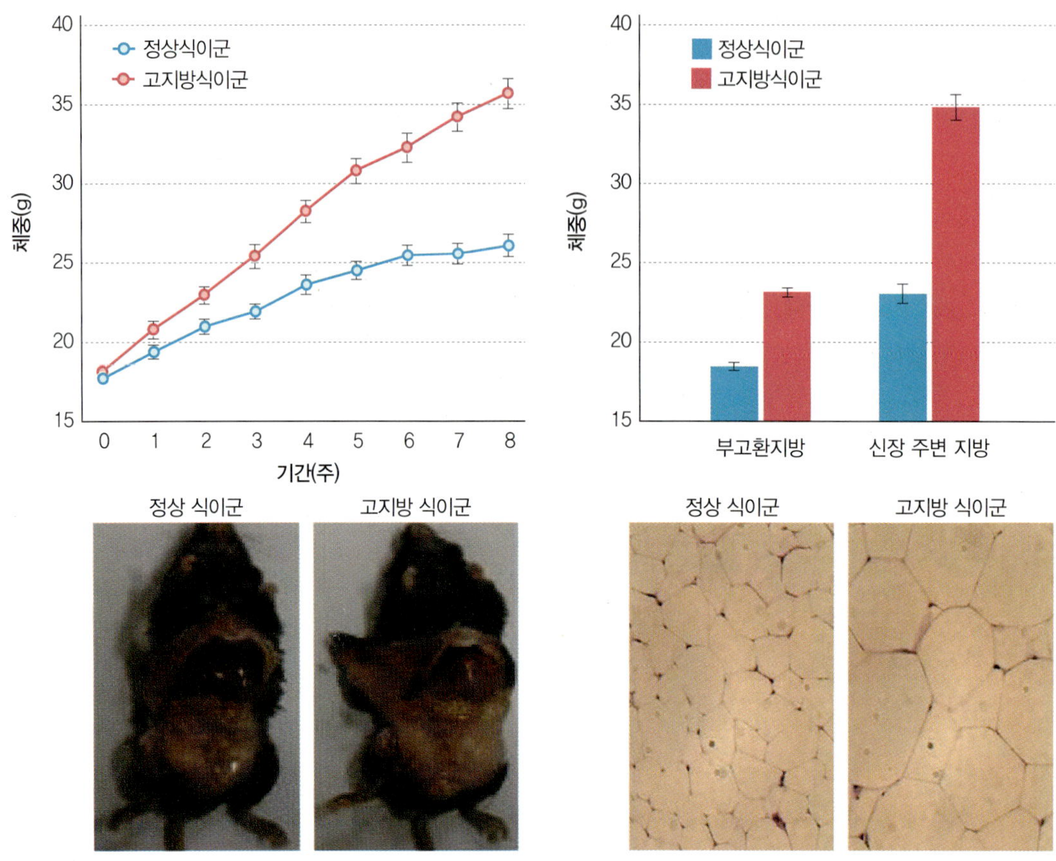

| 그림 7-5 | 고지방 식이를 섭취한 동물의 체중, 지방조직의 무게 사진

3.2.2. 체중 및 체지방량의 측정

효능을 알아보고자 하는 물질의 체지방 감소 효능을 평가하기 위하여 실험동물의 체중을 측정하는 것은 매우 중요하다. 체중은 식이 섭취량에 영향을 받을 수 있기 때문에 식이 섭취량도 반드시 함께 확인하여야 한다. 체중은 체지방량을 간접적으로 반영할 수 있겠으나, 정확한 체지방 함량 및 체지방의 분포를 설명하기는 매우 어렵다. 따라서 실험동물의 체지방량은 지방조직의 무게, 지방세포의 크기 변화를 통해서 설명할 수 있으며, 특히 복부지방의 분포는 미세 컴퓨터 단층촬영장치 등을 통해서 확인할 수 있다.

3.2.3. 혈액 및 간조직 내의 지방 함량

비만의 경우, 과도한 에너지 섭취로 인하여 간에서 VLDL 분비가 많아지고, LDL 수용체의 작용 저하 등으로 혈액 중 중성지방 및 콜레스테롤의 농도가 올라가게 된다. 뿐만 아니라 비만한 사람은 지방간 증상을 보이는 경우가 많은데, 이는 지방세포에서 방출된 혈액 내의 유리지방산이 간세포 안으로 들어와 중성지방으로 전환, 축적되기 때문이다. 특히, 내장 지방은 피하 지방에 비하여 지방 분해가 활발하게 일어나고, 분해된 지방은 간문맥을 통하여 직접 유입되므로 지방간 발생에 좀 더 중요한 역할을 한다. 축적된 지방은 독성을 유발하여 세포 자살, 산화스트레스, 염증 등을 초래하여 정상인 간세포들을 파괴함으로써 만성적 간 손상을 일으킨다. 실험동물의 간조직은 헤마톡실린-에오신(Hematoxylin and eosin, H & E) 염색을 통하여 비만에 의한 조직 내의 지방 축적 등 조직학적 변화를 가시적으로 관찰할 수 있다.

3.2.4. 호르몬 및 아디포카인

지방세포는 인슐린에 민감한 세포이고, 인슐린은 지방세포에서 중성지방 합성 및 저장, 지방 전구세포에서 지방세포로의 분화, 지방 분해(lipolysis) 억제 등의 역할을 한다. 혈중 인슐린의 과도한 증가는 지방세포에서 간으로 유리지방산의 이동을 증가시켜 지방의 합성을 촉진시킨다.

지방조직은 아디포카인(adipokine)이라는 활성물질을 분비하는 일종의 내분비기관으로, 지방세포에서 생성, 분비되는 대표적 아디포카인으로는 렙틴, 플라스미노겐 활성화인자 억제제(plasminogen activator inhibitor-1, PAI-1), 레티놀 결합단백질 4(retinol binding protein 4, RBP4), 종양 괴사 인자-α(tumor necrosis factor-α, TNF-α), monocyte chemoattractant protein(MCP-1), 인터류킨-6(interleukin-6, IL-6), 레시스틴(resistin), 아디포넥틴 등이 있다. 이 중 혈중 아디포넥틴의 농도는 체질량 지수와 음의 상관관계를 가지며, 이는 피하 지방보다는 내장 지방에서 더욱 명확한 것으로 알려져 있다. 체중을 줄이면 혈중 아디포넥틴의 농도가 올라간다. 비만 환자에서 나타나는 아디포넥틴의 감소는 인슐린 저항성과 동맥경화증의 발병과 관련 있는 것으로 보고되어 있다. 렙틴은 체내에 지방 축적이 증가하면 지방세포에서 분비되어 식욕을 감소시켜서 에너지 섭취를 줄이는 역할을 하기 때문에 체중 조절과 밀접한 관계가 있다.

3.2.5. 유전자 발현

기능성 원료에 대한 체지방 감소의 효능을 평가하기 위한 메커니즘으로, 첫째는 에너지의 섭취를 억제하는 것, 둘째로 체내에서 여분의 에너지가 지방으로 축적됨을 막는 것, 그리고

셋째로는 에너지의 소비를 증가시키는 것의 3가지로 접근할 수 있다. 체지방 감소 효과의 메커니즘을 설명하기 위하여 최근 다양한 분자생물학적 바이오마커가 활용되고 있다. 위의 체지방 감소 메커니즘 및 바이오마커에서 서술된 관련 유전자와 단백질의 발현을 실험동물의 지방 및 간 조직에서 측정함으로써 기능성 원료의 체지방 감소 메커니즘을 확인할 수 있다.

3.3. 인체 적용시험

3.3.1. 체지방량

체내에서 지방이 차지하는 부분을 확인하는 방법으로는 생체전기 저항 분석법(bioelectric impedance analysis, BIA), 이중에너지 방사선 흡수법(dual-energy X-ray absorptiometry, DEXA), 컴퓨터 단층촬영(computer tomography, CT) 등이 있으며 간접적인 체지방 측정법으로는 피부주름두께(skinfold thickness) 측정법이 있다(그림 7-6). 생체전기 저항 분석법은 지방조직의 경우 전기가 잘 통하지 않아서 전기 저항이 크다는 원리를 이용한 것으로, 생체전

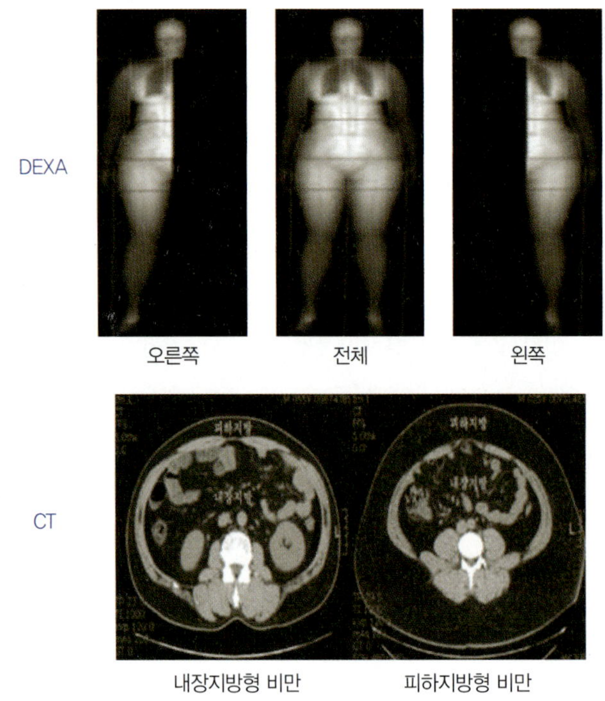

| 그림 7-6 | DEXA와 CT를 이용한 체지방 측정

출처: 식품의약품안전처, 건강기능식품 기능성 평가 가이드, 2012

기 저항 측정기에 미세한 전류를 흘려준 후에 되돌아오는 저항을 측정하여 체지방량을 잰다. 측정 전에 음식이나 음료의 섭취와 운동은 피하고, 귀금속, 금속 보정물을 착용하지 않고 측정하여야 정확한 결과값을 얻을 수 있다. 컴퓨터 단층촬영을 이용하면 단순한 비만의 정도보다는 지방의 분포, 특히 내장 지방의 축적을 명확히 판단할 수 있다(그림 7-6). 기존의 비만 평가에 사용되었던 체중, BMI, 비만도 계산, 피부주름두께 측정 등은 외형적 비만의 정도는 대략 알 수 있지만, 체내에 축적된 지방의 상태는 알 수 없는 단점이 있다.

3.3.2. BMI

BMI는 키(m)와 체중(kg)을 측정하여 비만 정도를 평가하는 방법 중 하나로, 체중을 신장의 제곱으로 나눈 값이다. 대한비만학회는 성인의 BMI 23 kg/m^2 이상을 과체중, 25 kg/m^2 이상은 비만으로 구분하였는데, 이는 BMI 23 kg/m^2 이상이면 고혈압, 당뇨병 등 비만 합병증의 발생이 증가하는 특징을 고려한 것이다(표 7-2). BMI는 체지방과 상관관계가 높으며, BMI가 높을수록 심혈관질환, 암 등 질병의 발생 위험이 높다. 그러나 BMI만으로 비만을 판정하기는 어렵다. 예를 들어 운동선수들은 신체 훈련을 하여 일반사람에 비하여 체중과 BMI가 높지만, 이것은 훈련으로 근육량이 늘어난 것이지 체지방량이 많음을 뜻하지는 않는다.

| 표 7-2 | 체질량 지수에 따른 비만 진단 기준

	WHO	대한비만학회
저체중	18.5 미만	18.5 미만
정상	18.5~24.9	18.5~22.9
과체중	25.0~29.9	23.0~24.9
비만	30 이상	25 이상

3.3.3. 허리둘레 및 허리-엉덩이 둘레의 비율

허리둘레는 복부 지방을 반영하는 아주 유용한 지표이다. 특히 BMI가 25 kg/m^2 미만인 경우에도 허리둘레가 굵으면 당뇨병, 고지혈증, 고혈압, 관상동맥질환 등 질병의 발생 위험이 높아지는 것으로 보고되어 있다. 허리둘레는 줄자로 쉽게 측정할 수 있으나 해부학적 위치에 따라 차이가 있다. 보편적으로 마지막 갈비뼈에서 앞골반뼈 위까지 중간지점의 수평 둘

| 표 7-3 | 허리둘레, 허리-엉덩이 둘레의 비율에 의한 복부 비만 판정 기준

	허리둘레	허리-엉덩이 둘레의 비율
남자	90 cm 이상	0.95 이상
여자	85 cm 이상	0.85 이상

출처 : 대한비만학회

레를 측정하도록 한다. 허리-엉덩이 둘레의 비율(waist to hip ratio, WHR)이란, 엉덩이 둘레에 대한 허리둘레의 비율을 계산하여 복부 비만을 판정하는 지표이다(표 7-3).

4. 체지방 감소에 관련 있는 건강기능식품

4.1. 체지방 감소에 관련 있는 건강기능식품의 현황

비만을 치료하기 위하여 식사요법, 운동요법, 행동 수정요법 등을 수행하지만, 이것만으로 충분하지 않을 경우에는 의사의 처방에 따라 약물을 복용하거나 위 절제술과 같은 의학적 기술의 도움을 받기도 한다. 하지만 비만 치료제로 사용하는 우울증 치료제, 지방 흡수 저해제, 식욕 억제제 등을 장기간 복용하게 되면 변비, 위장 장애, 두통 등의 부작용을 일으켜 안전성 측면에서 사회적 문제가 되고 있다.

우리나라에서는 2004년 「건강기능식품에 관한 법률」이 시행되면서 과학적 근거를 기반으로 하는 건강기능식품이 탄생하게 되었다. 즉, 건강인 또는 준건강인이 질병을 예방하거나 신체의 기능을 유지하기 위한 목적으로 의사의 처방 없이 건강기능식품을 섭취할 수 있게 된 것이다(표 7-4). 현재까지 체지방 감소에 효과가 있는 것으로 인정받은 고시형 건강기능식품 소재로는 가르시니아 캄보지아 껍질 추출물, 공액리놀레산, 녹차 추출물이 있으며, 개별 인정형 건강기능식품 소재로는 대두 배아 추출물 등 복합물, 레몬밤 추출물 혼합 분말, 중간사슬지방산 함유 유지, 콜레우스 포르콜리 추출물, 히비스커스 등 복합 추출물, 깻잎 추출물, L-카르니틴 타르트레이트, 돌외잎 주정 추출 분말, 락토페린(우유 정제 단백질), 키토산, 보이차 추출물, 발효식초 석류 복합물, 와일드망고 종자 추출물, 그린 커피빈 추출물, 풋사과 추출 폴리페놀 등이 있으며, 제조회사에 따라 다양한 상품으로 판매되고 있다(표 7-4). 일반식품 유형으로 인정받은 중간사슬지방산 함유 유지는, 식용유 대신에 사용하면

| 표 7-4 | 체지방 감소 기능성 원료의 현황(2015년 3월 기준)

	기능성 원료	기능성 내용	인정 등급	섭취할 때의 주의 사항
고시형	녹차 추출물	체지방 감소에 도움을 줄 수 있음	생리 활성 기능 2등급	•카페인이 함유되어 있어 초조감, 불면 등을 나타낼 수 있음
	공액리놀레산	과체중 성인의 체지방 감소에 도움을 줄 수 있음	생리 활성 기능 2등급	•위장 장애가 발생할 수 있음 •영·유아, 임산부는 섭취 삼가 •식사 조절, 운동을 병행하면 체지방 감소에 효과적임
	가르시니아 캄보지아 추출물	탄수화물이 지방으로 합성되는 것을 억제하여 체지방 감소에 도움	생리 활성 기능 1등급	-
개별 인정형	키토산/키토올리고당	체지방 감소에 도움을 줄 수 있음	생리 활성 기능 2등급	•게 또는 새우 알레르기가 있는 사람은 섭취에 주의(원재료가 게 또는 새우인 경우에 한함)
	풋사과 추출 폴리페놀	체지방 감소에 도움을 줄 수 있음	생리 활성 기능 2등급	•사과에 알레르기 있는 사람은 섭취에 주의
	발효식초 석류 복합물	체지방 감소에 도움을 줄 수 있음	생리 활성 기능 2등급	•임산부, 수유부는 섭취에 주의 •공복 섭취나 과다 섭취하면 속쓰림 등 위에 자극을 느낄 수 있음
	커피 원두 (coffea canephora)	체지방 감소에 도움을 줄 수 있음	생리 활성 기능 2등급	•임산부와 수유부, 유아, 어린이는 섭취에 주의 •카페인이 함유되어 있어 초조감, 불면 등을 나타낼 수 있음
	와일드망고 종자 추출물	체지방 감소에 도움을 줄 수 있음	생리 활성 기능 2등급	•임산부와 수유부는 섭취에 주의
	보이차 추출물	체지방 감소에 도움을 줄 수 있음	생리 활성 기능 2등급	•카페인이 함유되어 있어 초초감, 불면 등을 나타낼 수 있음 •임산부, 수유부, 어린이, 질병 치료 중인 환자는 섭취에 주의
	중간사슬지방산(MCFA) 함유 유지	중간사슬지방산을 함유하고 있어 다른 식용유와 비교하였을 때에 체지방 증가가 적을 수 있음	생리 활성 기능 2등급	-
	락토바실루스 가세리(*Lactobacillus gasseri*) BNR17	체지방 감소에 도움을 줄 수 있으나 관련 인체 적용시험이 미흡함	생리 활성 기능 3등급	•산성도가 낮은 음료나 뜨거운 물과 함께 복용하는 것은 피하는 것이 좋음
	락토페린(우유 정제 단백질)	체지방 감소에 도움을 줄 수 있음	생리 활성 기능 2등급	•우유 및 유제품에 알레르기를 나타내는 사람은 섭취에 주의
	그린마테 추출물	체지방 감소에 도움을 줄 수 있음	생리 활성 기능 2등급	-

| 표 7-4 | 체지방 감소 기능성 원료의 현황(2015년 3월 기준) (계속)

기능성 원료		기능성 내용	인정 등급	섭취할 때의 주의 사항
개별 인정형	미역 등 복합 추출물	체지방 감소에 도움을 줄 수 있음	생리 활성 기능 2등급	•임산와 수유부는 섭취에 주의 •석류에 알레르기가 있는 사람은 섭취에 주의 •에스트로겐 호르몬에 민감한 사람은 섭취에 주의
	돌외잎 주정 추출분말	체지방 감소에 도움을 줄 수 있음	생리 활성 기능 2등급	•1일 섭취량 이상 섭취하면 위장 장애(구토와 위장운동 증가)가 발생할 수 있음
	마테 열수 추출물	체지방 감소에 도움을 줄 수 있으나, 관련 인체 적용시험이 미흡함	생리 활성 기능 3등급	-
	핑거루트 추출 분말	체지방 감소에 도움을 줄 수 있음	생리 활성 기능 2등급	-
	서목태(쥐눈이콩) 펩타이드	체지방 감소에 도움을 줄 수 있음	생리 활성 기능 2등급	-
	L-카르니틴 타르트레이트	체지방 감소에 도움을 줄 수 있음	생리 활성 기능 2등급	-
	레몬밤 추출물 혼합 분말	체지방 감소에 도움을 줄 수 있음	생리 활성 기능 2등급	•알레르기반응이 나타날 경우에는 섭취 중단 •섭취 후 진정작용이 나타날 수 있음 •어린이, 임산부와 수유부는 섭취에 주의
	깻잎 추출물(PF501)	체지방 감소에 도움을 줄 수 있음	생리 활성 기능 2등급	•유아 및 소아, 임산부와 수유부는 섭취에 주의
	콜레우스 포스콜리 추출물	체지방 감소에 도움을 줄 수 있음	생리 활성 기능 2등급	•항응고제 또는 혈압 조절제 복용 중이거나 혈압이 낮은 사람은 섭취에 주의
	다이아실글리세롤 함유 유지	다이아실글리세롤을 함유하고 있어 다른 식용유보다 식후 혈중 중성지방과 체지방 증가가 적을 수 있음	생리 활성 기능 2등급	-
	중간사슬지방산 함유 유지	중간사슬지방산을 함유하고 있어 다른 식용유보다 체지방 증가가 적을 수 있음	생리 활성 기능 2등급	-
	대두 배아 추출물 등 복합물	체지방 감소에 도움을 줄 수 있음	생리 활성 기능 2등급	•알르레기성 비염, 천식, 우유 알레르기가 있는 사람 및 임산부, 수유부, 어린이는 섭취에 주의

건강 효과를 기대할 수 있다. 한때 식이섬유 함유 제품이 다이어트용 건강기능식품으로 널리 판매되었으나, 여러 연구를 통하여 체중 저하의 효과가 없는 것으로 보고되어 체지방 감소에 관련 있는 건강기능식품 목록에서 제외되었다.

4.2. 체지방 감소 기능성 원료 예

4.2.1. 가르시니아 캄보지아 추출물

가르시니아 캄보지아(garcinia cambogia) 추출물은 인도에서 자생하는 열대 식물인 가르시니아 캄보지아 열매의 껍질을 물 또는 주정으로 추출하여 칼슘, 칼륨, 나트륨의 염을 단독 또는 복합으로 충분히 중화시켜 식용에 적합하도록 제조한 것으로 기능 성분은 하이드록시시트르산(hydroxycitric acid)이다. 과량의 탄수화물을 섭취하면 체내에서 중성지방으로 축적되는데 하이드록시시트르산은 탄수화물이 지방으로 전환될 때 사용되는 효소인 ATP 시트르산분해효소(ATP-citrate lyase)의 활성을 억제하여 체지방 축적을 억제시킨다고 보고되어 있다. 식품의약품안전처에서 "탄수화물에서 지방으로의 합성을 억제하여 체지방 감소에 도움을 줌"이라고 기능성 내용을 인정, 생리 활성 1등급으로 인정하였다.

4.2.2. 히비스커스 등 복합 추출물

히비스커스는 아시아 및 아프리카 등에서 자라는 식물로, 열대지방에서는 꽃으로 소스나 음료를 만들기도 하고 잎으로는 샐러드나 카레 요리에 이용한다. 히비스커스의 꽃은 우리나라에서 식품 원료로 인정되었으며, 미국과 유럽 등지에서는 차의 형태로 판매되고 있다. 히비스커스 등 복합 추출물은 키토산, 키토올리고당, 히비스커스 추출물, L-카르니틴으로 구성되어 있으며 모두 지방 대사와 관련 있는 성분으로, 기능성 원료이다. 히비스커스 추출물은 히비스커스 꽃잎을 건조시켜 열수 추출한 후 4배로 농축, 분무 건조로 제조한 원료로 히비스커스 꽃에 존재하는 히비스산(hibiscic acid)이 7.5 %에서 30 % 정도로 농축된다. 생리 활성 2등급으로 "체지방 감소에 도움을 줄 수 있다"는 인정을 받았다. 히비스커스 등 복합 추출물에 포함된 키토산은 동물시험에서 분변으로 스테롤을 배출시켜 콜레스테롤을 감소시킨다는 결과 보고가 있었다. L-카르니틴은 세포에서 지방의 분해를 촉진하도록 돕는다. 따라서 체지방으로 합성될 수 있는 여분의 에너지를 줄이고 지방 분해를 도움으로써 체지방을 줄이는 데 효과가 있다. 운동과 병행하면 효과는 커진다.

tip

파이토케미컬(phytochemicals)이란?

식물이라는 뜻의 파이토(phyto)와 화학물질이라는 뜻의 케미컬(chemical)이 합쳐진 합성어 파이토케미컬은 식물에 존재하는 화학물질을 의미한다. 식물은 해충이나 바이러스 등 외부의 열악한 환경에서 살아남기 위하여 자체적으로 화학물질을 만들어내는데, 이 중 건강에 유익한 생리 활성을 가진 성분들을 총칭하여 파이토케미컬이라고 한다. 체지방 감소와 관련하여 많이 알려진 파이토케미컬로는 레스베라트롤(resveratrol), 아이소플라본(isoflavone), 카테킨(catechin), 에피갈로카테킨 갈레이트(epigallocatechin gallate, EGCG), 퀘세틴(quercetin), 루테올린(luteolin), 커큐민(curcumin), 알리신(allicin) 등이 있다.

4.2.3. 녹차 추출물

주로 식사 후에 마시는 차로 이용되는 녹차에는 카테킨(catechin)이라는 성분이 함유되어 있다. 카테킨은 폴리페놀 화합물의 일종으로, 체지방 감소에 도움이 되는 것으로 알려져 있다. 비만한 사람에게 녹차 추출물을 일정 기간 섭취하게 하면, 에너지 소비는 증가하고 체중, BMI, 복부 지방이 녹차 추출물을 섭취하지 않은 그룹에 비하여 감소하는 것으로 확인되었다. 체지방 감소의 효과를 나타내는 1일 섭취량은 카테킨으로 300~1,000 mg인데, 이는 녹차 3~20잔 정도에 해당한다.

단원정리

1. 비만은 섭취된 에너지에 비하여 소모된 에너지가 적은 경우에 잉여 에너지가 체지방의 형태로 과도하게 축적된 것으로, 당뇨병, 심혈관계 질환, 암, 호흡기질환, 담낭질환 등의 주요 원인이다.
2. 기능성 원료에 대한 체지방 감소의 효능을 평가하기 위한 메커니즘으로는 지방의 합성 및 축적 억제, 지방산화 촉진, 열 발생 촉진, 지방의 흡수 억제, 에너지 섭취 제한, 지방세포자살 등이 있다.
3. 체지방 감소에 대한 효능 평가는 메커니즘에 근거한 다양한 바이오마커를 이용하여 시험관 내 시험, 동물시험, 인체 적용시험에서 이루어진다.
4. 식품의약품안전처로부터 인정받은 체지방 감소에 관련 있는 건강기능식품으로는 가르시니아 캄보지아 껍질 추출물, 녹차추출물, 히비스커스 등 복합 추출물, 대두 배아 열수 추출 등 복합물, 키토산 등이 있다.

연습문제

1 아래의 보기를 참고하여 체질량 지수를 구하고, 비만 여부를 판정하시오.
보기) 성명: 홍길동, 키: 170 cm, 몸무게: 73 kg

2 백색지방과 갈색지방의 특징에 대하여 설명하시오.

3 체지방 감소에 대한 기능성을 확인하기 위하여 가장 우선시 되어야 하는 바이오마커를 고르시오
1) 체중
2) 체지방량
3) 공복혈당
4) 혈중 콜레스테롤

4 복부 지방을 정확하게 확인할 수 있는 측정법을 고르시오.
1) 체질량 지수
2) 엉덩이 둘레
3) 생체전기 저항 분석법
4) 컴퓨터 단층촬영

5 지방의 베타 산화와 관련이 없는 것을 것을 고르시오.
1) Carnitine Palmitoyltransferase-1
2) 미토콘드리아
3) AMP activated protein kinase
4) Acetyl-CoA carboxylase

1. 체질량 지수 계산식 : 73/(1.7×1.7)=25.3 (소수점 둘째짜리 반올림)
체질량 지수가 25 이상이므로 비만으로 판정.
2. 백색지방(white adipose tissue) : 지방을 축적하는 에너지 저장 기능 및 아디포카인(adipokines)을 분비하여 에너지 항상성 유지에 관여한다.
갈색지방(brown adipose tissue) : 열 생성에 관여하며 백색지방에 비하여 비교적 많은 미토콘드리아를 가지고 있다.
3. 2)
4. 4)
5. 4)

CHAPTER
08 혈당 조절과 식품의 기능

1. 혈당의 유지(항상성)와 조절

1.1. 혈당

혈당이란 신체의 에너지를 공급하기 위하여 항상 일정 수준으로 유지되고 있는 혈액 내의 포도당을 말하며, 신체의 항상성을 유지하는 데 가장 중요한 요인의 하나이다. 혈당 조절 기능의 문제로 발생하는 이상 증상을 당뇨병이라 하며, 노년기 인구와 비만 등의 증가로 현대 사회의 가장 대표적 만성 질환의 하나로 꼽힌다. 전 세계적으로 당뇨병 환자는 연평균 약 5 %씩 증가하고 있어 2050년에는 환자 수가 3억 8,000만 명에 이를 것으로 추산하고 있다. 당뇨병으로 혈당이 정상보다 높게 지속될 경우에는 단순한 이상 증상을 넘어 뇌졸중, 만성 신부전증, 암, 뇌질환, 심혈관계 질환, 신체 일부의 마비, 언어 장애 등과 같은 합병증이 생길 수 있으므로 신체의 항상성을 유지하기 위해서는 정상 혈당의 조절이 매우 중요한 의미를 가진다.

체내 혈당의 대부분은 식사로 흡수한 포도당이 소장과 간을 거쳐 혈액을 통하여 전달되는 것으로, 혈당은 식사 후 포도당이 공급되면 높아지나 인슐린의 작용으로 포도당이 체내로 흡수되면서 서서히 내려가 조절된다. 식품으로 섭취한 탄수화물은 소장에서 흡수되어 일단 간으로 이동한 후 포도당으로 분해되거나 전환되고, 생성된 포도당은 혈액에 섞여 체내에 혈당을 공급하게 된다. 체내로 공급된 혈당은 세포 안으로 들어가 에너지를 만들어내는데, 신경세포를 제외한 모든 세포에서는 혈당 조절 호르몬인 인슐린이, 혈당이 흡수될 수 있는 신호를 보내 에너지 생성에 이용될 수 있도록 하는 역할을 한다.

이렇듯 체내 혈당의 조절은 식품으로 포도당을 공급하는 것과 매우 밀접한 관계를 가지므로 식품의 섭취를 통한 혈당의 조절과 당뇨병 예방은 매우 중요한 의미를 가진다.

1.2. 혈당의 조절

혈당은 여러 호르몬과 효소에 의해서 일정한 양으로 유지된다. 가장 대표적인 것이 인슐린(insulin)과 글루카곤(glucagon)인데, 음식을 섭취하지 않거나 에너지가 많이 필요한 경우에는 글루카곤이 분비되어 간에 저장된 포도당을 혈액으로 방출시켜 혈당을 정상 수준으로 유지하도록 도와준다. 반대로 식사 후에 혈당이 올라가면 이자에서 인슐린이 분비되는데, 인슐린은 포도당을 간에 저장하도록 신호를 보내고 각 조직의 세포에서 포도당을 이용하도록 촉진하여 혈당 수준을 다시 정상으로 조절한다. 그 외에 혈당 수준에 영향을 미치는 호르몬과 대사 작용은 표 8-1과 같다.

1.2.1. 인슐린

인슐린은 1995년 미국의 생어(Sanger)에 의하여 그 구조가 밝혀졌는데, 21개의 아미노산 A

| 표 8-1 | 혈당 조절에 관여하는 호르몬

호르몬	분비조직	대사	혈당 조절에 미치는 영향
인슐린	이자β세포	•포도당의 세포 유입 향상 •혈당의 글리코겐으로 저장 또는 지방산으로 전환 향상 •지방산과 단백질의 합성 향상 •단백질의 아미노산으로 분해, 지방조직의 유리지방산으로 분해 억제	감소
소마토스타틴(성장호르몬 방출 억제호르몬)	이자δ세포	• α세포의 글루카곤 분비 억제 •인슐린, 뇌하수체호르몬, 가스트린, 세크레틴 분비 억제	증가
글루카곤	이자α세포	•글리코겐에서 포도당 방출 향상 •아미노산 또는 지방산에서 포도당 합성 향상	증가
에피네프린	부신수질	•글리코겐에서 포도당 방출 향상 •지방조직에서 지방산 분비 증가	증가

사슬과 30개의 B사슬이 결합한 총 51개의 아미노산으로 되어 있다. 인슐린은 근육세포, 심장근, 지방조직, 자궁근세포 등에서 작용하며, 각 세포 내로 포도당을 이동시키고 사용을 촉진하여 혈당량을 저하시킴으로써 체내 혈당 조절에 매우 중요한 역할을 한다. 인슐린은 포도당, 아미노산과 지방산 등이 세포 내로 이동하여 당질 형성, 단백질 합성과 지방 형성 등을 촉진하여 혈당값이 내려가도록 하는 작용을 한다.

즉 인슐린은 체내 포도당의 대사와 혈당 조절에 관여한다. 그러나 고혈당증일 경우에는 이자에서 인슐린 분비가 이루어지지 못하여 체내 혈당을 정상적으로 조절하지 못하거나, 비만, 노화, 유전 인자 등의 원인으로 인해 인슐린에 대한 말초조직의 저항(insulin resistance)으로 혈당 조절에 이상이 발생한다. 인슐린은 이자의 내분비조직 중심에 있는 베타세포에서 합성, 분비되는데, 이 조직은 자가면역반응(autoimmune reaction)이나 세포 독성을 일으키는 물질에 매우 민감하게 반응하여 쉽게 손상되는 특징을 보인다. 따라서 다양한 원인으로 인하여 베타세포가 손상되어 인슐린 분비에 이상이 생기면 인슐린 의존성 당뇨병(제1형 당뇨병)이 유발되고, 이에 반하여 인슐린 분비는 정상이나 말초조직에 대한 인슐린 저항으로 당 대사에 이상이 생기는 경우에는 비인슐린 의존성 당뇨병(제2형 당뇨병)으로 분류한다.

1.2.1.1. 인슐린의 포도당 대사

소장에서 소화 흡수된 포도당은 간으로 이동하여 간세포로 들어가 포도당인산화효소(glucokinase)에 의하여 인산화 과정을 거쳐 글리코겐(glycogen)의 형태로 간에 저장되거나 해당 과정을 거쳐 분해된다. 인슐린은 이 해당 과정에서 글리코겐의 분해를 억제하거나 포도당 신생성(gluconeogenesis)을 억제하여 간에 저장되는 글리코겐의 양을 증가시키는데, 보통 간에 저장되는 글리코겐의 양은 100 g 정도이다. 인슐린은 글리코겐 합성 관련 효소의 활성은 증가시키고 글리코겐 분해 관련 효소의 활성은 억제함으로써 혈당값을 저하시킨다. 인슐린의 분비는 혈중 포도당의 농도에 의해 조절되는데, 혈중 포도당 농도가 높아지면 이자 베타세포에서 인슐린 분비를 촉진하여 포도당의 세포 내 운반이 증가하는 반면에 혈액 내 포도당의 농도가 낮아지면 인슐린 분비가 억제되어 포도당의 세포 내 이동은 줄어들게 된다(그림 8-1).

1.2.1.2. 인슐린의 지방 대사

간으로 이동한 포도당은 글리코겐의 형태로 저장되고, 남은 여분의 포도당은 인슐린에 의해 지방산으로 전환되어 지방조직에 축적되거나 글리세롤 생산을 자극하여 트라이아실글

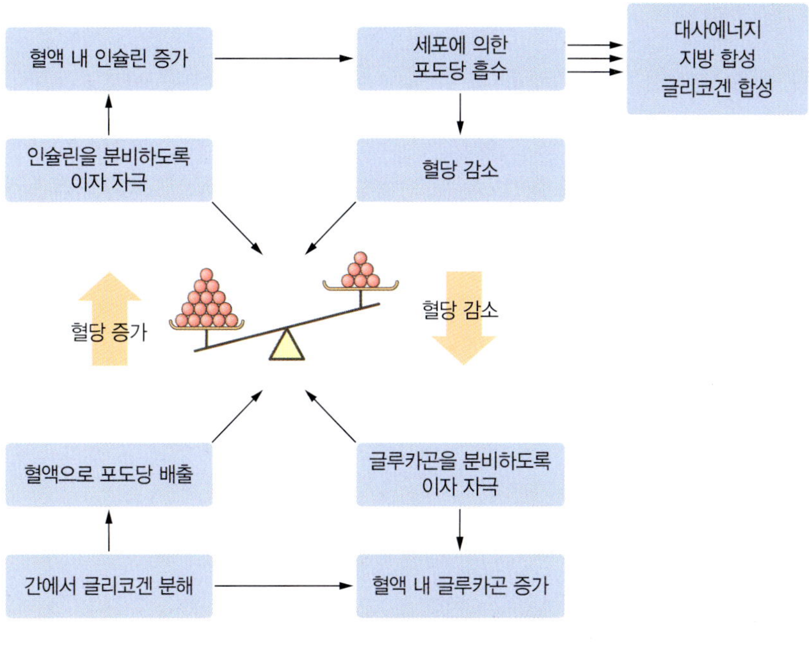

| 그림 8-1 | 인슐린의 혈당 조절

리세롤(triacylglycerol)의 저장을 촉진한다. 이 과정에서 인슐린은 리파아제(lipase)의 작용을 억제하여 트라이아실글리세롤의 분해를 막아주며, 인슐린이 부족하면 리파아제가 활성화되어 지질이 분해되면서 혈중 지방산의 농도가 높아지게 된다. 에너지원으로 사용하고 남은 여분의 지방산과 글리세롤은 간세포에서 다시 트라이아실글리세롤 형태로 저장되어 지방간을 일으키기도 한다. 한편 인슐린이 과다하게 분비될 경우에는 에너지원으로 사용하고 남은 포도당이 지질로 전환되어 세포 비만이 생기며, 이에 따른 과도한 지방의 축적으로 비만을 유발하거나 인슐린의 작용을 저해하여 당뇨병을 일으킬 수도 있다.

1.2.1.3. 인슐린의 단백질 대사

식사 과정을 통하여 소화 흡수된 단백질은 아미노산의 형태로 분해, 흡수되었다가 체내에서 다시 단백질로 합성되는 과정에서 인슐린의 작용을 받게 된다. 인슐린은 아미노산의 세포 내 이동을 도와 세포 내에서의 단백질 합성을 촉진하고 분해를 저하시켜 식사 후 일정 시간 동안 단백질이 체내에 머물도록 유도한다. 따라서 인슐린이 부족하거나 작용에 저해를 받으면 단백질의 분해는 더 빠르게 진행되어 조직과 근육에서는 단백질의 소실이 일어나고 혈중 아미노산의 농도는 증가하게 된다.

1.2.2. 글루카곤

이자의 알파세포에서 분비되는 호르몬인 글루카곤은 29개의 아미노산으로 이루어진 폴리펩타이드로서, 부신수질에서 분비되는 에피네프린과 함께 작용하여 혈당값을 상승시키는 역할을 한다. 글루카곤은 간의 글리코겐을 분해하고, 또한 아미노산으로부터의 당 합성을 자극하여 혈당 수치를 상승시킨다. 근육조직에서는 에피네프린과 함께 글리코겐 분해를 촉진하여 에너지원인 포도당을 방출하는 역할을 한다. 글루카곤의 분비는 체내 혈당 수치에 따라 조절되는데, 혈당이 높아지면 분비는 감소하고 혈당이 낮아지면 분비가 증가하여 혈당을 일정하게 조절하는 데 중요한 역할을 한다.

1.2.3. 소마토스타틴

소마토스타틴(somatostatin)은 이자의 델타세포에서 분비되는 호르몬으로, 14개의 아미노산으로 구성된 폴리펩타이드이다. 이는 혈중 포도당, 아미노산의 농도가 높을 때 분비되어, 글루카곤의 작용을 억제하고 과도한 인슐린 작용을 저해하여 저혈당의 발생을 막는 기능을 한다.

2. 당뇨병

2.1. 당뇨병의 종류

2.1.1. 인슐린 의존성 당뇨병

인슐린 생산이 결핍되어 발생하는 질환으로, 제1형 당뇨병이라고도 한다. 임의로 인슐린을 투여하지 않을 경우 매우 위험할 수 있다. 유전적 요인 혹은 외부 화학물질 등의 환경적 요인에 의하여 이자에서 인슐린 분비를 담당하는 베타세포가 손상되어 인슐린 결핍이 생기는 것으로, 인슐린의 투여가 필수적이다. 전체 당뇨병의 5~10 %를 차지하며 유전적 원인으로 어린 나이에 많이 발생하여 소아 당뇨병이라고도 한다. 과도한 소변 배출, 갈증과 지속되는 허기, 체중 감소, 시력 변화 등의 증상을 보이며, 바이러스 감염과 같은 원인 외에 식품 등 외부 화학물질에 의한 자극도 발병 원인으로 지목되고 있다(표 8-2).

2.1.2. 인슐린 비의존성 당뇨병

체내에서 인슐린 작용에 이상이 발생하여 발병하며, 제2형 당뇨병이라고도 한다. 인슐린 비의존성 당뇨병이 인슐린 의존성 당뇨병보다 일반적인 형태에 속하며, 당뇨병 환자의 90 % 가량이 이 부류에 속한다. 이는 체내에서의 인슐린 저항성이 높아 인슐린의 효과적인 이용성이 떨어져 나타나므로 혈중 인슐린 농도는 정상 또는 높은 상태로 나타나는 특징이 있다. 노화, 비만, 운동 부족 등을 발병의 주요 원인 인자로 보고 있다. 병의 증상은 인슐린 의존성 당뇨병과 유사하나 분명하지 않아 진단이 쉽지 않으며, 발병한 지 몇 년이 지나 합병증이 드러나면서 진단되는 경우가 많다. 본래는 성인에 주로 발생하였으나 최근에는 비만의 급증으로 아동에게서도 발병이 보고되고 있다. 인슐린 비의존성 당뇨병은 비만이 가장 주요한 원인으로 지목되고 있어, 평소의 식습관이나 식이 조절과 매우 밀접한 관련이 있다고 할 수 있다(표 8-2).

| 표 8-2 | 인슐린 의존성, 인슐린 비의존성 당뇨병의 특징

종류	특징
인슐린 의존성 당뇨병	•40세 이전에 발병하며 소아에게 흔히 발생 •마르거나 정상 체중 •갈증, 다뇨, 체중 감소와 같은 증상이 나타나며 수일에서 수 주 내로 급격히 심화 •일반적으로 가족력은 거의 없는 편 •주요 위험인자는 없으나 강한 가족력이 있다면 위험도는 증가 •당뇨 조절을 위해 매일 인슐린 치료 필요 •혈당 변동은 이상적인 범위로 유지하기 힘듦 •식이, 운동, 이자베타세포의 자기면역 파괴를 일으킬 수 있는 위험 요인들에 노출됨으로써 발생 가능
인슐린 비의존성 당뇨병	•40세 이상 성인에서 주로 발병, 일부 젊은 연령에서 발생하기도 함 •과체중이 많고 정상 체중에서도 나타남 •갈증, 다뇨, 체중 감소와 같은 증상이 나타나며 수 개월에서 수 년 동안 천천히 진행 •가족력을 가짐(혈통) •식이요법, 운동 처방, 약제 처방, 인슐린 투여 •혈당 변동 없이 혈당 조절이 쉬움 •체중 감소, 식이 및 운동량 변화에 혈당이 반응함 •유전적 요인, 인슐린 저항성, 이자의 베타세포 부족 등 복합적 원인으로 야기

2.2. 혈당의 범위

정상적 대사작용은 식사 후 일시적으로 상승하는 혈당을 인슐린이 작용하여 다시 정상 수준으로 돌아가게 한다. 그러나 인슐린이 분비되지 않거나 그 기능에 장애가 생겼을 때에는, 혈당 수치를 정상 범위로 유지하는 데 문제가 발생하고 여분의 포도당은 체내에서 에너지로 이용되지 못하고 체외로 배출된다. 이 때문에 당뇨병을 진단하는 데 혈당을 확인하는 것이 가장 중요하며, 일반적으로 혈당을 기준으로 정상과 당뇨의 경계를 규정하고 있다(표 8-3).

| 표 8-3 | 당뇨병의 혈당 범위

공복혈당(mg/dL)	식후 2시간(mg/dL)	분류	대응방법
110 미만	140 미만	정상 혈당	정기적인 검사
110~125	140~199	공복혈당 조절 장애	식이 조절 및 운동요법 필요
126 이상	200 이상	당뇨병	식이 조절 및 약물요법 필요

2.2.1. 정상 혈당

공복혈당이 6.1 mmol/L(110 mg/dL), 식후 2시간 혈당이 7.8 mmol/L(140 mg/dL) 이하인 경우에 정상 혈당으로 분류한다.

2.2.2. 공복혈당 조절 장애

당뇨로 분류하지는 않지만 공복혈당이 6.1~6.9 mmol/L(110~125 mg/dL) 사이인 경우에는 공복혈당 조절 장애(impaired fasting glucose, IFG)로 분류한다.

2.2.3. 내당능 장애

공복혈당이 7.0 mmol/L(126 mg/dL) 이상, 식후 2시간 혈당이 7.8~11.1 mmol/L(140~200 mg/dL) 사이인 경우에는 내당능 장애(impaired glucose tolerance, IGT)로 분류한다.

2.2.4. 당뇨병의 혈당

당뇨병의 증상을 나타내면서 공복혈당이 7.0 mmol/L(126 mg/dL) 이상, 식후 2시간 혈당이 11.1 mmol/L(200 mg/dL) 이상인 경우에 당뇨병으로 분류한다.

2.3. 당뇨병의 진단과 합병증

당뇨병은 혈당을 측정하여 쉽게 진단할 수 있지만, 전형적인 증상을 통하여 간단하게 진단할 수도 있다. 대표적 증상으로는 삼다(三多) 현상을 들 수 있는데, 식욕이 좋아져 음식물 섭취가 늘고(다식), 소변으로 당의 배설을 촉진하기 위하여 소변 양이 증가하며(다뇨), 이에 따른 갈증이 심해져(다갈) 수분 섭취가 많아지는 것이다. 이러한 증상은 특히 인슐린 의존성 당뇨병 환자에게서 뚜렷하게 나타나며 피로감이 동반된다. 그러므로 삼다 증상과 함께 쉽게 피로감을 느끼면 혈당 검사를 해보는 것이 좋다.

당뇨병은 단순한 혈당의 조절 장애뿐만 아니라 인체 여러 조직 및 기관에서 합병증을 유발하며, 특히 신경과 혈관에 손상을 주어 각종 질병의 원인을 제공하는 것으로 보고되고 있다(그림 8-2).

- 당뇨망막병증(diabetic retinopathy) : 실명의 주요 원인이 되며 망막 소혈관의 손상이 오랜 시간 동안 지속되어 나타난다. 당뇨병이 15년간 지속되면 환자 중 약 2 %는 실명이 되고 약 10 %는 심각한 시각 장애를 나타내는 것으로 알려져 있다.
- 당뇨신경병증(diabetic neurophaty) : 당뇨병으로 인한 신경 손상으로, 당뇨병 환자의 50 %에 영향을 미친다. 주된 증상은 따끔거리고 통증이 있으며, 마비 증상, 손과 발의 힘 빠짐 등이 있다.
- 족부 궤양(foot ulcers)과 사지 절단(limb amputation): 발의 말초혈관 혈액 흐름의 감소와 신경병증이 결합하여 나타난다.
- 신장질환 : 신장 기능 이상과 신장질환을 유발하는 주요 인자 중 하나가 당뇨병이다. 당뇨병 환자의 10~20 %는 신장질환으로 사망한다.
- 심혈관질환 : 심장질환과 뇌졸중의 위험률을 증가시킨다. 당뇨병 환자의 50 %는 심혈관질환으로 사망한다.

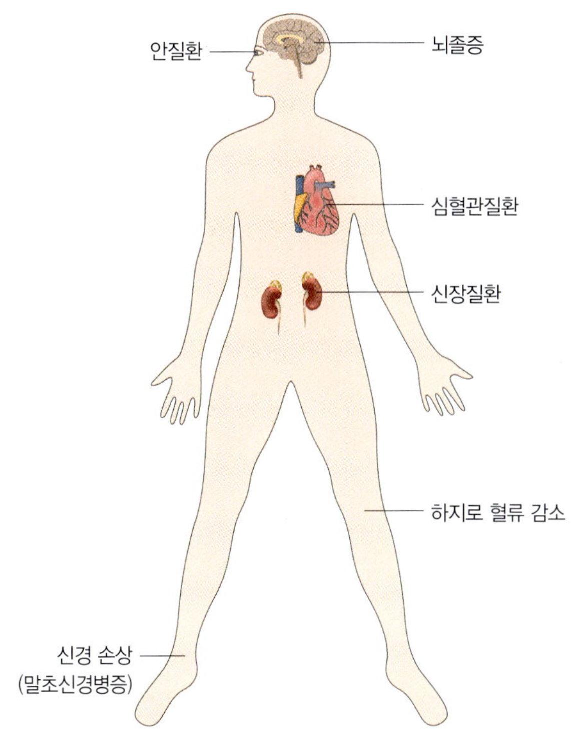

| 그림 8-2 | 당뇨병의 다양한 합병증

3. 식품의 섭취와 혈당 유지

정상 수준의 혈당을 유지하는 것은 식이 섭취와 가장 밀접한 관계를 가지고 있으므로, 혈당 유지와 조절에 도움을 주는 건강기능식품은 효율적인 혈당 조절에 매우 효과적인 수단이 될 수 있다. 식품을 이용한 혈당 조절은 다양한 메커니즘에 의하여 이루어진다.

대표적 메커니즘은 식사로 섭취한 당의 흡수를 방해하여 혈당을 조절하는 것이다. 음식으로 섭취한 당질은 단당류(포도당, 과당, 갈락토오스 등)로 분해되고 소장에서 흡수되어 간으로 이송된다. 이때 소장에서의 통과를 지연시키거나 식사에 들어 있는 당의 흡수를 방해하면, 혈당의 상승 속도를 늦출 수 있어 혈당 조절에 도움을 줄 수 있다. 대표적인 것은 난소화성 말토덱스트린(maltodextrin) 등이 함유된 건강기능식품으로, 이들을 식사와 함께 섭취하면 혈당의 상승 속도를 지연시켜 혈당 조절에 도움이 된다.

또 다른 메커니즘은 세포의 포도당 이용능을 높여 혈당을 조절하는 것이다. 혈중의 포도당은 인슐린의 도움으로 포도당 수송체(glucose transporter, GLUT4)를 통하여 세포 내로 이송된다. 즉, 인슐린은 GLUT4의 작용을 촉진하는 신호를 보내서 포도당이 세포 내로 운반되어 에너지 대사 등에 이용될 수 있게 한다. 바나나 주정 추출물과 같은 건강기능식품은 이러한 GLUT4의 활동에 도움을 주어, 체내에서 혈당이 원활하게 이용될 수 있도록 함으로써 식후 혈당을 낮추는 데 효과를 나타낼 수 있다.

3.1. 탄수화물과 혈당 조절

체내에서 필요한 열량의 50~55 %는 반드시 탄수화물로 공급되어야 하며, 당뇨병이 있는 경우에도 모든 세포의 정상적인 작용을 위해서는 혈당을 통한 포도당의 공급이 반드시 필요하다. 또한 탄수화물의 적절한 섭취는 에너지원으로서 단백질의 이용을 절약할 수 있게 하고, 지방 대사에 따른 케톤체 생성을 막는 중요한 역할도 한다. 식이로 섭취하는 탄수화물을 분자량에 따라 분류할 때, 단당류와 이당류에 해당하는 당류들(포도당, 과당, 갈락토오스, 설탕, 젖당)은 섭취한 후 빠른 흡수로 혈당의 급격한 상승을 유발하기 때문에 당뇨병이 있는 사람은 섭취를 주의하여야 한다. 일반적으로 전체 열량 섭취의 10 % 이내로 제한할 것을 권장하고 있다. 반면에 식이섬유와 같은 소화율이 낮은 난소화성 다당류들은 소화관에서 분해 및 흡수 속도가 느려서 상대적으로 혈당의 상승 속도가 느려지므로 당뇨병 등의 혈당 조절 장애가 있는 사람에게는 유용한 식품 소재로 이용되고 있다.

| 표 8-4 | 식품 종류에 따른 혈당지수

식품의 종류	혈당지수(%)	식품의 종류	혈당지수(%)
곡류		과일	
빵(백)	69	사과	39
쌀(현미)	66	바나나	62
쌀(백미)	72	오렌지	40
스파게티	50	건포도	64
옥수수	59	단당류·이당류	
콘플레이크	80	과당	20
오트밀	49	포도당	100
고구마·대두류		맥아당	105
감자(인스턴트)	80	자당	59
감자(신선)	70	유제품	
고구마	48	아이스크림	36
잠두	29	우유	34
대두	15	요구르트	36

탄수화물과 혈당 조절의 관계는 혈당지수(glycemic index)를 기준으로 간단하게 평가할 수 있다. 혈당지수는 섭취 후 2시간의 혈당값을 순수한 포도당을 100으로 하여 상대적 혈당 증가 속도를 나타낸 것으로서, 혈당지수가 높은 식품은 섭취 후 짧은 시간 내에 혈당의 상승을 가져오기 때문에 혈당 조절에 문제가 있는 사람은 섭취에 주의하여야 한다. 개별 식품의 혈당지수는 식이섬유소의 함량 또는 복합 탄수화물의 함량에 가장 크게 영향을 받지만, 그 외에 물리적 상태나 가공 공정에도 많은 영향을 받는다(표 8-4).

4. 혈당 조절과 건강기능식품

4.1. 혈당 조절에 대한 기능성 평가

건강기능식품의 혈당 조절에 대한 기능 평가는 다음과 같은 다양한 바이오마커를 사용하여 평가할 수 있다.

4.1.1. 혈당 관련 지표

공복혈당, 내당능검사, 식후 혈당 농도, 당화혈색소 등을 이용하여 평가할 수 있다. 공복혈당은 8시간 이상 금식한 후에 정맥혈의 혈당 농도를 측정한 것으로 가장 널리 이용되는 혈당 조절의 기능 지표로서, 공복혈당 농도가 126 mg/dL 이상인 경우에 당뇨병으로 분류한다. 내당능검사는 금식한 후 포도당을 경구 또는 정맥 투여하고 시간별로 혈당을 측정하여 정상적으로 혈당이 조절되는지 여부를 측정한다. 내당능 측정은 각 시간별로 혈당 농도를 그래프에서 선으로 나타내고 0~180분 사이에 나타나는 그래프의 면적(Area Under the Curve)을 비교하거나 최고 혈당 농도와 180분 후의 혈당 농도로 판단한다. 당화혈색소는 헤모글로빈(hemoglobin)의 일부인 HbA1c가 서서히 포도당과 비효소적으로 결합하여 당화되는 정도를 측정하는 것이다. 당화혈색소는 혈당 조절을 표현하는 가장 기본적인 지표로 널리 이용되고 있다. 혈당 조절이 안 될 경우 상대적으로 당화혈색소의 양이 증가하게 된다.

4.1.2. 인슐린 관련 지표

혈액 내 인슐린 농도, C-펩타이드, 이자 베타세포의 인슐린 분비능, 알파-글루코시데이스의 활성 억제 등을 이용하여 혈당 조절 기능을 평가할 수 있다. 인슐린은 이자 베타세포에서 프로인슐린이 분해되면서 생성되는데, 이 과정에서 C-펩타이드가 동일한 양이 만들어지기 때문에 이 물질을 인슐린 관련 지표로 이용한다. 인슐린보다 반감기가 길고 다른 말초조직에서 이용되지 않은 상태로 존재하므로 측정하기가 쉬워 지표로 이용되기에 적당하다. 동물실험을 할 때는 이자 베타세포의 인슐린 분비도를 직접 측정하여 혈당 조절 기능을 평가하기도 한다. 알파-글루코시데이스의 활성 억제능은 간단하게 혈당 조절 기능을 평가할 수 있는 방법으로, 식후 혈당 증가에 필수 소화효소인 알파-글루코시데이스를 억제하여 소장 내에서 탄수화물의 소화, 흡수를 어느 정도 저해하는지의 여부로 혈당 조절 기능을 평가하게 된다.

4.2. 혈당 조절 기능성 식품

혈당 조절 기능성을 인정받은 기능성 식품 소재는 관절, 장 건강 관련 기능성 식품과 함께 가장 많으며, 모두 개별 인정을 받았다. 대표적 관련 기능성 식품에 대하여 알아보면 다음과 같다.

4.2.1. 난소화성 말토덱스트린

난소화성 말토덱스트린은 옥수수녹말을 건식 가수분해하여 얻은 식품 소재로서, 말 그대로 인체에서의 소화율이 낮은 말토덱스트린이다. 일종의 식이섬유로서 장내 당 흡수를 늦추어 혈당을 조절하는 것으로 알려져 있다. 식사와 함께 섭취하면 소장에서 당의 흡수를 방해하여 식후 혈당 조절에 도움을 준다. 국내에서는 당뇨와 관련된 기능성 식품 시장에 가장 먼저 제품을 출시하여 판매하고 있으며 현재도 많은 제품이 개발 중이다. 일본에서는 혈당 조절 외에 장 기능 개선, 혈중 콜레스테롤의 농도 개선, 중성지방 개선 등의 기능성도 확인되었다. 건강한 성인 남녀 40명을 대상으로 실시한 식사 부하시험에서 혈당이 대조군에 비하여 76 % 수준까지 낮아지는 것으로 확인되었다. 또한 장기 섭취에 따른 안전성 연구에서도 혈당값의 상승 억제 효과가 인정되어 널리 사용되고 있다.

4.2.2. 바나나 주정 추출물

바나나에는 혈당 조절에 도움을 주는 콜로솔산(corosolic acid)이라는 성분이 다량 함유되어 예전부터 민간에서 당뇨와 비만, 피부질환 등에 널리 사용되어 왔다. 바나나 잎의 주정 추출물에는 주요 성분인 콜로솔산 이외에도 섬유질, 타닌, 아연 등의 다양한 성분이 함유되어 있다. 국내에서는 식품의약품안전처에 혈당 조절 기능이 인정되어 개별 인정형 건강기능식품으로 등록되었으며 이후 고시형 원료로 등재되었다. 바나나 주정 추출물은 다수의 학술 보고로 혈당 조절 기능이 입증되었으며, 체내에서 포도당 운반체의 작용을 도와 혈당을 조절하는 것으로 알려져 있다. 하루에 50~100 mg의 섭취가 적정하나, 당뇨병 치료제를 복용하는 경우에는 과도한 혈당 감소에 따른 부작용에 유의하여야 한다.

4.2.3. 구아바 잎 추출물

구아바(*Psidium guajava* Linn.)는 열대, 아열대 지역에서 광범위하게 자생하는 식물로서, 그 잎에는 베타-크립토잔틴(β-cryptoxanthin), 루비잔틴(rubixanthin), 크립토플라빈(cryptoflavin), 네오크롬(neochrome), 루테인(lutein) 등의 성분이 다량 함유되어 있으며 이 성분들은 혈당 상승을 억제하는 효과가 있는 것으로 알려져 있다. 뿐만 아니라 구아바 잎에만 함유되어 있는 폴리페놀은 소화효소의 활동을 억제하여 당분이 소화관에서 흡수되는 속도를 늦추는 효과가 있는 것으로 밝혀져, 일본에서는 '특정보건식품'으로 인정하고 있다. 식사할 때 구아바 차를 함께 마시면 식후 혈당의 상승을 억제할 수 있다. 구아바에 다량 함유되어 있는 타닌이 인슐린의 분비를 원활하게 하여 혈당 조절을 돕기 때문이다. 실제로 당뇨병 모델 생쥐에 발효 구아바 잎의 추출물을 투여하여 공복혈당이 감소하고 내당능 장애가 개선되는 것을 확인하였으며, 인체 적용실험 등을 통하여 "식후 혈당 조절에 도움을 줄 수 있다."라고 기능성을 인정받았다. 개별 인정형으로 허가 받았으나 현재는 고시형 건강기능식품의 원료로 등재되어 있다.

단원정리

1. 혈당 조절은 신체 항상성 유지에 핵심적인 기능으로, 식품으로 섭취한 포도당의 공급과 조절에 크게 영향을 받는다.
2. 혈당 조절은 인슐린과 글루카곤 등의 호르몬에 의하여 조절되는데, 인슐린은 혈당을 감소시키고 글루카곤은 혈당을 증가시키는 역할을 한다.
3. 당뇨병은 혈당 조절에 장애가 발생한 질환으로, 원인에 따라 2종류로 분류된다. 인슐린 의존성 당뇨병은 인슐린의 생산 결핍에 의해 발생한다. 인슐린 비의존성 당뇨병은 식품의 섭취와 밀접한 관계를 가지며 노화, 비만 등으로 체내에 인슐린 저항성이 생긴 것이 원인으로 밝혀져 있다.
4. 혈당은 식품 섭취에 가장 크게 영향을 받기 때문에 건강기능식품의 섭취는 혈당 조절에 가장 효과적인 수단이다. 식이 섭취가 혈당이 미치는 영향은 혈당지수를 기준으로 간단하게 평가할 수 있다.
5. 건강기능식품의 혈당 조절 기능은 공복혈당, 내당능검사, 식후 혈당 농도, 당화혈색소, 혈액 내 인슐린 농도, C-펩타이드, 이자 베타세포의 인슐린 분비능, 알파-글루코시데이스의 활성 억제 등의 지표로 평가할 수 있다.

연습문제

1 당뇨병 환자에게 있어서 조절이 반드시 필요한 것으로서, 포도당의 섭취와 비교할 때의 혈당 상승도를 나타내는 것이 무엇인지 말하시오.

2 다음 중 혈당 조절과 관련된 기능성 평가의 지표로 사용할 수 없는 것을 고르시오.
1) C-펩타이드 2) α-글루코시데이스
3) HMG-CoA 환원효소 4) 당화혈색소

3 아래에 나열된 식품들 중 식후의 혈당 증가가 가장 낮을 것으로 예측되는 것을 고르시오.
1) 쌀(백미) 2) 고구마 3) 감자 4) 건포도

4 아래의 설명 중 인슐린 비의존성 당뇨병의 특징을 설명한 것이 아닌 것을 고르시오.
1) 과체중인 경우에 많이 나타난다.
2) 증상이 심하지 않은 경우, 식이 조절과 생활 습관만으로 혈당을 조절할 수 있다.
3) 주로 40세 이상의 성인에서 많이 발생하고, 일부 젊은층에서 발생하기도 한다.
4) 혈당의 조절을 위해서 반드시 인슐린 치료가 필요하다.

5 체내에서 글루카곤의 분비는 혈당 수치에 따라 조절되는데, 혈당이 낮아지면 분비가 ( )하고, 혈당이 높아지면 분비가 ( )하여 혈당 조절에 관여한다.

1. 혈당지수(glycemic index)
2. 3)
3. 2)
4. 4)
5. 증가, 감소

CHAPTER 09

면역 기능 증진 건강기능식품

1. 면역 기능 증진의 정의 및 개요

1.1. 면역의 정의

면역(immunity)은 특정한 병원체 또는 독소에 대하여 생명체가 강한 저항성을 나타내는 상태로, 어원은 라틴어 'Immunitas'에서 유래되었다. 또한 생체가 이물질(병원균 등)이나 체내에서 생긴 불필요한 산물 등을 식별하여 배제하는 방어 기능으로 개체의 항상성을 유지하는 현상도 포함한다. 예를 들면 병원균에 한번 감염되면 저항력이 생겨 다음부터는 같은 질병에 쉽게 걸리지 않는 것 등이 있다.

역사적 관점에서 보면 감염성 질병의 감염을 면제받는 수단이라고 할 수 있으며, 면역 체계(immune system)와 면역반응(immune response)을 과학적으로 연구하는 학문은 면역학이라고 한다. 면역반응이란 생체 내 자기 방어 체계로서 자신과 다른 외부로부터 침입해오는 각종 이물질을 구별해내어 이들 침입자를 제거하는 것이다.

1.1.1. 선천성 면역과 후천성 면역

면역반응의 분류는 크게 초기 면역반응과 후기 면역반응으로 나누어진다. 초기 면역반응은 선천성 면역(innate immunity)으로 태어날 때부터 가지고 있는 면역반응이다. 피부나 털, 점액 등을 이용한 감염에 대한 일차적 면역이며, 단시간에 일어나는 면역반응으로 자연

| 표 9-1 | 선천성 면역반응과 후천성 면역반응

선천성 면역반응		후천성 면역반응	
1. 외부 방어 메커니즘과 내부 방어 메커니즘이 존재한다. 2. 병원체의 그룹들에 공통으로 존재하는 특징을 인식하고 병원균을 제거한다. 3. 신속하고 빠르게 반응한다.	•외부 방어 메커니즘 : 신체 장벽으로 이용하는 피부, 점막, 분비액(콧물 등) •내부 방어 메커니즘 : 식세포작용, 항미생물단백질, 염증반응, 자연살해세포(NK 세포)	1. 다양성을 가진 수용체를 이용하여 특이적인 특징을 인식한다. 2. 반응에는 시간이 걸리지만, 항원을 기억하여 다음 반응부터는 빠르게 반응한다.	•다양성을 가진 수용체를 이용하여 특이적인 특징을 인식한다. •반응에는 시간이 걸리지만, 항원을 기억하여 다음 반응부터는 빠르게 반응한다.

적 면역반응(natural immunity)이라고도 한다.

후기 면역반응은 후천성 면역반응이라고 하며, 미생물 항원의 감염에 의하여 유도되고 특정 항원(antigen)에 대하여 특이적으로 반응한다. 후천성 면역반응은 병원체나 독소를 면역원으로 하는 예방접종을 통하여 유도할 수 있으며, 인공 면역반응(artificial immunity)이라고도 한다.

1.1.1.1. 선천성 면역반응

선천성 면역은 비특이적 면역반응으로 앞에서 설명한 것과 같이 태어날 때부터 가지고 있는 면역반응으로, 피부나 점막의 외부 장벽에 의한 방어와 식세포작용 등에 의한 내부 방어 메커니즘으로 나눌 수 있다(그림 9-1).

외부 장벽에 의한 방어는 피부, 소화기와 호흡기의 점막, 섬모 상피세포 등의 상피조직이 병원균의 침입에 대한 물리적 장벽으로 작용하는 반응이다. 침샘에서 분비되어 세균의 세포

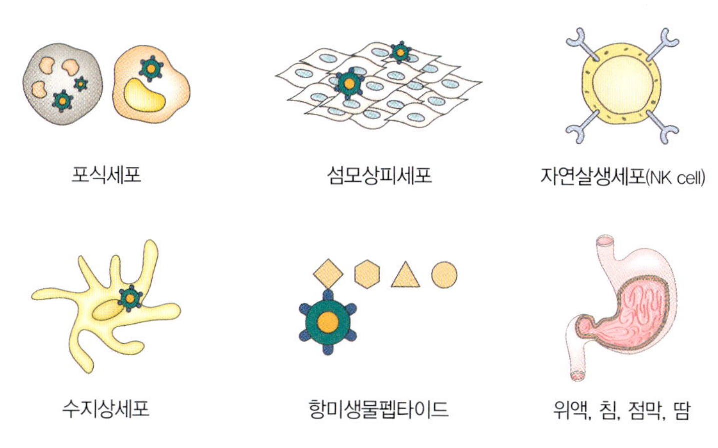

| 그림 9-1 | 선천성 면역반응

벽을 가수분해하여 세균을 파괴하는 라이소자임(Lysozyme), 강한 산성으로 미생물을 파괴하는 위액, 미생물의 성장을 억제하는 땀 분비 등은 대표적 선천성 면역반응이며, 외부 분비물질에 의한 방어작용으로 볼 수 있다. 선천성 면역의 내부 방어 메커니즘에는 톨 유사 수용체(Toll-like receptor, TLR), 백혈구, 미생물억제 펩타이드 및 단백질, 화학물질에 의한 면역, 자연살해세포(natural killer cell) 등이 있다.

1.1.1.2. 후천성 면역반응

선천성 면역반응과 달리 특이적 면역반응이므로, 여러 항원들 사이의 아미노산 하나도 구별하여 반응한다. 특이적 반응을 유도하기 때문에 특이 면역반응(specific immunity), 또는 면역반응을 통하여 획득되므로 획득면역(acquired immunity)이라고도 한다(그림 9-2).

후천성 면역반응의 특성 중에는 면역기억 특성이 있어서, 항원에 처음 노출되었을 때보다 동일한 항원에 재노출이 되었을 경우에 더 빠르고 강하게 반응하는 특징이 있다. 또 다른 특성은 미성숙세포일 때부터 자기와 비자기를 구분할 수 있어서 비자기 분자들에 대해서만 면역반응을 일으킨다.

후천성 면역반응은 처음 침입한 항원에 대하여 기억할 수 있고, 다시 침입하였을 때 특이적 반응을 보여 효과적으로 항원을 제거할 수 있는 특성을 활용하여 선천성 면역반응을 보강하는 역할을 할 수 있다. 병원체 또는 그 독소를 면역원으로 예방 접종하여 항원-항체반응을 유도할 수 있는데, 대표적 예로는 천연두의 예방접종을 들 수 있다.

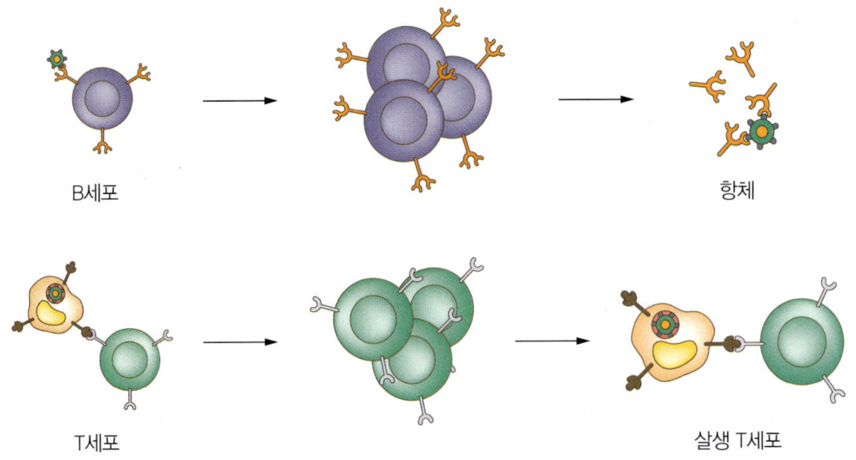

| 그림 9-2 | 후천성 면역반응

1.1.2. 신체의 면역조직

다양한 병원균에 속하는 항원들이 몸의 여러 부위를 통하여 침입하여 우리 몸을 감염시킨다. 그러나 사람 몸은 여러 세포 간의 상호작용을 최적화하여 반응하기 때문에 침입한 항원들은 면역기관과 만나게 된다. 외부에서 침입한 항원은 대식세포나 수지상세포에 의하여 면역조직으로 운반된다(그림 9-3).

사람 몸의 면역조직은 1차 면역기관과 2차 면역기관으로 나눌 수 있다. 1차 면역기관은 면역계 세포의 발생을 담당하는데, 림파구가 처음으로 항원 수용체를 발현하기 시작하여 그 형태와 기능이 성숙된다. 2차 면역기관은 말초신경에 존재하며 면역반응을 담당하는데, 항원에 대한 림파구의 반응이 시작한다.

골수와 흉샘은 1차 면역기관에 속하며, 림파구는 골수에서 생성되고 흉샘에서 T세포가 성숙하여 기능을 갖게 된다. 2차 면역기관인 말초 림프기관 및 조직으로는 림프절, 비장, 피부 면역계, 점막 면역계가 존재한다.

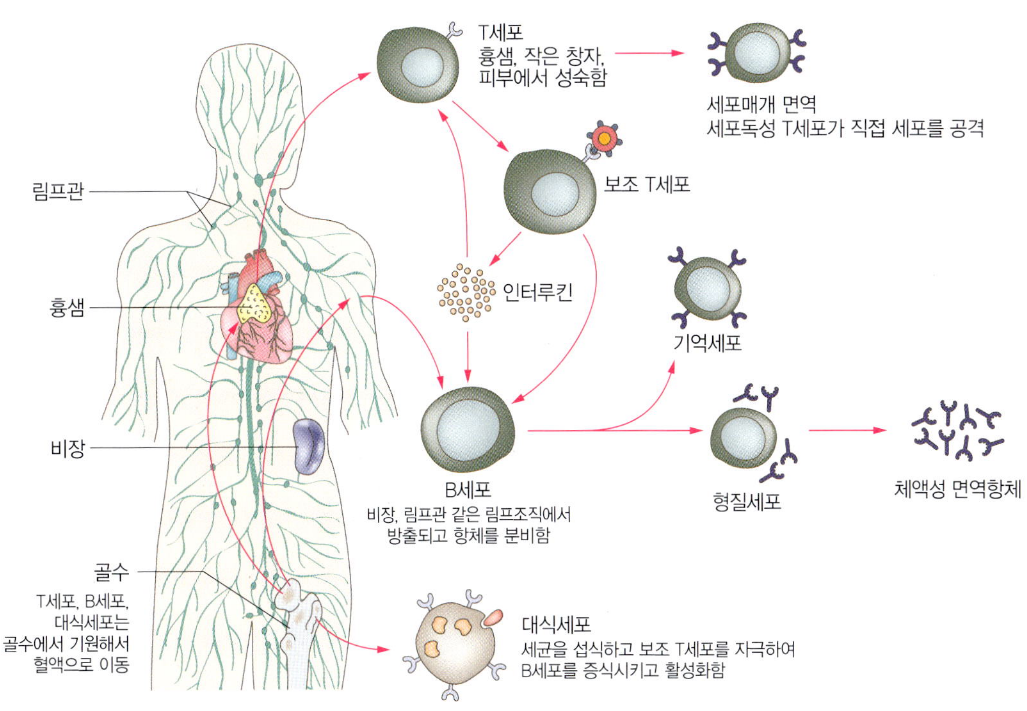

| 그림 9-3 | 신체의 면역 기능

2. 면역 기능의 효능 평가방법

건강기능식품으로서 면역 기능 증진에 대한 효능 평가는, 최종 소재를 대상으로 하여 표 9-2에 제시한 항목 중 3가지 이상의 관련 인자에 대한 동물실험에서 생체 내, 생체 외 실험을 각각 수행하고, 가능한 한 임상 적용시험을 병행하며, 관련 있는 실험 결과들이 통계적으로 유의성 있게 도출되어 높은 신뢰성을 가질 때에 평가할 수 있다. 결과물들은 각 항목별로 일관성 높은 실험을 수행하여야 하고, 신규 분리한 성분은 안전성 시험 등에서 의약품보다 더욱 강화되어야 한다.

| 표 9-2 | 면역 기능 증진 식품의 효능 평가방법

실험관 내 실험 및 임상실험 평가방법	
• 면역세포들의 증식능 분석 • 면역계의 기능 증진능 분석 • 면역세포의 이동능 분석 • 면역계의 조절능 분석 • 면역계의 발달능 분석	• 항체, 보체, 세포활성물질 등의 합성 및 생성능 분석 • 바이러스, 세균, 진균, 특정 항원 등에 대한 면역능 분석 • 항원 인식능 분석 • 이물질 제거능 분석 • 면역원성 증진능 분석

면역 기능 증진에 대한 효능 평가를 위한 다양한 방법 중 일부에 대한 구체적 평가방법을 공부하기로 한다.

2.1. 생체 외 실험

2.1.1. 림프구 증식능

림프구 증식능을 측정하는 실험방법은 면역계에 대한 평가방법 가운데 가장 광범위하게 이용되고 있다. 3-(4,5-다이메틸싸이아졸-2-일)-2,5-다이페닐 테트라졸륨 브로민화물(3-(4,5-dimethylthiazol-2-yl)-2,5-diphenyl tetrazolium bromide, MTT)을 이용하는 방법과 [3H]-티미딘([3H]-thymidine)을 넣어 증식을 확인하는 방법으로, T림프구와 B림프구 그리고 자연살해세포 등의 증식능을 측정한다. 림프구의 증식을 촉진하는 자극원에는 특이적 자극원과 비특이적 자극원이 있다. 항 CD3단일클론항체(anti-CD3 monoclonal antibody)인 OKT3와 UCHT-1은 T림프구 특이적 자극원이고, 비특이적 자극원에는 PMA가 있다. 이외에도 주로 T림프구에 이용되는 렉틴(lectin), PHA, Con A 등이 있다.

2.1.2. 세포독성실험

2.1.2.1. 세포독성 T림프구 기능 분석

세포독성(cytotoxicity) T림프구의 기능 확인은, 세포독성 T림프구에 의한 표적세포 살해를 가장 간단하고 빠르게 확인할 수 있는 T림프구 분석방법을 이용한다. 이 방법은 서로 다른 종류의 비장세포들 간의 반응으로 인한 비장세포의 증식도를 측정하는데, 임상적으로는 이 결과를 조직 이식 거부반응과 관련이 있는 세포성 면역반응 측정을 위한 매우 민감한 지표로 활용한다.

2.1.2.2. LAK 활성

LAK세포(lymphokine-activated killer cell)는 말초혈액 림프구를 재조합(recombinant) IL-2와 함께 3~5일간 배양하면 생성되는데, 이는 자연살해세포에 살해되지 않고 암세포를 살해할 수 있다. 이러한 LAK세포의 생성능을 측정하여 면역 기능 증진에 효과가 있는지 여부를 확인할 수 있다.

2.1.2.3. 항원 특이적 세포독성능

항원 특이적 세포독성능(antigen specific cytotoxic activity) 실험으로 시료에 의해 생성되는 LAK세포의 전구세포 종류가 무엇인지 알 수 있으며, 배양 전 각 림프구의 표면항원에 대한 항체와 보체를 이용하여 총 T림프구, CD4 양성 세포, CD8 양성 세포와 자연살해세포를 제거하고, 제거 시 암세포 살해능이 저하되었을 때에 주로 그 항원에 의하여 LAK세포가 생성되었음을 알 수 있다.

2.2. 생체 내 실험

2.2.1. 플라크 형성 세포의 측정

① 시료를 Balb/c계 생쥐에 14일간 경구 투여하여 그 효과를 확인한다.

② HBSS(Hank's balanced salt solution) 용액으로 면양 적혈구를 세척하고 2.5×10^9 cell/mL로 맞춘다. 면양 적혈구를 각 생쥐에 0.2 mL(5×10^8 cells)씩 복강 주사한다.

③ 4일 뒤에 경추 탈골로 생쥐를 치사시킨 후 무균 상태에서 비장을 적출한다.

④ 비장을 잘게 부숴 비장세포를 얻고 HBSS용액으로 세척한 뒤 mL당 세포 수를 센다.

⑤ 시험관을 47 ℃의 수조에서 예열시키고 agar 350 μL, 면양 적혈구액 25 μL, 비장 세포액 100 μL, 보체 25 μL를 예열된 시험관에 순차적으로 넣고 잘 혼합한다.

⑥ ⑤를 페트리 접시에 부은 뒤 덮개유리로 덮은 상태에서 CO_2 배양기에서 3~4시간 배양한다.

⑦ 비장세포와 플라크(plaque) 수를 헤아려 10^6개의 세포당 플라크 수를 계산한다. 통상적으로 산포 분석으로 수치 통계를 내며 실험 대상군의 플라크 수가 대조군에 비하여 현저하게 높으면 실험 결과를 양성으로 판정한다.

2.2.2. 강제 수영 부하실험

강제 수영 부하실험(forced swimming test, FST)은 실험동물을 강제로 물에서 수영하도록 하여 부하를 받게 하여 움직임이 멈춘 부동 상태로 유지되는 시간을 측정 및 비교하는 실험이다(그림 9-4). 실제로 코너(Connor TJ) 등은 흰쥐로 실험을 하였는데, 강제 수영 부하실험 120분 후에 백혈구 수가 현저하게 감소되었고 90분과 120분 후에는 림프구 수가 현저하게 감소하는 것이 관찰되었다. 또한 강제 수영 부하실험 후에 PHA와 Con A 유도성 림프구 증식이 일시적으로 현저하게 감소하였다. 또한 벤-엘리야후(Ben-Eliyahu S) 등은 피셔 344(Fischer 344) 흰쥐를 사용한 강제 수영 부하실험에서 자연살해세포의 세포독성이 현저하게 억제된다는 결과를 보고하였다.

| 그림 9-4 | 강제 수영 부하실험

2.3. 인체 적용실험

기능적으로 왕성한 면역세포들이 정상치만큼 존재하는지에 따라 인체 내의 면역체계가 운용이 잘 되고 있는지를 판단할 수 있다. 이러한 면역세포들 간의 복잡한 상호작용을 통하여 외부로부터 침입하는 세균이나 항원들로부터 인체를 보호하게 된다. 따라서 면역능에 문제가 있을 때는 감염증의 빈발, 적절한 치료에도 불구하고 감염증의 회복 지연, 국소 감염이 전신으로 확산, 기회 감염의 발생, 만성 피로와 통증 등, 주요 영양소 불균형으로 인하여 나타나는 여러 증상, 노화로 유발되는 여러 증상 등 임상적 증상들이 나타난다. 면역능이 저하된 상태가 지속되면 종양 등의 발생 빈도도 증가한다.

이러한 임상 증상들의 발현으로 면역계의 이상이 의심될 때에는 다양한 면역 측정법으로 면역능을 측정한다. 면역능검사는 임상 진단, 치료의 평가 및 예후 판정을 위하여 필요하며, 그 대상은 선천적, 후천성 면역결핍질환이 의심되는 경우, 골수나 기타 림프조직의 이식 후 면역 치료를 받는 경우, 이식의 거부반응이나 암 치료에 사용되는 약제 및 방사선 조사 등에 의한 면역 억제의 평가, 자가면역질환이 있어 진단의 보조 수단으로 필요한 경우, 백신 치료를 위하여 면역 상태의 판단과 효과 판정이 필요한 경우, 영양소 불균형과 관련성 여부 판단이 필요한 경우, 기초 연구 및 기타 임상 자료로서 필요한 경우 등이다. 면역능검사를 해석할 때에는 진찰 소견 및 병력과 같은 다른 임상 소견들을 반드시 참고하여 판단하여야 한다.

3. 면역 기능의 증진 식품과 효능

식품으로서의 면역 기능 증진은 식품의약품안전처의 「건강기능식품 기능성 원료 인정에 관한 규정」에 따라 기능 성분(지표 성분)에 관한 자료를 갖추어야 면역 기능 증진 식품의 원료로 인정받을 수 있다(표 9-3). 이것은 기능 성분의 함유량뿐만 아니라 구조식, 분자식, 분자량 등의 특성 및 제조 단계에서의 수율과 함유량의 변화 등에 관한 자료를 제출하여야

| 표 9-3 | 면역 기능 증진 건강기능식품의 분류

분류		원료명
고시형	터핀류	인삼
		홍삼
	지방산 및 지질류	알콕시글리세롤 함유 상어 간유
	당 및 탄수화물류	알로에 겔
개별 인정형	기타 기능 II	당귀 혼합 추출물
		금사상황버섯
		클로렐라
		L-글루타민

한다. 이 조건을 만족하려면 추출물이 안정적인 물질이어야 하며, 데이터 내의 활성 성분의 안전성과 효능이 생물학적으로 재현성이 있어야 한다.

3.1. 고시형 건강기능식품

3.1.1. 인삼

인삼(*Panax ginseng* C.A. Meyer)은 두릅나무과(Araliaceae) 인삼속(*Panax*)에 속하는 다년생 초본류로서, 동양에서는 특히 뿌리를 자연강장제 등으로 널리 사용해 왔다. 인삼은 가공방법에 따라 수삼, 홍삼, 백삼, 당삼, 봉밀삼 등으로 구분하기도 한다. 동양에서 인삼은 "원기회복(restorative)"의 생약으로서뿐만 아니라 "강장제(adoptogen)"로도 쓰여 왔다. 이는 인삼이 면역 증진작용을 한다는 것을 의미하며, 면역 조절작용으로서의 인삼은 adoptogen 또는 면역자극제(immunostimulant)로 분류되고 있다. "강장제"란 사람 몸이 이화학적 또는 생물학적 자극에 대하여 저항성을 갖게 하는 물질을 뜻하며, "immunostimulant"는 면역 억제제의 반대 개념으로 신체의 감염물질이나 암세포에 대항하는 비특이적 방어작용을 활성화하는 물질을 뜻한다. 인삼의 adaptogen으로서의 효과는 면역 조절 기능이 바탕이 된다. 일반적으로 인삼과 같은 생약 유래의 면역 촉진제는 정상 면역작용에는 작용하지 않지만, 세포 매개 면역반응(cell-mediate immune response)을 증진하게 하는 것으로 알려져 있다. 인삼은 adoptogen과 immunostimulant 양쪽의 작용을 모두 나타내나, immunostimulant의 작용이 더 강한 것으로 보고되고 있다. 인삼을 함유한 건강기능식품은 원재료를 그대로 분말화하거나 수분을 제거한 후 분말화하여 제조하여야 하며, 원재료를 물이나 주정(물·주정 혼합물 포함)으로 추출하여 여과하거나 여과한 후 농축 또는 식용 미생물로 발효하여 제조하여야 한다. 기능 성분(또는 지표 성분)의 함량은 진세노사이드(ginsenoside) Rg1과 Rb1을 합하여 0.8~34 mg/g 함유하고 있어야 한다. 제조할 때의 유의 사항은, 원재료인 인삼 근은 「인삼산업법」 기준에 적합한 것을 사용하여야 하며 4년 근 이상의 것으로 춘미삼, 묘삼, 삼피, 인삼박은 사용할 수 없으나 병삼인 경우에는 병든 부분을 제거하고 사용할 수 있다. 제품 제조 시 1일 섭취량이 진세노사이드 Rg1과 Rb1의 합계로서 3~80 mg이 되도록 제조하여야 한다. 섭취할 때의 주의 사항은 의약품(당뇨 치료제, 혈액 항응고제)을 복용하고 있을 경우에는 섭취에 주의하도록 권장하고 있다.

3.1.2. 홍삼

| 그림 9-5 | 홍삼
자료: 국립농산물품질관리원

기능성 원료로서의 홍삼은 수삼을 증기 또는 기타 방법으로 쪄서 익힌 후에 말린 홍삼을 분말화하거나, 물이나 주정(물·주정 혼합물 포함)으로 추출하여 여과한 후 농축 또는 식용 미생물로 발효하여 제조한다(그림 9-5). 기능성분의 함량은 진세노사이드 Rg1, Rb1 및 Rg3를 합하여 2.5~34 mg/g 함유하여야 하며, 원재료인 인삼 근은 「인삼산업법」에서 정한 기준 규격에 적합하여야 하며, 4년근 이상인 것으로 춘미삼, 묘삼, 삼피, 인삼박은 사용할 수 없으나 병삼은 병든 부분을 제거하고 사용할 수 있다. 고유의 빛깔과 향미를 가지며 이미, 이취가 없어야 하고 세균 수는 1 mL당 3,000 이하(농축액에 한함)여야 한다. 면역력 증진, 피로 개선을 위해서는 1일 섭취량이 진세노사이드 Rg1, Rb1 및 Rg3의 합이 3~80 mg이 되도록 제조하여야 한다. 섭취할 때의 주의사항은 의약품(당뇨치료제, 혈액항응고제)을 복용하고 있을 경우에는 섭취에 주의하여야 한다.

3.1.3. 알콕시글리세롤 함유의 상어 간유

알콕시글리세롤(alkoxy glycerol)은 체내 중성지방인 트라이글리세롤과 구조식이 유사하지만 지방산이 아실글리세롤 분자의 1번 탄소에 에테르 결합을 하고 있어서 체내에서 지방 분해효소에 의한 분해가 일어나지 않고 2, 3번 탄소에 지방산이 에스터 결합을 하고 있는 화합물을 가리킨다. 알킬글리세롤이라고도 한다. 알콕시글리세롤을 함유한 상어 간유는 상어 간에서 추출한 유지에서 스콸렌과 비누화물을 제거하고, 비비누화물을 물로 세척한 후에 탈취, 가열, 여과하여 식용에 적합하도록 가공하여야 건강식품으로 이용할 수 있다. 알콕시글리세롤의 함유량은 18 % 이상 되어야 하고, 바틸알코올(batyl alcohol)이 확인되어야 한다. 보통 알콕시글리세롤은 18~22 % 정도 함유하게 된다.

건강한 성인을 대상으로 12주 동안 알콕시글리세롤이 2.7 g 함유된 상어 간유를 섭취하게 하였을 때에 T세포 수가 유의적으로 증가하였다. 또 다른 건강한 성인에게는 4주 동안 알콕시글리세롤이 함유된 상어 간유를 1일 1.1 g 섭취하게 하였더니 호중구의 활성이 유의적으로 증가하였다. 또한 염증반응이 높이 올라가 있는 사람들에게 알콕시글리세롤이 함유된 상어 간유를 1일 1.1 g을 섭취하게 한 결과, NK세포 활성이 감소하였다. 이를 통하여 알콕시글리세롤이 면역을 증강시키는 기능을 하지만, 면역 활성이 과도하게 증가되어 염증을 일으킨 사람에게서는 더 이상 염증반응을 활성화하지 않음으로써 면역 증강의 기능성으로 인하여 우려되는 염증반응의 활성화는 일어나지 않는다는 것을 알 수 있다.

이상의 결과들을 종합하여 알콕시글리세롤 함유 상어 간유는 면역력을 높여준다는 결론을 내릴 수 있다. 기능성이 확인된 인체 적용시험에서의 섭취량을 고려하면 알콕시글리세롤의 1일 섭취량은 0.6~2.7 g이다.

3.1.4. 알로에 겔

알로에(Aloe)는 백합과(Asphodelaceae)의 한 속으로, 전 세계적으로 약 600여 종이 분포한다. 현재 건강기능식품으로는 알로에 베라(*Aloe vera*), 아보레센스(*Aloe arborescence*; 키타치), 사포나리아(*Aloe saponaria*)의 잎만 허용되고 있으며, '알로에 겔'은 이 중 잎이 큰 알로에 베라에서만 얻을 수 있다. 알로에 베라 잎 중 외피와 먹을 수 없는 부분을 제거한 뒤 겔 부분을 분리하여 건조 혹은 분쇄, 농축하여 식용에 적합하도록 처리하여 건강기능식품으로 사용하며, 총 다당체가 3 % 이상 되어야 한다. 기능적 측면에서 볼 때에 면역력 증진, 피부 건강에 도움을 주며 항염증 효능으로 인하여 장 건강에도 도움을 준다. 이와 함께 알로에 겔이 함유한 카복시펩티데이스(carboxypeptidase)는 생체 내에서 브래디키닌(bradykinin)을 가수분해하여 염증으로 인한 통증을 완화시키고, 젖산마그네슘(magnesium lactate)은 히스타민(histamine)의 생성을 줄여준다. 인체 적용시험에서 섭취량은 "장 건강에 도움"을 줄 경우에는 200 mL, "피부 건강에 도움"을 줄 경우에는 1.2~3.6 g, "면역력 증진"의 경우에는 1.2~2.4 g일 때에 기능성이 확인되었다. 알로에 겔에는 일반적으로 약 9~11 % 정도의 다당체가 함유되어 있으며 피부 건강과 면역력 증진의 효능이 보고되고 있다. 또한 장 건강과 관련하여 기능성을 확인하기 위하여 사용한 알로에 겔 100 mL에는 다당체가 총 70~80 mg이 존재하는데, 이 중 다당체 함량에 영향을 줄 수 있는 부원료인 잔탄검(xanthan gum)의 함량은 18 mg이었다. 따라서 알로에 겔 100 mL 중 52~62 mg의 총 다당체가 포함되어 있다고 볼 수 있다. 최종 제품은 피부 건강, 장 건강, 면역력 증진에 도움을 줄 수 있어야 하며 1일 섭취량은 총 다당체 함량으로 100~420 mg이다.

3.2. 개별 인정형 건강기능식품

3.2.1. 당귀 혼합 추출물

| 그림 9-6 | 당귀
자료: 국립농산물품질관리원

원재료인 당귀(그림 9-6), 천궁, 백작약의 뿌리를 각각 동량으로 정제수에 넣어 중탕한 뒤에 여과, 농축한 원료와, 이 원료에 주정을 첨가하여 정치시킨 후 조다당체를 회수한 것과 배합하여 만든다. 지표 성분은 조다당 30~50 %, 노다케닌(nodakenin) 0.1~0.4 %, 파에오니플로린(paeoniflorin) 0.8~1.5 %, 클로로젠산(chlorogenic acid) 0.08~0.2 %이다. 실제 면역 결핍 모델을 대상으로 한 동물실험에서 당귀 혼합 추출물은 백혈구와 림프구 수, NK세포 활성, 인터페론-감마(IFN-γ) 등을 증가시켜 면역 기능을 개선하였다. 인체 적용 연구에서는 면역 기능이 약간 떨어진 사람에게 당귀 혼합 추출물을 섭취하게 하였더니 NK세포 활성, 림프구 수, 사이토카인 등이 증가하는 것을 확인하였다. 이를 바탕으로 "면역 기능 개선에 도움을 줄 수 있다."로 기능성을 인정받았지만 근거 자료의 수가 충분치 않아서 기능성 등급은 "기타 기능 II"에 해당한다. 안전성과 기능성을 확보할 수 있는 1일 섭취량은 당귀 혼합 추출물로 6~12 g이다.

3.2.2. 금사상황버섯

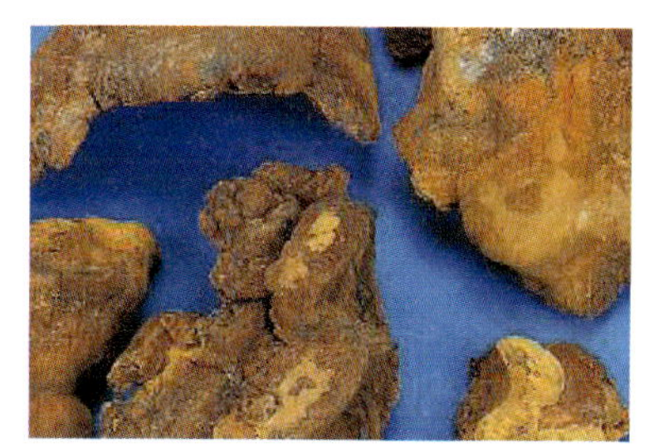

| 그림 9-7 | 상황버섯
자료: 국립농산물품질관리원

3~4년생 건조 상황버섯(그림 9-7)을 분쇄한 뒤에 110 ℃에서 96~100시간 정도 물로 추출하여 만들어지며, 지표 성분인 베타글루칸(β-glucan)을 8.7~16.2 % 함유하여야 한다. 금사상황버섯을 섭취하면 인터페론-감마와 림프구 수를 증가시켜서 체내에서 면역 기능을 개선시키는 것으로 알려져 있다. 건강한 성인을 대상으로 한 인체 적용 연구에서는 금사상황버섯을 섭취하게 하면 NK세포의 활성과 인터페론-감마를 증가시켜서 면역 기능이 개선되는 것을 확인하였다. 이러한 결과를 바탕으로 "면역 기능 개선에 도움을 줄 수 있다"로 기능성을 인정받았으나, 기반 연구와 인체

적용 연구의 수가 충분치 않아 기능성 등급은 "기타 기능 II"에 해당한다. 안전성과 기능성을 확보할 수 있는 1일 섭취량은 금사상황버섯 추출물로 3.3 g이다.

3.2.3. 클로렐라

기능성 원료로서의 클로렐라(chlorella)는 클로렐라속 조류(藻類)를 인공적으로 배양, 건조하여 제조한 것으로, 지표 성분으로 총 엽록소를 10 mg/g 이상 함유하여야 한다. 성상은 고유의 빛깔과 향미를 가지며 이미, 이취가 없어야 한다. 원료성 제품의 총 엽록소 함유량은 표시량 이상, 최종 제품은 표시량의 80~120 %이어야 하며, 중금속 함유량은 납 3.0 mg/kg, 카드뮴 1.0 mg/kg, 총 수은 0.5 mg/kg을 넘어서는 안 된다. 최종 제품은 피부 건강, 산화방지, 면역력 증진에 도움을 줄 수 있어야 한다. 피부 건강, 산화방지에 도움을 줄 수 있으려면 1일 섭취량이 총 엽록소로 8~150 mg이어야 하고, 면역력 증진에 도움을 줄 수 있으려면 1일 섭취량이 총 엽록소로 125~150 mg이 되어야 한다.

3.2.4. L-글루타민

액상 포도당, 대두박 분해물, 염화암모늄, 황산암모늄, 제1인산칼륨, 제2인산칼륨 수용액을 코리네박테리움 글루타미쿰(*corynebacterium glutamicum*)으로 발효시켜 만들며, L-글루타민(L-glutamine)의 함량은 98.5~101.5 %로 표준화되어 있다. 과도한 운동을 오랫동안 지속하면 L-글루타민이 감소하여 면역 기능이 저하되어 감염에 취약한 상태가 된다는 보고가 있었다. 실제로 마라톤이나 조정 선수들에게 운동 직후 L-글루타민을 섭취하게 하여 보충 효과를 비교한 인체 적용 연구에서, L-글루타민은 림프구를 증가시키고 감염 발생빈도를 감소시키는 데 도움이 될 수 있다는 것이 확인되었다. 그러므로 "과도한 운동 후의 L-글루타민 보충은 신체 저항 능력 향상에 도움이 될 수 있다"로 기능성을 인정받았다. 기능성 등급은 기반 연구의 수는 충분치 않으나 인체 적용 연구를 통하여 일관성 있는 결과를 보여주고 있으므로 "기타 기능 II"에 해당한다. 이 원료는 항암제인 메토트렉세이트(Methotrexate), 항경련제(anticonvulsants), 비흡수성 당질인 락툴로스(lactulose)의 효과를 경감시킬 우려가 있으며, L-글루타민산나트륨에 민감한 사람, 신장 및 간 질환이 있는 환자는 섭취에 주의하여야 한다. 안전성과 기능성을 확보할 수 있는 1일 섭취량은 L-글루타민으로 3~5 g이다.

단원정리

1. 면역(immunity)은 생체가 이물질(병원균 등)이나 체내에서 생긴 불필요한 산물 등을 식별하여 배제하는 방어 기능으로, 개체의 항상성을 유지하는 현상을 말한다. 면역반응의 분류는 크게 선천성 면역(innate immunity)반응과 후천성 면역(adaptive immunity)반응으로 나뉜다.
2. 선천성 면역반응은 비특이적 면역반응으로 태어날 때부터 가지고 있는 면역반응이며, 피부나 점막의 외부 장벽에 의한 방어와 식세포작용 등에 의한 내부 방어 메커니즘으로 나눌 수 있다.
3. 후천성 면역반응은 면역반응으로, 여러 항원들 사이의 아미노산 하나도 구별하여 반응하고 특이적 반응을 유도하기 때문에 특이 면역반응(specific immunity)이라고도 한다.
4. 1차 면역기관에는 골수와 흉샘이 속하며, 림파구는 골수에서 생성되며 흉샘에서 T세포가 성숙하여 기능을 갖게 된다. 2차 면역기관에는 림프절, 비장, 피부 면역계, 점막 면역계가 존재한다.
5. 건강기능식품으로서 면역 기능에 대한 효능 평가는 생체 외 실험과 생체 내 실험을 각각 수행하고, 가능한 한 인체 적용시험을 병행하며, 관련 있는 실험 결과들이 통계적으로 유의성 있게 도출되어 높은 신뢰성이 있을 때에 할 수 있다.
6. 고시형 원료에는 인삼(터펜류), 홍삼(지방산 및 지질류), 알콕시글리세롤 함유 상어 간유(지방산 및 지질류), 알로에 겔(당 및 탄수화물류)이 포함되고, 개별 인정형 원료는 당귀 혼합 추출물, 금사상황버섯, 클로렐라, L-글루타민으로 기타 기능 II로 분류된다.

연습문제

1 8세 어린이가 어패류를 섭취하면 전신 두드러기 증상을 보이는 알레르기 병력이 있다. 부주의하여 어패류에 계속 노출되었고 어린이의 증상은 더욱 심화되었다. 이 어린이 환자에게 어패류에 해당될 가능성이 높은 것을 고르시오.

1) 합텐(hapten)　2) 내재 면역계 항원　3) 면역원(immunogen)
4) 보조제(adjuvant)　5) 면역 관용원(tolerogen)

2 자연살해(NK)세포는 아래 백혈구군 중 어디에 속하는지 말하시오.

1) 호산구　2) 호중구　3) 림프구
4) 호염기구　5) 단핵구

3 다음 중 림프구 계보 세포에 해당하는 것을 고르시오.

1) 골수양 계보 전구세포에서 분화한다　2) B세포, T세포, NK세포로 구성된다
3) 세포 잔해와 외래 세포를 탐식한다　4) 백혈구 중 가장 수가 많다
5) 현저한 세포질 과립을 함유한다

4 다음 중 병원체-관련 분자 패턴을 고르시오.

1) 숙주 세포 표면의 단백질, 당과 매우 유사하다
2) 바이러스에 감염된 숙주 세포의 인터페론 분비를 촉진한다
3) 내재 면역계의 패턴 인식 수용체에 의하여 인식된다
4) B 및 T 림프구로 하여금 세균을 인식하고 파괴하게 한다
5) 세균 세포막에 통로를 형성하는 시스테인이 풍부한 단백질이다

5 다음 중 항체(면역글로불린)에 해당하는 것을 고르시오.

1) 자기 분자와 함께 특이적 에피토프를 인식한다
2) 4개의 서로 다른 가벼운 사슬(L 사슬) 폴리펩타이드를 함유한다
3) 여러 개의 서로 다른 에피토프에 동시에 결합한다
4) B세포와 T세포 모두에서 합성된다
5) 파괴 및 제거를 위하여 항원을 표식한다

6 흉샘의 초기 분화가 일어나는 장소를 말하시오.

1) NK세포　2) 적혈구　3) 조혈줄기세포
4) B세포　5) T세포

7 다음 중 1차 림프기관에 해당하는 것을 고르시오.

1) 골수 2) 파이어(Peyer)반 3) 비장
4) 림프절 5) 편도선

8 다음 중 림포카인-활성화 살해세포(LAK)와 동일한 세포를 말하시오.

1) T림프구 2) 악성 체세포 3) 대식세포
4) NK세포 5) B림프구

9 면역 기능 증진 식품을 분류하였을 때, 고시형 원료에 해당하지 않는 것을 고르시오.

1) 인삼 2) 홍삼 3) 금사상황버섯
4) 상어 간유 5) 알로에 겔

1. 3) 어패류에 대한 반복적 노출이 면역반응을 증강시켰으며, 이는 이 어린이가 어패류에 대한 적응 면역반응을 일으켰다는 것을 뜻한다. 면역 관용원은 반복된 노출에 따른 면역반응을 감소시키는 작용을 한다. 이 어린이의 어패류에 대한 알레르기반응을 증강시키는 보조제가 존재할 가능성은 낮다. 어패류 단독으로 이 반응을 유도하였으며 합텐이 면역반응을 일으키지는 않을 것이다. 노출이 반복됨에 따라 면역반응이 증강되었다는 사실은 내재 면역반응의 가능성을 배제한다.
2. 3) NK세포는 림프구이며, 비록 NK세포가 세포질 과립을 보유하고는 있지만 이는 과립구(호염기구, 호산구 및 호중구)의 그것보다는 현저함이 덜하다. 또한 NK세포는 단핵구의 일원도 아니다.
3. 2) 골수 유래(B세포), 흉샘 유래(T세포) 그리고 NK세포는 림프구 계보의 세포에서 유래된다. 이 세포들은 혈중 백혈구의 40 % 미만을 차지한다. 호중구가 가장 숫자가 많다. 림프구 계보 세포는 무과립 백혈구이며, 탐식작용은 없다.
4. 3) 내재 면역계의 패턴 인식 수용체는 인체 숙주에는 없고 미생물 표면에만 존재하는 단백질, 당 및 지질의 구조적 패턴에 결합한다. 이 메커니즘은 잠재적 병원체의 신속하고 정확한 인식을 가능하게 한다. B 및 T 림프구는 적응 면역계의 성분이며, 이 시스템에서는 체세포 생성 수용체가 병원체-관련 분자 패턴에 존재하는 광범위한 구조적 특징이 아니라 항원의 정밀한 상세 분자 구조를 인식한다.
5. 5) 항체는 항원의 에피토프에 결합하여 면역계의 다른 성분이 파괴하도록 표식한다. 항체는 B세포 또는 형질세포에 의하여 합성된다. 항체 분자는 2개(IgD, IgG, IgE 및 혈청 IgA), 4개(분비형 IgA) 또는 10개(분비된 IgM)의 동일한 에피토프 결합부위를 가진다. 항체 단량체는 2개의 동일한 L사슬 및 2개의 동일한 H사슬을 함유하고 있다. 자기-인식은 항체 분자에 요구되지 않는다.
6. 5) 흉샘은 T세포의 초기 분화 장소이다. 적혈구는 골수에서 적혈구 전구세포로부터 발생한다. 조혈줄기세포는 골수에서 여러 계보 중 하나를 따라 분화한다. NK세포는 골수에서 분화하며 재정렬된 TCR이 없다.
7. 1) 골수는 1차 림프기관이다. 림프절, 파이어반, 비장 및 편도선은 모두 2차 림프기관이다.
8. 4) LAK세포는 고농도의 IL-2의 존재하에 생성된 NK세포이며, 신생 종양세포 살해 능력이 있다. LAK세포는 B림프구, T림프구 또는 대식세포가 아니다. LAK세포는 종양세포를 살해할 수 있을 뿐 자체가 악성 체세포는 아니다.
9. 3) 고시형 원료에는 인삼(터핀류), 홍삼(지방산 및 지질류), 알콕시글리세롤 함유 상어 간유(지방산 및 지질류), 알로에 겔(당 및 탄수화물류)이 있다. 금사상황버섯은 개별 인정형 기타 기능 II로 분류된다.

CHAPTER
10 두뇌/인지 기능과 식품의 기능

국민의 생활 수준 향상과 의학 기술의 발달로 노령 인구가 증가함으로써 인구의 고령화 현상이 두드러지고, 조직 사회의 치열한 경쟁화에 따른 극심한 스트레스 등으로 성인병의 발병률 또한 급격한 증가 추세를 보이고 있다. 사망 원인도 과거 '감염형 질환'에서 최근에는 대표적 성인병인 대사성 질환(고혈압, 당뇨 등)과 암 등으로 인한 사망이 전체의 절반을 넘기는 등 변화가 생겼다. 특히 최근 연구에서는 중추신경계에서의 신경화학적, 신경생리학적, 그리고 구조적 변성 등에 대한 당뇨병의 영향이 밝혀지고 있는데, 이는 당뇨 유발성 뇌 장애로 정의되고 있는 실정이다. 인슐린 의존성 당뇨병(type I)과 인슐린 비의존성 당뇨병(type II) 모두 뇌신경 장애에서 비롯되는 신경성 행동 장애를 유발하여 인지 기능 및 기억 능력의 저하를 유발하는 것으로 밝혀지고 있다. 더불어 뇌신경세포 퇴화로 말미암아 인지 기능 저하로 시작되는 알츠하이머성 치매(Alzheimer's disease, AD)[o]의 경우, 2013년 환자 수가 57만여 명으로 추산되었으며 2012년 관련 의료 비용의 지출이 9,993억 원 정도인 것으로 파악되었다. 또한 알츠하이머성 치매에 노출되는 인구가 2024년쯤에는 100만 명을 넘을 것으로 예상하고 있는데, 이는 역시 2008년부터 매년 8~9 % 정도 증가하는 유병률을 통하여 가늠해 볼 수 있다. 이러한 이유들로 말미암아 건강한 정신을 통한 질 좋은 삶을 유지하고자 하는 '웰빙(wellbeing)'이 국민적 관심사로 대두하게 되었다. 식품 성분에 대하여 새로운 관점에서 체계적인 연구가 이루어지고 그 결과가 쌓임에 따라 식품 기원의 특정 성분들이 인체의 신경계, 생체 방어계, 세포 분화 등 각종 생리 기능 조절계 등에 작용하여 직간접으로 생체 조절 기능에 효과를 나타낸다는 사실들이 밝혀지고 있다. 이들 식품 구성 성분으로서의 특정 성분들이 뇌신경계 및 중추신경계에서 생리적 균형 유지와 조절을 할 수 있게 된다면, 그것은 가장 자연스러운 두뇌 건강 유지를 위한 최적의 수단이 될 수 있음을 뜻한다.

1. 뇌조직과 중추신경계

1.1. 뇌의 구조와 기능

인간의 뇌는 무게가 1.2~1.5 kg 정도로, 성인 체중 70 kg을 기준으로 약 2 % 내외를 차지한다. 그러나 인체가 호흡하는 산소의 약 20 %를 소모할 만큼 활발한 생리적 활동을 수행하는 동시에, 자율신경이나 호르몬 등을 통하여 생명을 유지하는 역할을 하고 있다. 뇌를 구조적 측면에서 보면 대뇌(cerebrum)와 소뇌(cerebellum)가 뒤쪽으로 크게 자리 잡고 있으며 조직 안쪽으로는 뇌줄기(brain stem)가 존재한다(그림 10-1).

대뇌는 좌우 2개의 반구(hemisphere)로 되어 있고, 각 반구들은 뇌량(corpus callosum)에 의하여 서로 연결되어 있다. 대뇌의 표면에는 뇌회(convolution)라고 부르는 많은 주름이 있는데, 다른 부분보다 돌출된 부분은 이랑(gyrus)이라 하고 주름져 안으로 들어간 부분은 고랑(sulcus)이라고 한다. 이러한 뇌회의 구조는 한정된 공간을 차지하는 뇌조직의 표면적을 늘려준다. 고랑은 사람마다 모양이 매우 다양하지만 이들 중 몇몇 고랑은 모든 사람의 뇌에서 기본적으로 같은 장소에 위치하여 이에 따라 뇌를 4개의 엽(lobe)으로 나눈다. 즉, 뇌회의 구성 형태 및 위치에 따라 이마엽(frontal lobe), 관자엽(temporal lobe), 마루엽(parietal lobe), 그리고 뒤통수엽(occipital lobe) 등으로 나누며, 대뇌의 깊은 부분에는 시상(thalamus)° 과 시상하부(hypothalamus)° 등의 뇌 구조물이 위치한다. 이마엽은 의식적 사고와 기억 능

알츠하이머성 치매 치매의 60~80 %를 차지하는 치매로, 기억력·사고력 및 행동상의 문제를 일으키는 심각한 퇴행성 뇌질환이다. 알츠하이머성 치매는 뇌신경의 손상으로 시작되며 시간이 지나면서 악화되다가 결국 사망에 이를 수도 있다. 대표적 임상 증상은 가정 또는 직장 생활에 영향을 줄 정도의 심각한 건망증이다.

시상 대뇌의 안쪽에 있으며 여러 개의 핵으로 이루어져 있다. 시상은 통합 중추로서 대뇌 겉질에 투사되는 주요 감각계의 최종 중계소이다. 즉 후각을 제외한 시각계, 청각계 및 체감각계는 시상을 거쳐 대뇌 겉질에 투사되며 또한 운동 신호의 중계, 의식, 수면 등의 조절에 대한 모든 감각 신경로가 이곳에 모였다가 해당 감각계로 전달된다.

시상하부 시상 아래 뇌줄기 바로 위에 위치한다. 척추동물의 뇌는 모두 시상하부를 가지고 있으며, 사람의 경우는 아몬드 정도의 크기이다. 시상하부의 가장 중요한 기능 중 하나는 신경계와 내분비계를 연결하는 것이다. 또한 시상하부는 대사 과정과 자율신경계의 활동을 관장하고 신경호르몬들을 합성·분비한다. 따라서 시상하부는 체온, 배고픔, 갈증, 피로, 수면 등을 조절한다.

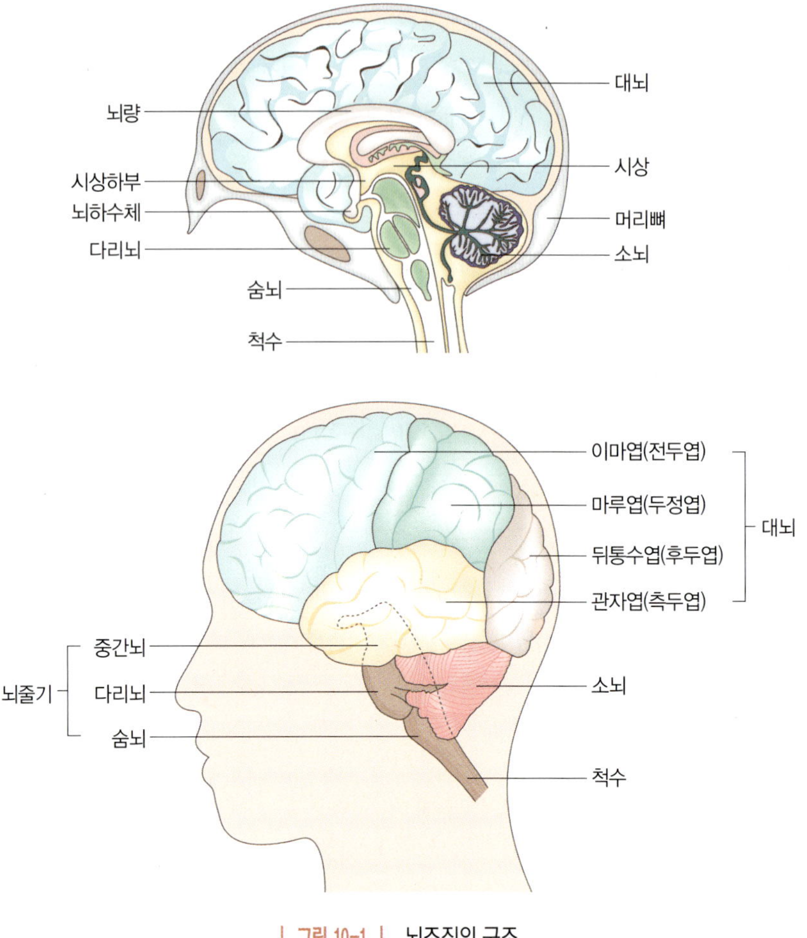

| 그림 10-1 | 뇌조직의 구조

력, 언어 기능 등을 담당하고, 마루엽은 인체의 감각 인지를 비롯한 일차 미각 기능과 언어 기능에 관여한다. 또한 구조적으로 마루엽과의 경계가 불분명한 뒤통수엽은 머리뼈의 가장 뒷부분에 위치하여 시각 기능을 담당하며, 가장 아랫부분에 위치한 관자엽은 청력과 감정

tip

인간의 뇌 구조 및 기능

인체의 뇌조직은 대뇌, 소뇌, 그리고 뇌줄기로 구성되어 있다. 대뇌는 다시 이마엽, 관자엽, 마루엽, 뒤통수엽으로 구성되며 사고·언어·기억 능력을 비롯한 종합적 인지 기능을 수행한다. 소뇌는 감각과 운동 기능의 조정과 균형 감각 기능의 역할을 통하여 정밀한 운동 능력을 부여한다. 마지막으로 뇌줄기는 생명의 중추 기능을 조절한다.

의 통합에 관여한다.

소뇌는 대뇌의 뒤쪽 아랫부분 또는 뇌줄기의 뒤편에 위치하는 '작은 뇌'로 불리는 기관으로, 감각과 운동 기능의 조정과 균형이라는 매우 중요한 역할을 담당하는 기관이다. 소뇌 표면도 대뇌처럼 주름이 있으며, 무게는 150 g 정도이고 전체 뇌 용적의 10 %쯤 차지하는 중추신경계의 일부이다. 소뇌는 직접 자발적 운동을 일으키지는 않으나, 뇌의 다른 부분이나 척수로부터 외부에 대한 감각 정보를 받아 이를 처리·구성·통합하여 운동 기능을 조율하는 데 사용한다. 소뇌의 이러한 운동 조절 기능이 조화를 이루어 인체의 정밀한 운동이 가능하도록 한다. 뇌줄기는 대뇌와 소뇌, 척수 사이에 존재하며 서로 간에 무수한 신경섬유들이 결합되어 있다. 대뇌에 의해 일부가 덮인 형태이며 줄기와 같은 구조로서 아래를 향하고 있다. 뇌줄기는 특히 감각 정보를 받아들이며, 혈압·심장 박동·호흡 등과 같은 생명의 중추 기능을 조절하는 기능을 가지고 있다. 뇌줄기를 제외한 뇌에 심각한 손상을 입은 경우에도 영양의 제공 등 영양학적으로 문제가 없는 한 인체는 소위 지속적인 식물인간 상태(persistent vegetative state, PVS)를 유지할 수 있다. 뇌줄기는 다음의 세 기관으로 구분되는데, 대뇌에 가까운 부분부터 중간뇌(midbrain), 다리뇌(pons), 숨뇌(medulla oblongata)로 구분된다. 뇌줄기의 가장 윗부분에 위치하는 중간뇌는 시각과 청각에서의 자극을 중계하는 경로로서 작용하고, 다리뇌는 숨뇌의 바로 윗부분에 위치하여 숨뇌·소뇌·뇌의 상부를 연결한다. 숨뇌는 척수(spinal cord)의 연장선상에 있으며, 심장 박동과 호흡 조절 및 심혈관계 근육의 강도를 적절하게 조절하여 혈압을 정상적으로 유지하는 기능을 한다.

1.2. 중추신경계

1.2.1. 중추신경계

중추신경계(central nervous system, CNS)는 일반적으로 뇌와 척수로 구분하는데 중추신경이 제대로 그 기능을 수행하기 위해서는 말초신경계통(peripheral nervous system, PNS)°의 신경을 통하여 외부와 연결되어 다양한 정보를 얻어야 한다(그림 10-2). 뇌와 척수는 말초신

말초신경계통 중추신경계에서 나와 온몸에 나뭇가지 모양으로 분포하는 신경계를 말한다. 말초신경계는 인체 신경계의 일부로서 중추신경계통과 함께 행동을 제어한다. 주된 역할은 외부 기관과 중추신경계를 연결하는 것으로, 외부의 자극을 감지해 중추신경계로 전달하거나 중추신경계에서 오는 반응을 기관에 전달하는 것이다. 중추신경계와는 다르게 뼈나 뇌혈관장벽으로 보호되지 않아 기계적 충격이나 병원체로부터의 감염 위험에 노출되어 있다. 체성신경계와 자율신경계로 분류된다.

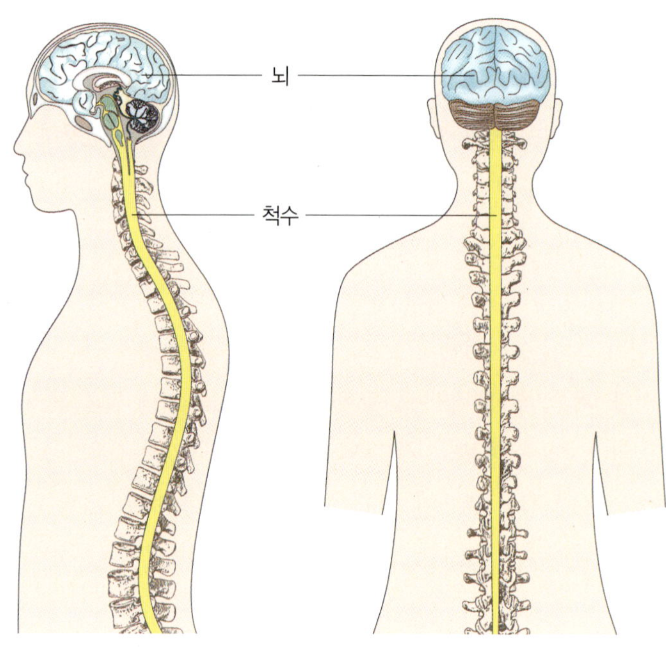

| 그림 10-2 | 중추신경계

경에서 전달되는 다양한 정보를 다른 종류의 정보와 합치고, 과거의 경험으로 얻은 인지 또는 기억 정보와 비교하여 새로운 정보에 어떻게 반응할 것인지를 결정하는 기능을 가진다. 반응의 종류가 결정되면 출력 부분이 활성화되어 뇌와 척수의 명령을 반응의 형태로 수행한다. 운동계통(motor system)이라고 하는 출력 부분은 모든 근육과 분비샘 등에 뇌와 척수의 명령을 전달하고 새로운 정보에 대하여 어떻게 반응할지를 알려준다. 신경계통의 각 부분은 물리적으로 떨어져 있으나 상황을 파악하고 이에 대하여 적절히 반응할 수 있도록 잘 연결되어 있으며 평생 동안 쉬지 않고 활동한다. 만일 등산길에 길을 잃었는데 도움을 줄 사람이 전혀 없는 상황에 처했다면, 위협적인 정보는 즉각 뇌와 척수로 전달되고 위험에 대처하기 위하여 뇌와 척수의 중추신경계는 자율신경계통(autonomic nervous system)°을 통하여 인체의 특정 기관에 적절한 명령을 전달함으로써 행동, 즉 반응을 유도한다. 반응의 결과로 심박동·혈압·호흡 수가 증가하고 땀이 나기 시작하며 위험에 충분히 대처할 수 있도록 더 많은 혈액이 뼈대근육과 심장으로 이동하게 된다.

척수가 척수신경을 통하여 외부로 연결되어 있듯이 뇌조직도 외부로 연결되는 신경을 가지고 있는데 이를 뇌신경(cranial nerves)이라고 한다. 뇌신경에도 척수와 같이 들어오는 경로와 나가는 경로가 있지만, 신경의 뒤 뿌리(dorsal root)와 앞 뿌리(ventral root)가 결합된 형태

tip

중추신경계

뇌와 척수로 구분되며 기능 수행을 위하여 말초신경계통과 연결되어 다양한 정보를 얻는다. 새롭게 얻은 정보를 바탕으로 과거의 정보와 비교하여 새로운 정보에 어떻게 반응할 것인지를 결정하는 역할을 담당한다.

로 이루어진 31쌍의 척수신경(혼합신경)과는 달리 뇌신경은 12쌍으로 정보를 받아들이는 감각신경, 활동을 지시하는 운동신경, 그리고 감각과 운동신경이 혼합되어 있는 혼합신경으로 구성되어 척수신경보다 훨씬 더 특화되어 있다. 뇌로 들어온 감각 정보는 처리 과정을 결정하기 위하여 뇌의 특정 부위로 이동하여야 한다. 대뇌 겉질(cerebral cortex) 부위 중 감각 정보를 제공하는 체성감각계통(somatic sensory system)°의 내용을 파악하고 판단하는 뒤통수엽 뒤쪽을 체성감각 연합부위(somatic sensory association area)라고 한다. 체성감각계통은 정보를 수집하고 처리하기 위하여 시상, 소뇌, 대뇌 겉질 등의 부위를 지나는 척수와 뇌줄기의 감각뉴런으로 된 체계를 활용한다. 이러한 복합적 감각 정보에 대한 파악은 체성감각계와 체성감각 연합부위에 정보가 도달한 후에 이루어진다. 예를 들어 망치로 손가락을 다친 상황이 발생했다면 손가락에 위치한 동통 신경은 외부의 강한 자극 정보를 척수신경을 통하여 척수로 전달하고, 척수신경과 서로 잇닿아 있는 운동신경은 손이 자극으로부터 멀어지도록 신속하게 잡아당긴다. 거의 동시에 뇌의 체성감각계로 이동한 통증이라는 외부 자극 정보는 정확한 위치를 파악할 수 있게 해준다. 결국 외부의 강한 자극은 뇌신경으로 구성된 특정 부위에서 정보를 받아들이고 처리하고 연상함으로써 통증을 인식하고 기억하는 행동이 발생하게 된다.

1.2.2. 신경조직과 기능

신경계통은 신경조직으로 이루어져 있으며, 신경조직은 신경세포(neuron)와 신경아교세포(neuroglia cells)로 구성된다. 신경아교세포는 신경계통의 기능을 담당하는 신경조직의 특

자율신경계통 말초신경계통에 속하는 신경계로 평활근과 심근, 외분비샘과 일부 내분비샘을 통제하여 인체 내부의 환경을 일정하게 유지하는 역할을 한다. 자율신경이란 대뇌의 직접적인 지배를 받지 않는다는 의미로 명명되었다.

체성감각계통 자율신경계통과 함께 말초신경계통을 이루는 신경계로 골격근의 운동과 외부 자극에 대한 반응을 조절한다. 체성신경계는 운동신경과 감각신경으로 구성되는데 운동신경은 중추신경계통에서 생긴 흥분을 골격근과 같은 몸의 말단 운동기관으로 전달하여 근육 운동을 일으키는 역할을 한다. 또한 감각신경은 눈과 같은 몸의 말단 감각기관에서 생긴 흥분을 중추신경계통으로 전달하여 외부 자극을 수용하는 역할을 한다.

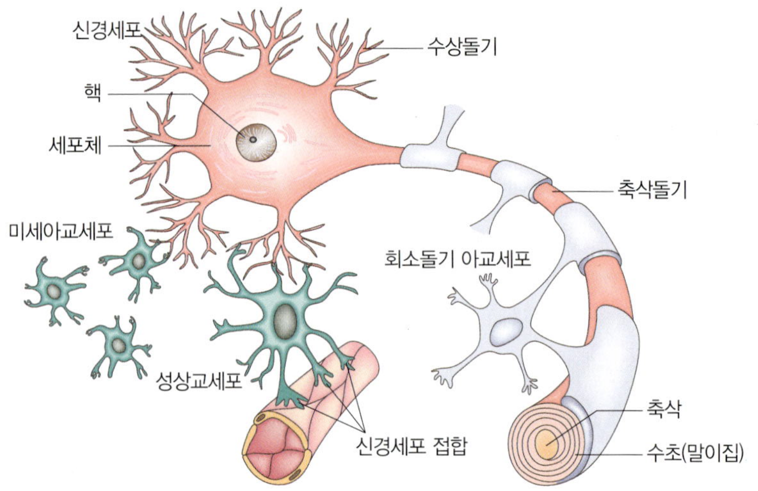

| 그림 10-3 | 신경아교세포와 신경세포

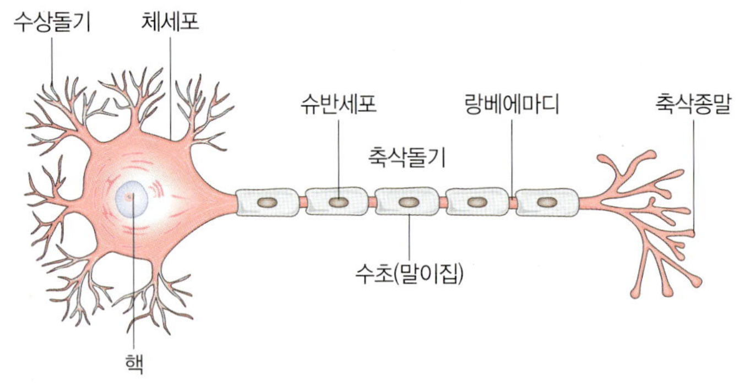

| 그림 10-4 | 신경세포의 구조

수한 세포이다. 중추신경계통에는 네 종류의 아교세포가 있다. 성상교세포(astrocyte)는 지지세포로서 대사작용을 담당하고, 미세아교세포(microglia)는 상피세포로의 역할을 담당하여 빈 공간(뇌실)을 덮고 있으며 뇌척수액(cerebrospinal fluid)을 생성한다. 희소돌기아교세포(oligodendrocyte)는 신경 수초(말이집, myelin)라는 지방 절연체를 생성한다(그림 10-3). 결국 신경아교세포는 빈 공간을 덮거나 구조물을 지지하면서 신경계통을 유지하기 위한 모든 활동을 수행한다. 그러나 어떠한 신경아교세포도 스스로 외부 환경을 파악하거나, 의사 결정을 하거나, 명령을 내릴 수는 없다. 신경계통의 모든 조절 기능은 신경세포(neuron)가 수행한다(그림 10-4). 신경세포의 각 부위는 특수한 기능을 담당한다. 핵이 있는 세포체는 대사

활동을 수행하고 세포체의 가지돌기(dendrite)는 다른 세포나 환경에서 정보를 받아들이고, 축삭(axon)은 정보를 생성하거나 생성된 정보를 다른 세포로 보낸다. 이러한 신호들은 축삭 종말(axon terminals)에 도달하여서 새로운 세포와 연결된다. 축삭 종말과 정보를 받는 세포의 결합은 연접(synapse)이라고 한다.

신경세포가 서로 소통하는 것은 연접(synapse)°에 의한 것으로, 한 신경세포에서 다른 신경세포로 메시지를 보내기 위해서 활동 전압(membrane potential)이 생성되고 이는 축삭 종말로 전달된다. 자극 또는 신호가 축삭 종말에 도달하면 축삭 종말에 있는 소포(vesicle)라는 작은 주머니들에서 신경전달물질(neurotransmitters)이 유리된다. 신경전달물질은 연접을 통과하여 신호 또는 자극을 전달받은 다음 연접 이후 신경세포(postsynaptic neuron)로 신호를 전달한다. 신경전달물질은 연접 이후 신경세포와 결합하여 이온 통로를 개발하거나 폐쇄함으로써 신경세포를 흥분시키거나 억제하기도 한다. 정보 전달의 마지막 과정은 제거 과정이다. 신경전달물질이 연접에서 제거되지 않으면 연접 이후 신경세포와 계속 연결된 상태를 유지한다. 이러한 제거 과정은 불활성화 물질을 통하여 일어나는데, 뇌신경세포에서 인지 기능에 관련된 신경전달물질로서 아세틸콜린(acetylcholine, ACh)은 아세틸콜린에스터레이스(acetylcholinesterase, AChE)라는 특정 분해효소에 의하여 불활성화된다. 신경전달물질을 이용한 정보의 전달 방식을 화학적 시냅스(chemical synapse)라고 부르는데, 이는 화학물질(신경전달물질)을 통하여 신경세포 사이에 정보를 전달하기 때문이다(그림 10-5).

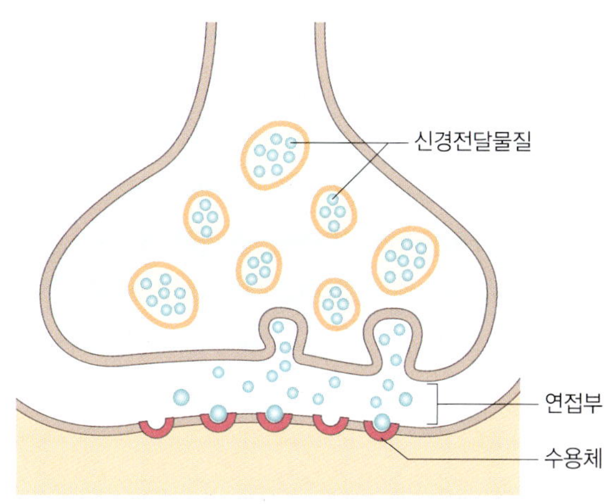

| 그림 10-5 | 신경세포 사이 연접과 신경전달물질

연접 한 신경세포에서 다른 신경세포로 신호를 전달하는 연결 지점이다. 연접은 신경세포가 작동하는 데 있어 중요한 역할을 한다. 신경세포가 신호를 각각의 표적세포로 전달하는 역할을 한다면, 연접은 신경세포가 그러한 역할을 할 수 있도록 하는 도구이다. 연접 전 신경세포의 세포막과 연접 후 신경세포의 세포막은 가까이에 존재하는데, 연접에서 연접 전 신경세포와 연접 후 신경세포의 두 세포막을 연결시켜 신호 전달을 수행하는 분자적 집합체(신경전달물질)가 작용한다.

tip

신경조직과 기능

신경계통은 신경세포와 신경아교세포로 구성된다. 신경세포는 신호 전달을 위한 직접적인 역할을 수행하며, 이는 축삭 종말에 있는 신경전달물질의 분비를 통하여 연접부의 신호 전달을 유도하고 충분한 신호 전달 후 신경전달물질 분해효소를 통하여 과도한 신경 흥분을 억제한다. 신경아교세포는 성상교세포, 미세아교세포, 희소돌기아교세포, 신경수초 4가지로 구성되며, 이들은 신경계통의 정상적 유지를 위한 거의 모든 활동을 담당한다.

2. 인지 기능

뇌의 기능 중에 인지 기능은 학습과 기억으로 형성된다. 학습과 기억은 뇌조직에서의 연접 연결 상태를 바꾸어 놓는다. 신경세포의 연결은 고정되어 있지 않고 경험에 따라 변화할 수 있다. 이러한 유연성이 적용되는 것이 학습과 기억이다. 학습이란 주변 환경에 대한 정보를 습득하는 과정이며, 연관학습(associative learning)과 비연관학습(non-associative learning)의 형태로 구분할 수 있다. 연관학습은 두 개 이상의 자극이 서로 연관될 때 일어난다. 실험동물에서 특정 자극을 통하여 고통을 인식하게 되면 그 부분에 대한 불쾌한 경험으로 해당 자극을 피하는 경우이다. 비연관학습은 잠재적으로 주어지는 자극에 훨씬 더 예민하게 반응하는 두 가지 적응 행동인 습관화(habituation)와 감작(sensitization)을 포함한다. 반복되는 자극, 예를 들어 큰 소리 등이 지속적으로 반복되면 처음에는 놀라지만 차츰 그 자극에 둔감해지는 것이 습관화이다. 감작은 습관화의 반대 개념으로, 특정 음식을 먹고 질병에 걸린 경험이 있을 때 그 음식만 보면 강하게 거부하는 반응이다.

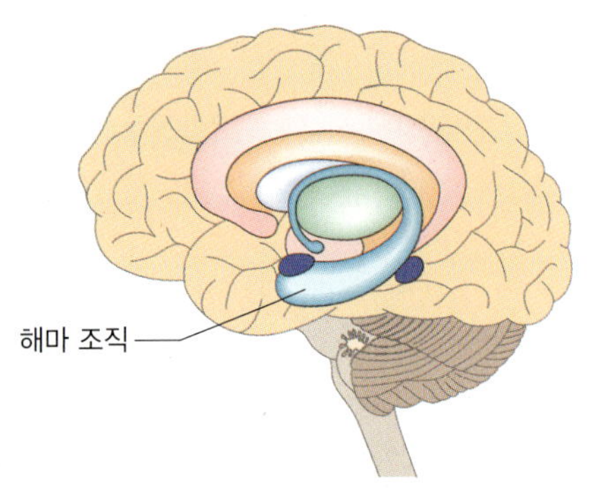

| 그림 10-6 | 뇌조직 중 해마

뇌조직 중 해마(hippocampus)는 학습과 기억, 즉 인지 기능에 있어 매우 중요한 부위이다(그림 10-6). 뇌질환을 치료하기 위하여 뇌조직 중 해마의 일부가 파괴된 환자의 경우, 새로운 기억을 형성하는 데는 어려움을 겪게 되지만 수술 전의 기억은 손상되지 않고 남아 있다. 외부의 자극이 중추신경계에 들어올 때 그것은 우선 단기 기억(short term memory) 저장소로 간다.

여기에 저장된 정보는 그것을 보다 영구적인 형태로

tip

인지 기능

연관학습과 비연관학습으로 구분되는 학습 기능과 기억 기능으로 형성된다. 특히 인지 기능에 매우 중요한 부위는 뇌조직 중 해마 부위이며, 해마의 손상은 새로운 기억 및 학습을 통한 인지 기능 수행을 어렵게 한다.

저장하지 않으면 사라지게 된다. 단기기억을 보다 지속적으로 저장·활용하기 위한 특별한 형태는 작업기억(working memory)이다. 대뇌 겉질의 한 영역은 특정 정보를 얻으면 그 정보들을 이용하기에 충분할 만큼 길게 정보를 저장하는 역할을 수행한다. 이 영역에서의 작업기억은 장기기억(long term memory) 저장소와 연결되어 있으므로, 새로 얻은 특별한 정보는 저장되어 있는 정보와 함께 통합(또는 분리)되고 이를 사람이 인식하게 된다. 단기기억을 장기기억으로 전환시키는 정보 처리 과정을 통합(consolidation)이라고 하며, 이 과정은 몇 초에서 몇 분이 걸린다. 정보는 통합하는 동안에 중간 단계의 기억을 거치게 되고, 각각의 단계에서 정보가 자리를 잡아서 회상할 수 있게 된다. 장기기억에는 유년기에 배운 수영이나 자전거 타는 동작 등을 오랜 시간이 흐른 뒤에도 자연스럽게 그 동작이 회상되는 반사적 기억(reflective memory)이 있고, 전날 공부한 내용을 시험 볼 때에 회상이라는 과정을 통하여 기억해내는 서술적 기억(declarative memory)이 있다. 서술적 기억은 주로 뇌의 측두엽을, 반사적 기억은 소뇌를 필요로 하며, 이 두 가지 기억은 때때로 상호 전환될 수도 있다.

2.1. 인지 기능 감소의 생리학적 특징

인간의 뇌는 거대하고 매우 복잡한 종합 정보 처리 기능으로서의 인식·행동 기능을 적절하게 유지하기 위해서 약 1,000억 개(신경아교세포 포함) 내외의 신경 네트워크를 유지하고 있다. 성인의 뇌 무게는 비록 몸무게의 2 % 정도에 불과하지만 생체 에너지의 20 % 정도를 사용하는 이유가 있다. 심박동에 의하여 공급되는 혈액의 15 % 정도가 뇌조직으로 유입되며, 휴지기 대사율의 약 30 %를 뇌에서 차지할 정도이다. 이와 같이 뇌조직에서 에

해마 대뇌 양쪽 측두엽에 존재하며 기억을 담당한다. 보통 1 cm 정도의 지름과 5 cm 정도의 길이를 가지고 있으며 10^7개 정도의 뉴런으로 구성되어 있는데 한 개의 뉴런이 대략 2~3만 개의 신경세포와 네트워크를 형성하고 있다. 해마는 서술기억을 처리하는 장소로 단기기억이나 감정에 관한 기억은 담당하지 않는다. 대뇌 측두엽의 좌측 해마는 최근의 일을 기억하고, 우측 해마는 태어난 이후의 모든 일을 기억하는 것으로 알려져 있다. 또한 시상하부의 기능을 조절하는 역할도 일부 있다.

너지를 많이 필요로 하는 것은 복잡하고 다양한 인지 기능 등의 유지, 관리를 위한 화학적 생리대사를 적재적소에서 극대화하고 효율적으로 운영하기 위함이다. 뇌조직은 필요한 대부분의 에너지를 뇌세포 내의 미토콘드리아(mitochondria)의 산화적 호흡대사에서 얻고 있다. 그러나 뇌는 생리적으로 자체 산화방지 체계(antioxidant system)가 미비해서 활성산소종(reactive oxygen species, ROS), 자유라디칼(free radical)° 등에 의하여 생성되는 산화스트레스(oxidative stress)에 매우 취약한 것으로 알려져 있다. 특히 카탈레이스(catalase), 초과산화물 제거효소(superoxide dismutase, SOD) 그리고 글루싸이온 과산화효소(glutathione peroxidase, GSH) 같은 자체 산화방지 체계 활성이 상대적으로 낮아서 산화스트레스 환경에서 발생되는 초과산화물 음이온(superoxide anion, $O_2^{-}\cdot$)과 과산화수소(H_2O_2) 등을 쉽게 중화시키지 못한다. 특히 간조직과 비교했을 때, 과산화수소를 물(H_2O)과 산소(O_2)로 중화시켜 줄 수 있는 카탈레이스 효소 활성이 10 % 정도에 불과하다. 더욱이 뇌를 구성하는 뇌 세포막은 매우 풍부한 불포화지방산(arachidonic acid, ARA; docosahexaenoic acid, DHA 등)을 함유하고 있어서, 자유라디칼 등 산화스트레스에서 유도되는 지방 과산화에 역시 취약하다. 또한 뇌조직에는 특정 세포 부위에 철(Fe) 성분이 고농도로 존재하고, 일반적으로 아스코베이트(ascorbate) 역시 고농도로 함유되어 있다. 만약 뇌세포가 내외부적 원인으로 파괴된다면 철-아스코베이트 혼합물이 쉽게 생성될 수 있고 이 혼합물은 뇌 세포막에 비정상적인 산화 촉진제(pro-oxidants)로 작용할 수 있다. 결국 자유라디칼 등을 포함한 산화스트레스에 의한 뇌 세포 기능의 손상 과정이나 관련 대사에 대해서는 아직 명확하게 밝혀지지 못한 것이 사실이지만, 뇌 세포막에서의 지방 과산화 등의 대사 이상은 인지 기능 감소에 있어 가장 주목할 만한 폐해 중 하나로 꼽힌다.

tip

인지 기능 감소의 생리학적 특징

인지 기능 등의 다양한 기능을 관장하는 뇌조직은 고유의 기능을 유지하기 위하여 휴지기 대사율의 30 % 정도, 즉 심박동에 의한 혈액의 약 15 %가 유입된다.

그러나 신경세포의 신호 전달이라는 고유 기능을 수행하기 위하여 세포 내 불포화지방산 등의 구성이 상대적으로 많아 산화스트레스에는 취약하고, 산화방지 체계 활성은 상대적으로 낮아 일반 조직 대비 세포 손상을 받기 쉽다.

결국 뇌조직에서 조절되지 못한 산화스트레스는 신경세포 사멸을 유도하고, 이는 인지 기능의 감소를 유발시킬 수 있다.

2.2. 치매의 생리학적 특성

2.2.1. 치매와 아밀로이드 베타 단백질

퇴행성 뇌신경질환의 대부분을 차지하는 알츠하이머성 치매는 학습과 기억 등의 인지 기능이 상실되는 임상적 특성을 가진다. 이들 환자에게서 발견되는 병변학적 요소 중 가장 주목할 만한 것으로는 아밀로이드 베타 단백질(amyloid-β protein, Aβ protein)이 있는데, 이는 강력한 치매 유발물질로 알려져 있다. 더욱이 아밀로이드 베타(Aβ) 단백질에 의한 뇌세포 독성은 H_2O_2를 포함하는 활성산소종(ROS)의 세포 내 증가와 매우 밀접한 관계가 있다는 연구 결과가 있다.

현 시점까지 알츠하이머성 치매의 주원인으로 Aβ 단백질에 의한 뇌신경세포 독성을 꼽고 있다. Aβ 단백질은 혈액과 뇌척수액에 존재하는 가용성 아밀로이드 전구단백질(amyloid precursor protein, APP)로부터 대사 과정을 통해서 발생되는데, 아밀로이드 전구단백질 대사에서 비정상적인 유전적 변이가 있는 경우 알츠하이머성 치매를 발병시킬 수 있는 변형된 Aβ단백질이 형성된다. 비정상적으로 변형된 Aβ단백질은 서로 응집하여 섬유성 β구조(fibrillar β-sheet)를 형성하고 이는 뇌신경조직에 침착되어 아밀로이드 베타 유도성 반점(Aβ plaque)을 형성한다. 이러한 일련의 비정상적 대사 과정이 알츠하이머성 치매 발병에서 주요한 병리학적 원인으로 나타난다. 그러나 알츠하이머성 치매와 유사한 증상을 인위적으로 유도한 실험동물(AD transgenic mice)에서, 뇌신경세포에서의 신호 전달 이상, 생리학 및 행동학적 이상 징후는 아밀로이드 베타 유도성 반점(Aβ plaque) 생성 전부터 발생되는 것으로 나타나고 있어서 아밀로이드 베타 유도성 반점 이외의 다른 중요한 발병 원인으로 Aβ 단백질에 의한 활성산소종(ROS)의 생성, 칼슘 이온에 대한 뇌신경세포의 항상성 파괴, 뇌신경전달물질인 아세틸콜린(ACh)의 감소, 그리고 염증반응 유발 등이 알츠하이머성 치매를 함께 유발하는 것으로 여겨진다(그림 10-7).

뇌신경세포의 퇴화 증상과 산화스트레스가 발생되는 알츠하이머성 치매에서의 뇌조직은 Aβ 단백질의 생성 및 침착과도 깊은 연관이 있다. Aβ 단백질은 뇌신경세포에 접촉하거나 침투하여 세포막으로부터 산소 의존적인 자유라디칼을 생성하도록 유도하여 지방과 단

자유라디칼 비공유성 홀수 개의 전자를 가진 독립적으로 존재하는 화학종을 말한다. 보통 분자에서는 회전 방향이 반대인 2개 전자들이 전자쌍을 하나 만들어 안정한 상태로 존재하나, 자유라디칼은 비공유 활성 전자를 가지고 있어서 일반적으로 불안정하고 이로 인해 큰 반응성을 갖는다.

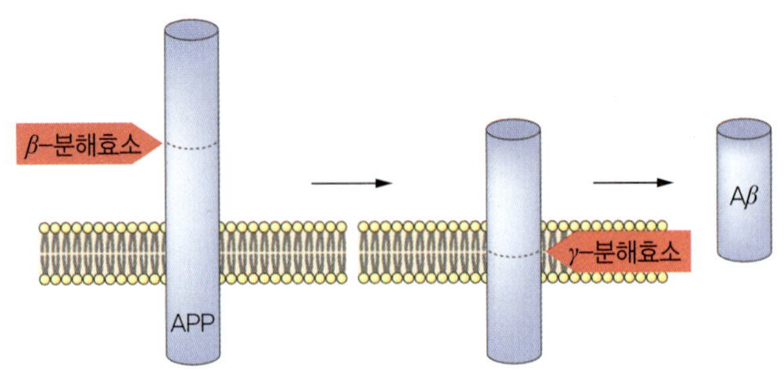

| 그림 10-7 | 아밀로이드 전구단백질과 아밀로이드 베타 단백질

백질의 과산화를 유발시킨다. 즉 뇌조직의 해마상 세포(hippocampal neuron)에서 Aβ 단백질이 과산화수소의 생성 및 축적을 유도한다. 더욱이 단백질의 산화적 변성, 세포막에서의 지질 과산화 발생, 그리고 DNA 산화의 증가 현상 또한 알츠하이머성 치매 환자의 뇌 해부를 통하여 확인되었다. 또한 뇌신경세포와 성상교세포(astrocyte)에서, Aβ 단백질 소중합체(oligomeric Aβ protein)가 뇌신경 세포막으로부터 지질 성분이 방출되는 것을 증가시켰다. 결국 이는 Aβ 단백질에 의하여 생성된 각종 산화스트레스로 뇌신경 세포막이 파괴되어 이온 유도성 ATP에이스(ion-motive ATPase)의 저해, 칼슘이온에 대한 항상성 유지의 파괴, 세포 신호 전달의 파괴, 정상적인 세포의 사멸 과정(apoptotic pathway)의 이상 등이 초래되고, 이러한 이유들로 인하여 뇌신경세포가 사멸되어 알츠하이머성 치매 발생과 함께 인지 기능도 저하된다.

2.2.2. 알츠하이머성 치매와 아세틸콜린

Aβ 단백질의 뇌신경세포 내의 과도한 축적은 세포 사멸 과정을 비정상적으로 활성화시키

tip

치매와 아밀로이드 베타 단백질

노인성 치매(또는 알츠하이머성 치매) 유발원으로 알려진 아밀로이드 베타 단백질은 아밀로이드 전구단백질에 의하여 생성된다. 다만 유전적 결함에 노출된 사람에게서 아밀로이드 전구단백질의 분해 대사에 이상이 발생되어 신경세포 독성을 가지는 아밀로이드 베타 단백질이 생성된다. 특히 이들 단백질이 가지는 독성 중 중요한 것이 산화스트레스의 발생이고, 이로 인한 신경세포 손상으로 말미암아 인지 기능이 감소하게 된다.

고, 자유라디칼 등의 생성을 유도하여 산화스트레스를 유발시킴으로써 지속적으로 뇌신경세포를 파괴시키게 된다. 이러한 원인으로 인해 알츠하이머성 치매를 앓는 환자의 뇌신경세포는 파괴되고, 신경전달물질인 아세틸콜린의 함량이 정상인의 뇌보다 크게 감소한다.

아세틸콜린은 뇌신경세포 안에 존재하던 콜린(choline)과 아세틸 CoA(acetyl CoA)가 아세틸콜린 전달효소(acetylcholine transferase, ChAT)라는 효소에 의하여 생성된다. 이 아세틸콜린은 뇌신경 종말에서 분비되어 연접 이후 신경(postsynaptic nerve) 수용체에 결합함으로써 신경세포의 신호를 충분히 전달한 후 뇌신경세포의 과도한 흥분을 억제하기 위하여 아세틸콜린 에스터레이스에 의하여 아세테이트(acetate)와 콜린으로 다시 분해되고, 분해된 콜린은 뇌신경세포 내에 존재하는 콜린 재흡수 통로(choline re-uptake channel)에 의하여 다시 뇌신경계로 부분 흡수된다. 이 과정을 콜린성 체계(cholinergic system)라고 하며, 뇌신경세포가 손상된 알츠하이머성 치매 환자의 경우는 생성되는 아세틸콜린의 양이 상대적으로 적고 아세틸콜린 에스터레이스의 작용은 계속되어 신경세포간 신호 전달에 이상이 생기게 되면서 결국 학습 능력

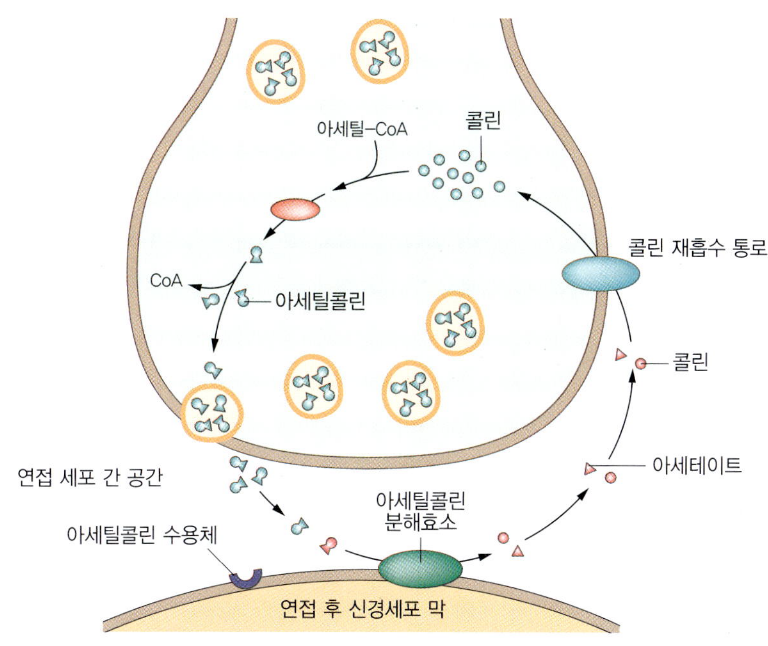

| 그림 10-8 | 아세틸콜린과 아세틸콜린에스터레이스의 대사

성상교세포 세포 주변의 많은 가지 모양 돌기 때문에 별처럼 보이는 교세포로 뇌와 척수에 존재한다. 혈액-뇌 장벽의 안쪽 세포들을 생화학적으로 도와주는 역할을 하며, 혈관벽에 돌기가 붙어 있어 신경세포에 영양분을 공급하는 역할을 수행한다. 그 밖에도 신경세포의 이온 농도 조절, 신경세포의 지지, 노폐물의 제거, 식세포작용 등의 다양한 역할을 수행한다. 또한 신경조직이 손상되면 신경교증이라는 돌기로 증식하여 그 부분을 채우기도 하며 손상된 조직을 복구하거나 파괴하는 역할 등을 수행한다.

tip

알츠하이머병과 아세틸콜린

산화스트레스를 포함한 몇몇 신경세포 독성원에 의한 뇌신경세포 손상 및 사멸은 신경세포 연접부의 신호 전달에 관련된 신경전달물질인 아세틸콜린의 농도 자체를 낮추게 된다.

또한 과도한 신경세포의 흥분을 억제하기 위하여 존재하는 신경전달물질로서의 아세틸콜린을 분해시키는 아세틸콜린 분해효소의 기능으로 말미암아 인지 기능의 감소는 가속화된다.

저하와 기억력 감퇴 같은 인지 기능이 떨어지는 대표적 병리현상이 일어난다(그림 10-8).

알츠하이머성 치매 환자의 뇌에서는 뇌의 가장 앞쪽에 위치한 이마엽 아랫부분에 위치한 기저 앞뇌(basal forebrain)에 있는 앞뇌 바닥핵(NBM; nucleus basalis of meynert) 신경세포가 대부분 죽어서 신경세포 연접부와 대뇌 겉질과의 연결이 퇴화되어 있다. 이들 뇌신경세포는 신경전달물질을 생산하는 콜린성 신경세포(cholinergic nerve cell)인데, 그 사멸로 인해서 알츠하이머성 치매 환자 뇌에서는 아세틸콜린 생산량이 현저하게 감소된다. 결국 대뇌 겉질의 여러 영역으로 뇌신경전달물질인 아세틸콜린을 적절하게 방출하지 못함으로써 인지 기능의 감소를 유발한다. 이러한 이유로 뇌신경세포에서의 아세틸콜린 농도를 필요한 수준(농도)으로 유지시키면 알츠하이머성 치매 환자의 기억 및 인지 기능은 크게 회복된다. 이러한 작용 메커니즘에 따라 알츠하이머성 치매 환자의 인지 기능을 개선하는 용도로, 아세틸콜린성 뇌신경세포의 신호 전달 기능을 강화시키는 아세틸콜린 에스터레이스 억제제로서 의약품들이 개발되어 시판되고 있다. 실제로 현재 전 세계에서 사용하고 있는 초기 알츠하이머성 치매 치료제는 아세틸콜린 에스터레이스 억제제(acetylcholinesterase inhibitors, AChEis)가 대부분이다.

3. 인지 기능 개선을 위한 효능 평가

동물실험(*in vivo* experiments)과 인체 임상실험(clinical trial)에 앞서 실험실에서 일정 수준의 모델을 제한적으로 정립(*in vitro* experiments)하여 대상 식품의 효능을 연구한다. 다만, 매우 다양한 실험실 시험(*in vitro*)을 모두 소개할 수는 없어서 효능 평가의 실효성을 보다 적극적으로 평가하는 동물실험(*in vivo*)에 한하여 소개하려고 한다. 인지 기능 개선을 위한 효능 평가로 동물시험 평가방법은 다음 3가지로 크게 요약할 수 있다. 공간 학습 능력검사, 명시적 기억 능력검사, 단기기억검사가 그것이다.

3.1. 공간 학습 능력검사

공간 학습과 기억 능력에 대한 개선 효과는 실험동물(rat or mouse)에 효능을 평가하고자 하는 식품의 추출물을 투여한 후 일종의 물속 미로를 활용하여 검사한다. 공간 학습 능력검사(Morris water maze test)는 위가 뚫려 있는 원형 풀장에 우유를 함유한 물(20±1 ℃)을 채운 뒤 어둡고 방음이 되는 곳에서 실시한다(그림 10-9). 수조는 4분면으로 나눠져 있으며 그 중 한 군데에 실험동물이 쉴 수 있는 플랫폼이 있고, 주변보다 약간 아래 잠겨 있어서 외관상 볼 수 없게 설치한다. 실험 첫날에는 1분 동안 수중 피난처 없이 60초 동안 수영 훈련을 시킨다. 이후 4일 동안은 하루에 4번 실험하는데 매일 다른 위치의 사분면에서 시작하여 플랫폼을 찾도록 훈련시킨다. 마우스가 플랫폼을 찾을 경우 그곳을 기억하도록 하고, 60초 동안 플랫폼을 못 찾으면 인위적으로 플랫폼에 10초 동안 머물게 한다. 실험은 실험동물들이 플랫폼을 찾는 데 걸리는 시간 등을 비디오 카메라로 촬영하며 진행한다.

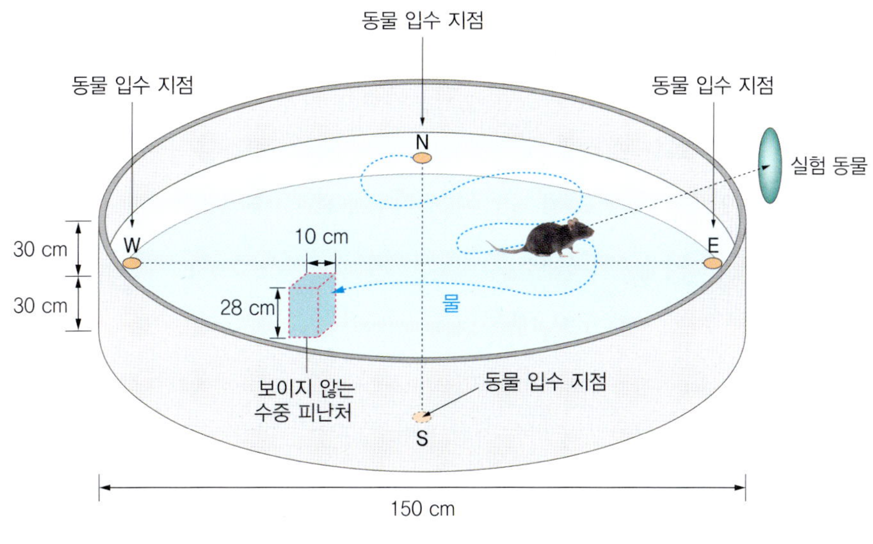

| 그림 10-9 | 모리스 물속 미로시험

3.2. 명시적 기억 능력검사

명시적 기억 능력검사(Passive avoidance test)은 실험동물인 쥐가 어두운 곳으로 이동하려는 본능을 이용하는 실험으로, 학습 및 기억 능력을 측정하는 대표적 방법이다. 장치는 밝

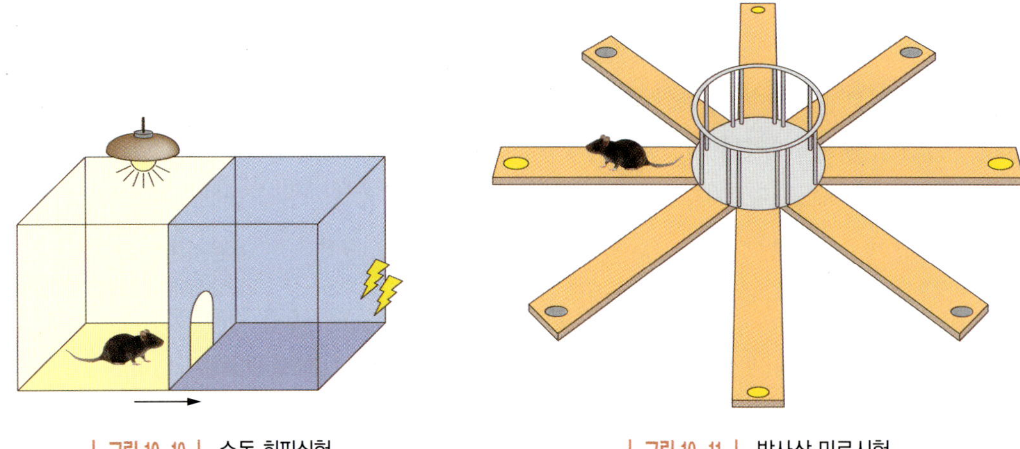

| 그림 10-10 | 수동 회피실험

| 그림 10-11 | 방사상 미로시험

은 조명장치가 있는 명소(light chamber)와 없는 암소(dark chamber) 2개의 구역으로 구분하나 하나의 통로로 연결되며 바닥은 스테인리스강(stainless steel)으로 되어 있다. 실험동물을 명소에서 조명을 켜지 않은 채 1분 동안 적응시킨 후에 조명을 켜고 다시 2분 동안 적응시킨다. 실험동물이 암소로 이동하면 즉시 통로를 차단하고 전기 충격을 가한다. 암소에서 전기 충격을 가한 학습실험을 시킨 다음날, 실험동물들을 대상으로 기억시험을 실시한다. 실험동물이 전기 충격이라는 스트레스를 기억한다면 명소보다 암소를 좋아한다고 하더라도 어두운 곳으로 들어가는 데 소요되는 시간이 길어지게 된다(그림 10-10).

3.3. 단기 기억검사

단기 기억검사(radial arm maze test)는 미로(maze) 공간에 대한 단기 작업 기억(spatial working memory) 능력을 알아보기 위한 장치 중의 하나이다. 원리는 중앙에 있는 출발 지점에서 실험동물이 8개의 통로로 자유롭게 이동할 수 있도록 해두고 각 통로의 끝에는 보상이 되는 물 또는 먹이 등을 놓아둔다. 실험동물이 공간에 있는 지표 등을 이용하여 새로운 통로로 들어갈 때만 보상을 받을 수 있도록 장치한다(그림 10-11). 즉, 같은 통로를 반복해서 지나가면 두 번째 방문부터는 보상을 받을 수 없고 해당 반응은 오류로 기록함으로써 실험동물이 통로를 모두 방문한 시간이나 획득한 보상물의 수를 측정하여 실험동물의 공간에 대한 단기 작업 기억능력을 검사하게 된다.

4. 인지 기능 개선에 도움을 주는 식품

4.1. 산화방지성 식품

뇌신경세포에 대한 산화적 손상은 알츠하이머성 치매 발병 및 인지 기능 감소에 매우 중요한 역할을 한다. 그러므로 산화스트레스를 경감시키거나 산화방지 능력을 증가시키는 방법은 알츠하이머성 치매 발병을 예방하거나, 인지 기능을 일정 수준으로 개선시킬 수 있을 것이다. 동물실험에서 은행잎 추출물(Ginkgo biloba extracts)은 과산화수소가 유도하는 산화적 손상으로부터 뇌신경세포를 보호하는 개선 효과를 보였다. 또한 산화방지 효과를 가지는 멜라토닌(melatonin) 역시 활성산소종에 의하여 유도되는 뇌신경세포 손상으로부터 신경세포를 보호해주는 효과를 나타내었다. 천연 산화방지제로 알려진 비타민 C와 비타민 E는 Aβ 단백질이 발생시키는 산화적 신경 독성과 그 결과로서의 인지 기능 저하를 개선시키는 효과를 동물실험에서 보였고, 더불어 비타민 E(2,000 IU/day)를 섭취하게 한 알츠하이머성 치매 환자에게서 질환 발병을 상당 기간 지연시키는 효과가 나타났다. 결국 산화방지제나 자유라디칼 소거의 특성을 지니는 식품 또는 식품에서 유래되는 소재는 알츠하이머성 치매의 예방 또는 인지 기능 개선의 효과를 보일 수 있다.

자연적으로 생성되는 비영양 성분으로 식물 유래 저분자성 화합물인 파이토케미컬(phytochemicals)이 천연 산화방지제로서의 다양한 생리적 효과를 보인다. 일반적으로 신선한 과채류 및 그 가공품에 많이 포함되어 있는 파이토케미컬은 알츠하이머성 치매, 암, 심혈관성 질환 등과 같은 몇몇 만성 질환에도 효과를 나타내었다. 특히 폴리페놀(polyphenols) 성분은 주요한 식물 유래 저분자성 화합물 중의 하나로서, 이 역시 산화방지성을 포함한 다양한 생리 활성을 가지고 있어서 자유라디칼 등을 소거할 수 있다. 더불어 주요 폴리페놀

tip

인지 기능 개선에 도움이 되는 식품

인지 기능을 관장하는 뇌조직의 신경세포는 산화스트레스에 매우 취약한 구조이므로 베리류와 같이 산화방지성 파이토케미컬류가 풍부하게 들어있는 식품군이 인지 기능이 떨어지는 것을 예방하는 데 도움을 줄 수 있다.

또한 식품의약품안전처에서 인정받은 인지 기능 개선에 도움을 주는 식품(군)으로는 피브로인 효소 가수분해물, 참당귀 뿌리 추출물, 포스파티딜세린 등이 있다.

성분 중 차류, 적포도주, 양파, 사과 등에 다량 함유되어 있는 플라보노이드(flavonoids) 성분도 관상동맥성 심장질환의 위험을 크게 줄이는 동시에 산화방지 효과를 보이며 인지 기능 개선에 대한 개선 효과도 갖는다. 특히 씨가 있거나 외피에 강한 색을 띠는 과일로서 베리류(berries) 등은 생리적으로 중요한 파이토케미컬을 다량 함유하고 있다. 사과는 플라보놀 배당체(flavonol glycosides), 페놀산(phenolic acids), 카테킨(catechins), 프로사이아니딘(procyanidins) 등을 함유하고 있고, 이들 성분은 산화방지성과 함께 인지 기능 개선 효과를 나타낸다. 그러므로 다양한 과채류를 포함한 유용 식품을 통해서 섭취할 수 있는 폴리페놀 성분을 포함한 파이토케미컬 성분은 두뇌 건강 유지 및 인지 기능 개선에 기여할 수 있다.

4.2. 건강기능식품

식품의약품안전처에서 인정하는 두뇌 건강 관련 건강기능식품의 효능은 기억력 개선과 인지 능력 개선으로 구분된다. 기억력 개선과 인지 능력 개선에 도움을 주는 건강기능식품(원료 포함)은 피브로인 효소 가수분해물, 참당귀 뿌리 추출물과 포스파티딜세린(phosphatidylserine) 등이 있다.

4.2.1. 피브로인 효소 가수분해물

누에고치를 정련하고 효소 가수분해하여 만들어진다. 지표 성분인 타이로신(tyrosine), 알라닌(alanine)은 그 함량이 각각 0.7 %, 0.8 %가 되도록 표준화되어 있다. 작용 메커니즘이 명확하게 밝혀지지는 않았으나, 피브로인 효소 가수분해물이 뇌신경세포의 손상과 손상된 뇌 기능을 회복시키는 것이 동물실험과 실험실 시험을 통하여 확인되었다. 피브로인 효소 가수분해물의 보충 효과를 비교한 인체 적용 연구에서는 일반인과 어린이·노인 등 다양한 인구 집단을 대상으로 검증된 질문방법을 통하여 기억력 개선이 확인되었다. 따라서 '기억력 개선에 도움을 줄 수 있다(기타 기능 II)'로 기능성을 인정받았다. 안전성과 기능성을 확보할 수 있는 1일 섭취량은 피브로인 효소 가수분해물로서 200~400 mg이다.

4.2.2. 참당귀 뿌리 추출물

참당귀(*Angelica gigas* Nakai) 뿌리를 분쇄, 건조하여 5배 분량의 주정(95 %)으로 추출, 여과하여 농축한 후 미세 결정 셀룰로스와 혼합하여 만든다. 지표 성분은 데쿠시놀(decursinol)과 데쿠신(decursin)으로 그 함량은 각각 0.1 % 이상, 15.0 % 이상 정도로 표준화하였다. 참당귀 뿌리 추출물은 실험실 시험에서 쿠마린(coumarin)계 화합물 중 데쿠시놀이 아세틸콜린 에스터레이스에 대한 저해 활성이 가장 높았다. 동물실험에서는 Aβ 단백질에 의한 기억력 저하를 참당귀 주정 추출물을 섭취하게 한 후 확인하였을 때에 유의적 개선이 확인되었다. 실제로 기억력 저하를 호소하는 노인을 대상으로 참당귀 뿌리 추출물을 섭취하게 하였을 때, 역시 인지력 평가방법에서 유의적 개선이 확인되었다. 따라서 '노인의 인지 능력 저하의 개선에 도움을 줄 수 있다'로 기능성을 인정받았다. 안전성과 기능성을 확보할 수 있는 1일 섭취량은 참당귀 뿌리 추출물로서 800 mg이다. 섭취할 때 주의사항으로는 소화불량, 속쓰림 등이 나타날 수 있으며, 혈액 응고 방지제 또는 혈당 강화제를 복용하는 사람은 의사와 상담한 후에 사용하여야 한다.

4.2.3. 포스파티딜세린

동물과 미생물 등의 생체막에 존재하고 있으며, 사람은 뇌에 높은 농도로 존재한다. 포스파티딜세린을 섭취하게 한 동물을 이용하여 실험한 결과, 행동이 유의적으로 개선되는 것이 관찰되는 등 포스파티딜세린의 인지 기능 개선의 효과가 있었다. 건강기능식품의 기능성 원료로서의 포스파티딜세린은 콩 레시틴을 L-세린(serine)과 효소(phopholiphase)에 반응시켜 물, 주정, 아세톤 또는 헥세인으로 추출하여 정제, 제조한 것으로 기능 성분인 포스파티딜세린이 380 mg/g 이상 함유되어 있어야 하고, 고유의 빛깔과 향미를 가지며 이미와 이취가 없어야 한다. 기능성이 확인된 인체 적용시험에서의 섭취량 등을 고려하였을 때, 포스파티딜세린 300 mg(1일 섭취량)은 '노화로 인하여 저하된 인지 기능 개선에 도움을 줄 수 있다'로 기능성을 인정받았다.

단원정리

인간의 뇌조직은 일반적인 성인을 기준으로 몸무게의 약 2 %를 차지하지만, 사람이 호흡하는 20 % 정도의 산소를 필요로 할 만큼 대사 활성은 매우 높은 조직이다. 이는 뇌조직을 포함한 중추신경계(CNS)가 정상적인 인체 유지를 위하여 수행하는 다양한 생리적 기능을 보더라도 미루어 짐작할 수 있다. 특히 우리는 두뇌를 통하여 외부의 정보를 정확하게 학습하고 이를 종합적으로 관리, 운용함으로써 기억시키는 인지 기능을 유지하게 된다. 뇌조직에서도 특히 대뇌의 이마엽(frontal lobe)과 해마(hippocampus)의 역할이 인지 기능 유지에 매우 중요한 역할을 수행한다. 이 부위에 존재하는 뇌신경세포의 건강한 대사가 파괴되었을 때 인지 기능이 떨어질 수 있는 데, 이는 노화에 따른 자연스러운 뇌신경세포의 사멸 과정(apoptotic pathway)을 통하여 나타날 수도 있고 산화스트레스(oxidative stress)의 조절 불균형이나 유전적 문제에서 비롯되는 Aβ 단백질의 생성에 의한 질환으로서의 알츠하이머성 치매를 통해서도 나타난다. 특히 후자의 경우에는 뇌신경세포의 비정상적 사멸에 따른 인지 기능의 감소가 매우 빠르게 진행된다. 그러므로 뇌조직에서 산화스트레스를 조절해 줄 수 있거나 Aβ 단백질의 세포 독성을 예방할 수 있다면 인지 기능의 감소는 지연시킬 수 있다. Aβ 단백질의 신경세포 독성 중 상당 부분이 산화스트레스를 유발하는 것으로 나타나므로 산화방지 효과(anti-oxidant activity)를 가지는 식품이나 그 구성 성분은 인지 기능 개선에 도움을 줄 수 있다. 그러므로 과채류 등에 다량 함유된 천연 산화방지제로 알려진 비타민 C와 E, 그리고 폴리페놀(polyphenols)을 포함한 파이토케미컬(phytochemicals) 등의 섭취가 인지 기능 개선에 도움을 줄 수 있으며, 이를 통하여 우리의 두뇌 건강을 유지하고 알츠하이머성 치매와 같은 퇴행성 뇌질환도 예방할 수 있을 것이다.

연습문제

1 다음 인체의 뇌조직 중 주로 인지 기능 역할에 중추적인 역할을 수행하는 구성 조직을 고르시오.
① 대뇌(cerebrum) ② 소뇌(cerebellum)
③ 뇌줄기(brain stem) ④ 중간뇌(midbrain)

2 뇌조직을 구성하는 신경세포는 세포와 세포 사이에 연접 부위를 유지하고 있다. 이러한 물리적 공간을 통하여 신호를 전달하기 위한 직접적 수단으로 활용되는 것을 고르시오.
① 수상돌기(dendrite) ② 신경 수초(myelin)
③ 신경전달물질(neurotransmitter) ④ 축삭 종말(axon terminal)

3 인체의 인지 기능 감소를 유발하는 일반적 원인으로 적합하지 못한 것을 고르시오.
① 활성산소종(ROS) ② 카탈레이스(catalase)
③ 자유라디칼(free radical) ④ 초과산화물 음이온(superoxide anion)

4 인지 기능 감소를 유발하는 노인성 치매인 알츠하이머병(AD)을 발생시키는 독성 물질이 아닌 것을 고르시오.
① 아밀로이드 전구단백질(APP) ② 아밀로이드 베타 단백질(Aβ protein)
③ 산화스트레스(oxidative stress) ④ 아세틸콜린(ACh)

5 다음 중 인지 기능 개선에 도움을 줄 수 있는 식품이나 식품군이 아닌 것을 고르시오.
① 항산화성 식품 ② 베리류
③ 콩 레시틴 ④ 고지방 식품

1. ① 2. ③ 3. ② 4. ④ 5. ④

CHAPTER 11

장내 건강 및 장내 세균

장내 건강은 인체에 미치는 영향이 큰 것으로 알려져 있는데, 특히 소화기관에 의해서 분해된 식품의 구성 성분에 따라 장내 균총°의 생육 및 장내 면역과의 상호작용에 의하여 인체 건강이 영향을 받고 있다. 따라서 장내 균총의 조성 및 그 역할을 이해하는 것은 장내 건강에 있어서 중요하다. 이러한 장내 균총의 중요성은 미생물학, 분자생물학 및 유전체학의 최신 연구기법이 발전됨에 따라 더욱 깊은 영역에까지 연구가 진행되고 있으며, 지금까지 알려지지 않았던 장내 균총의 인체 내 역할에 대한 연구도 활기를 띠고 있다. 이러한 장내 균총은 크게 유용 미생물과 유해 미생물로 나눌 수 있다. 대표적 유용 미생물로는 비피도박테리움(*Bifidobacterium*), 락토바실러스(*Lactobacillus*), 락토코커스(*Lactococcus*) 등의 유산균이 주를 이루고, 유해 미생물로는 대장균(*Escherichia coli*), 클로스트리디움(*Clostridium*), 살모넬라(*Salmonella*) 등의 병원성 또는 식중독 균이 주를 이룬다. 건강한 장내 균총은 이러한 유용 미생물 및 유해 미생물이 균형, 즉 장내 균총의 항상성(homeostasis)을 유지하는 상태를 가리킨다. 이러한 장내 균총의 균형이 깨질 경우에 장내 질병이 발생하게 되어 건강에 나쁜 영향을 미치게 된다. 따라서 이러한 장내 균총의 항상성을 계속적으로 유지하기 위해서는 유용 미생물들을 외부에서 섭취하도록 하여 장내 유해 미생물의 수와 균형을 이루도록 하는 것이 중요하다. 이를 위하여 현재 기능성 식품 산업에서는 비피도박테리움을 포함한 다양한 기능성 프로바이오틱스 제품과 발효 유제품들이 생산 및 소비되고 있으며 이와 같은 방법으로 유용 미생물들을 섭취할 수 있도록 도와 장내 균총의 균형을 이루도록 하고 있다. 본 장에서는 장내 균총의 조성 및 그 기능성과 프로바이오틱스를 활용한 기능성 식품에 관한 내용을 설명하고자 한다.

1. 장내 균총의 조성 및 기능성

인체의 장내는 아직까지 잘 알려지지 않은 복잡한 생태계 중의 하나로, 다양한 장내 미생물들이 공존해 살고 있으며 장내의 총 균수는 대략 10^{14}에 이르는 것으로 알려져 있다. 이는 인체를 구성하는 전체 세포 수의 10배에 해당하는 엄청난 수이므로 일부에서는 장내 균총을 이르러 "내 안의 또 다른 나"라고 지칭하기도 한다. 이러한 장내 균총은 인체 내 소화기관인 위, 소장, 대장 등에 주로 분포하고 있으며 특히 대부분의 장내 균총은 대장 하단부에 존재한다(그림 11-1).

이러한 장내 균총은 크게 4개의 미생물 문(門, phylum), 즉 의간균문(Bacteroidetes), 후벽균문(Firmicutes), 방선세균문(Actinobacteria), 프로테오박테리아문(Proteobacteria)으로 구성되어 있다. 그러나 개인별로는 미생물 속(屬, genus) 수준에서 개인의 나이, 건강 상태, 식단 등에 따라 다양한 조성을 보여주고 있다. 따라서 장내 균총의 전체 조성은 개인별 다양한 영

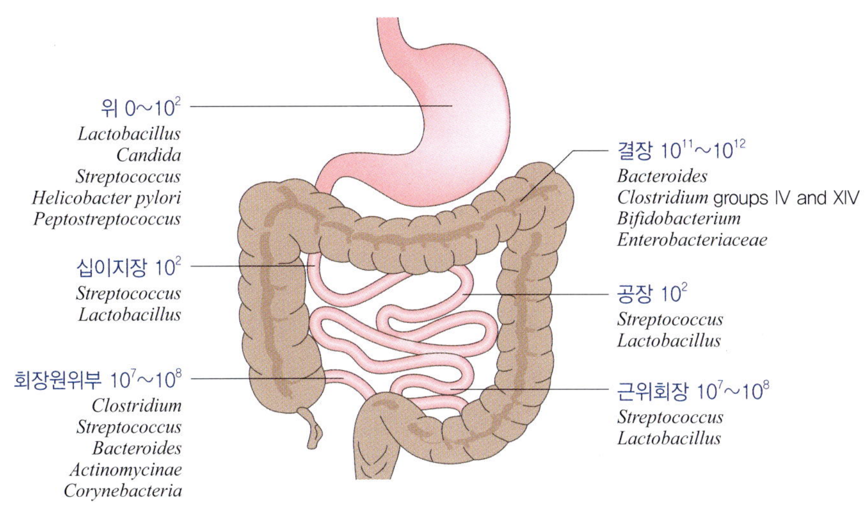

| 그림 11-1 | 인체의 소화기관 내 장내 미생물의 분포와 함유량

장내 균총 특정 환경, 즉 인간의 장에 정착하여 인간과 공생하는 미생물들의 총칭.

향 인자들에 대하여 어느 정도 적응하게 되어 이렇듯 다양성을 가지게 되었다고 볼 수 있다. 그러나 장내 균총의 조성 및 그 기능성에 대한 연구는 아직 걸음마 단계라고 할 수 있다. 1990년대 이후에는 주로 미생물 배양법을 통하여 장내 균총의 조성 분석이 이루어졌으며 2000년대 중반 이후에 이르러서야 차세대 염기서열 기술 및 유전체 연구기법이 개발되면서 메타유전체 수준에서의 장내 균총에 대한 조성 분석이 이루어지고 있다.

1.1. 장내 균총의 조성 분석방법

장내 균총의 조성 확인 및 동정을 하기 위하여 특정 미생물을 위한 선택배지 등을 바탕으로 한 미생물학적 배양법을 오랫동안 사용하여 왔다. 지금까지 이러한 배양법을 통하여 밝혀진 장내 균총의 조성은 박테로이데스속(*Bacteroides*), 유박테리움속(*Eubacterium*), 그리고 비피도박테리움속이 가장 많은 수를 차지하는 주요 균주이고, 클로스트리디움속, 펩토스트렙토코커스속(*Peptostreptococcus*), 엔테로코커스속(*Enterococcus*), 락토바실러스속, 대장균속 등이 그 뒤를 잇는 주요 균주로 알려져 있다. 최근까지 이러한 배양법을 통하여 분리되고 동정된 미생물 종(種, species)은 약 400여 종에 이른다. 그러나 현재의 미생물 배양법을 통한 장내 균총의 분리와 동정은 실험실에서 특정 미생물 배지를 통해서 배양이 가능한 미생물에 해당하므로 실제 장내 균총에 존재하는 전체 미생물 속의 수는 이보다 훨씬 많을 것으로 예상된다. 이렇듯 배양이 불가능한 미생물에 대한 정보를 얻기 위해서는 분자생물학을 바탕으로 한 미생물 비배양법을 이용한 장내 균총의 조성과 동정이 필요하다.

미생물들은 거의 대부분 각 유전자로부터 발현된 메신저 RNA(messenger RNA)를 번역(translation)하기 위한 리보솜 RNA(ribosomal RNA) 유전자 3종(16S, 23S, 5S)을 공통적으로 가지고 있으며, 그중에서 16S 리보솜 RNA는 미생물의 종류에 상관없이 염기서열이 가장 잘 보존된 유전자이므로 일반적으로 미생물을 동정하기 위해서는 16S 리보솜 RNA를 비교 분석한다. 현재는 이러한 16S 리보솜 RNA 분석을 바탕으로 하여 장내 균총 가운데 배양 가능한 미생물과 배양이 불가능한 미생물을 모두 검출하는 것이 가능해졌다. 인체 분변 내의 전체 DNA를 순수 분리하고 이를 바탕으로 16S 리보솜 RNA 유니버설 프라이머(16S rRNA universal primer)를 이용하여 PCR 증폭을 하여 얻은 모든 미생물의 16S 리보솜 RNA 유전자의 염기서열을 비교 분석하여 장내 균총의 조성 및 각 장내 미생물들을 동정하게 된다. 이러한 분자생물학적 분석법을 바탕으로 초기에는 500여 개의 장내 미생물 종을 밝혀내었으

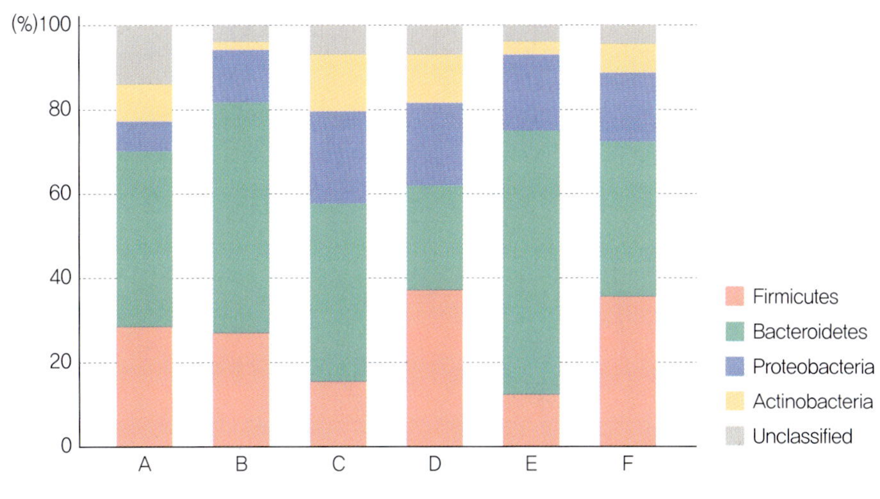

| 그림 11-2 | 한국인의 장내 총균 조성 분포(A~F : 한국인 성인)

며 그중 75 %가 비배양성 장내 미생물이었다. 유전자 염기서열의 분석방법이 최근에 이르러서는 차세대 염기서열 분석법(Next-Generation Sequencing, NGS)이 개발되고 이를 바탕으로 메타유전체 분석법(Metagenomics)이 도입되면서부터 훨씬 다양하고 정확한 장내 균총의 조성을 분석할 수 있게 되었다. 최근 성인 124명의 장내 균총에 대한 메타유전체 연구는 장내 균총 내의 미생물 종 수가 최소 1,000여 종을 넘는다는 보고를 하였으며, 그중 개인차에 관계없이 존재하는 핵심 장내 미생물로 160여 종이 존재한다고 보고하였다. 최첨단의 NGS 염기서열 분석을 통한 현재까지의 메타유전체 연구는 장내 균총이 2개의 가장 주요한 미생물 문인 의간균문과 후벽균문, 그 다음 주요한 4개의 미생물 문인 방선세균문, 프로테오박테리아문, 푸소박테리아문(Fusobacteria), 테너리쿠테스문(Tenericutes)으로 구성되어 있다는 것을 밝혀내었다(그림 11-2). 그러나 대량의 메타유전체 분석에도 불구하고 여전히 대다수의 장내 미생물은 비배양성이며 아직까지 알려지지 않은 장내 세균은 전체 장내 미생물 중 80 % 이상이라는 보고도 있어서 앞으로 많은 연구가 진행되어야 할 것으로 생각된다.

1.2. 장내 균총이 인체 건강에 미치는 영향

장내 균총에 대한 초기 조성 연구는 미생물 배양법을 이용하여 진행되었다. 1970년대 중반 일본에서는 연령별로 분변 샘플을 수집하여 미생물 배양법으로 각 장내 미생물을 분리 및 동정하여 영·유아부터 노년에 이르는 장내 균총의 조성 변화를 연구하였다(그림 11-3).

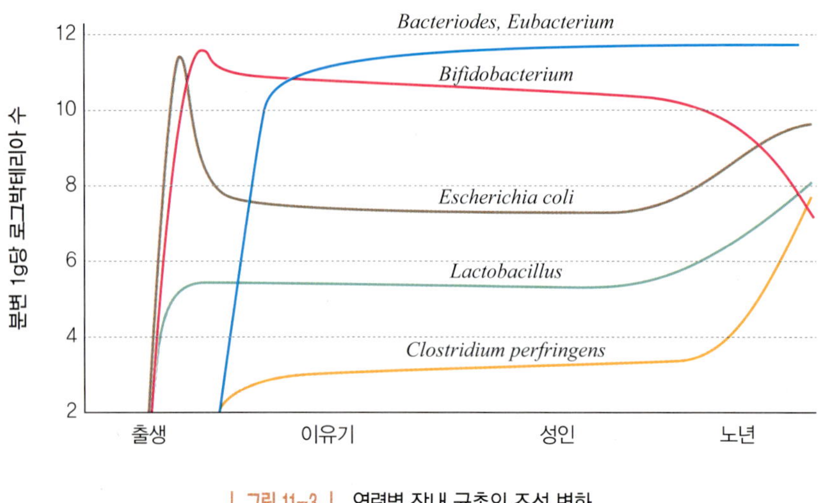

| 그림 11-3 | 연령별 장내 균총의 조성 변화

출처: Mitsuoka, 1975

이 연구 결과에서는 영·유아의 장내에는 주로 대표적인 프로바이오틱스 균주인 비피도박테리움이 가장 우위를 차지하고 있었으며, 청년기와 장년기까지 이러한 우위는 유지되었으나 노년기에 이르러 그 수가 급격히 감소하는 것으로 나타났다. 이와는 반대로 비피도박테리움 수의 감소에 따라 상대적으로 청장년기에는 어느 정도 억제되었던 장내 유해 미생물인 대장균과 클로스트디움의 수가 노년기에 이르러서는 급속하게 증가하는 것으로 나타났다. 이 결과는 장내 건강을 위하여서는 장내 균총의 균형 유지가 중요하고, 이를 유지하기 위한 장내 유래 프로바이오틱스, 특히 비피도박테리움의 중요성을 보여주고 있다(그림 11-3).

또한 영·유아 및 노년의 장내 유해물질(암모니아, 파라-크레솔(p-cresol), 페놀 등) 분석 결과에 의하면, 장내 균총 가운데 비피도박테리움이 96 %를 차지하는 영·유아의 장내 유해물질에 비하여 19 %만을 차지하는 노년의 장내 유해물질이 상당히 많은 양이 존재하는 것으로 나타났다. 이는 비피도박테리움 등의 프로바이오틱스가 장내에서 가장 우세한 균주로 자리잡을 때에 장내 건강이 증진된다는 것을 실험적으로 증명하고 있다. 이러한 결과는 장내 균총의 균형이 중요하다는 것을 증명할 뿐만 아니라, 이러한 상태를 유지하기 위해서는 장내 유래인 비피도박테리움을 포함한 프로바이오틱스를 다양한 기능성 식품을 통하여 섭취함으로써 꾸준히 장내에 공급해야 할 필요가 있다는 것을 말하고 있다.

차세대 유전체 염기서열 분석 기술 및 유전체 연구기법의 발달에 따른 분자생물학적 장내 균총의 조성 분석은 기존의 방법에 비하여 장내 균총이 인체의 건강에 미치는 영향을 좀 더 구체적으로 보여주었다. 특히 정상인 성인과 염증성 장염(inflammatory bowel disease, IBD) 환자의 장내 균총 조성을 비교 분석한 결과는, 정상인은 장내 유용 미생물 및 유해 미생물의 균형이 잘 이루어진 반면에 염증성 장염 환자는 이들 균형이 깨져 유해 미생물이 우세한 모습을 보여주어, 장내 균총의 균형이 직접적으로 장내 질환과 연관이 있다는 사실을 검증하였다. 특히 염증성 장질환의 발달 상황은 장내 균총의 균형이 악화되는 것과 일치되는 모습을 보여주어 이러한 사실을 뒷받침하고 있다. 이러한 장질환 환자는 다량의 프로바이오틱스를 섭취함으로써 그 증상이 완화되는 모습을 보이기 때문에 앞서 설명한 프로바이오틱스의 장내 균총의 건전성 및 장내 건강에 대한 효과도 잘 설명해주고 있다.

또한 장내 균총의 건전성이 인체 건강에 직접적으로 도움이 된다는 사실은 영·유아의 초기 장내 균총 형성 및 발달과도 밀접하게 연관되어 있다. 분만 직후 영아는 독자적인 면역체계가 부족하여 거의 무균 상태로 알려져 있으며, 생후 1~2주 이내 영아에 초기 장내 균총이 형성되는 것으로 알려져 있다. 따라서 분만 직후 영아의 초기 장내 감염을 막기 위해서는 비피도박테리움을 포함한 프로바이오틱스가 영아 초기 장내에 우세한 균총으로서 자리 잡아야 한다. 이는 영아의 장내 질병 예방 및 초기 면역 체계의 형성에 막대한 영향을 미칠 뿐 아니라 성인이 되어서도 장내 건강에 중요한 요소가 되는 것으로 알려져 있다. 그림 11-3에 영·유아 초기 장내 균총의 분석 결과에서 보여지듯이 비피도박테리움의 빠른 장내 정착은 영아의 장내 질병 예방에 중요한 요소가 된다.

최근 영아의 초기 장내 균총 형성에 대한 연구는 이러한 사실을 잘 뒷받침해 준다. 영·유아의 장내 균총 조성은 크게 세 부분으로 나눌 수 있는데 첫 번째는 모유나 분유의 수유 단계, 두 번째는 이유식 단계, 그리고 세 번째는 성인과 같은 방식으로의 전환 단계로 볼 수 있다. 영·유아의 초기 장내 균총 형성에서 가장 중요한 단계가 모유나 분유의 수유 단계라고 할 수 있다. 이 시기에는 분만 직후의 초기 장내 균총이 형성되기 위한 장내 미생물들의 유래가 중요하다고 할 수 있는데, 최근의 연구에서는 영아의 초기 장내 균총은 엄마의 질내 점액 또는 장내 균총에서 유래한다는 학설이 받아들여지고 있다. 이 학설은 메타유전체 분석을 통한 엄마의 장내 균총 조성과 영아의 장내 균총 조성을 비교한 결과에서 자연분만한 경우에는 거의 유사한 장내 균총 조성을 보여주었으나 제왕절개를 하여 태어난 영아의 경우는 장내 균총 조성이 엄마의 피부 균총과 유사함을 보여줌으로써 힘을 받고 있다. 또한 모유를 수유할 때 엄마의 유선 내에 존재하는 비피도박테리움이 모유와 함께 아이에게 전달된다는 연구도 실험을 통하여 보고되었는데, 엄마의 유선에 존재하는 비피도박테리움과 모유 수유를 한 영아의 장내 균총 내 비피도박테리움이 거의 일치하는 결과를 보여주었다. 또 다른 메타유전체 분석 결과에서는 분유를 섭취한 영아의 경우에 정상적인 건강한 장내 균총을 형성하지 못하고 비피도박테리움의 우점을 얻지 못하여 초기 장내 균총의 형성에서 불균형을 이루는 결과를 보여주었다. 따라서 영아의 건강한 장 건강 및 초기 면역 형성을 위해서는 반드시 건강한 장내 균총을 가진 엄마가 자연분만과 모유 수유를 수행하여야 함을 증명하였다. 또한 엄마의 모유에 함유되어 있는 모유올리고당은 장내 균총 중에서 비피도박테리움의 증가 및 활성을 크게 높여 주어 엄마에게서 받은 건전한 장내 균총을 유지할 수 있도록 돕는다. 엄마의 장내 균총의 건전성이 영아의 초기 장내 균총의 형성에 중요한 영향을 미치고 있으며, 모유올리고당이 이러한 건강한 초기 장내 균총을 유지할 수 있도록 돕는다.

수유 단계를 거친 영아는 이유식을 시작하면서 영아의 초기 장내 균총과 성인의 장내 균총의 중간적 특징을 가지는 과도기적 장내 균총을 조성하게 된다. 그러나 이유식이 지속됨에 따라 점점 성인의 장내 균총과 비슷해지는 결과를 보인다. 아마도 엄마에게서 받은 건강한 초기 장내 균총이 모유올리고당의 도움을 통하여 어느 정도 유지되다가 이유식을 시작함으로써 그 영향이 사라지게 되는 데 기인한 것으로 생각된다.

이유식이 끝나고 성인과 같은 식이를 시작하면서 유아의 장내 균총은 다시 한 번 급격한 변화를 겪게 되는데, 이 단계에 비로소 성인의 장내 균총 조성을 형성하기 시작한다. 이렇게 형성되는 성인의 장내 균총 조성은 성장할수록 복잡해지고 균총 내 균형을 찾아가면서 안정된다. 이렇게 안정된 성인의 장내 균총은 장년기를 거쳐 노년기가 되면 그 건전성이 점점 약화되면서 비피도박테리움의 숫자가 감소하고 다른 유해 미생물들의 수는 급격히 증가하는 결과를 가져오는 것으로 보고되어 있다. 이러한 메타유전체 분석을 통한 결과는 앞에서 설명한 것과 상당히 높은 유사점을 보여주므로, 건강한 장내 균총을 유지하기 위해서는 유용 미생물의 지속적인 섭취로 노년기에 이르러서도 장내 균총의 균형이 깨지지 않도록 노력하는 것이 무엇보다 중요하다.

또 다른 장내 균총의 건강 기능성에 대한 영향으로는, 비만과의 상호 관계에 대한 보고가 있었다. 이러한 사실을 증명하기 위하여 진행된 장내 균총에 대한 메타유전체 분석 결과에 의하면, 성인의 장내에서 가장 우세한 두 미생물 문인 의간균문, 후벽균문의 균형이 한쪽으로 쏠릴 경우에 비만이 나타나는 것으로 보고되었다. 의간균문이 우세할 경우에는 체중이 줄어드는 양상을 보이고, 후벽균문이 우세할 때에는 비만이 유발되는 모습을 보였다. 이러한 사실은 장내 균총의 조성이 인체의 비만에도 영향을 줄 수 있다는 결과를 보여주는 것이다.

그러나 최근에 의간균문은 주로 식물 식품 유래의 식이섬유를 선호하고 후벽균문은 당류 및 육류와 같은 고열량 식품 성분을 선호하는 것으로 알려짐으로써 단순히 장내 균총의 조성으로 인하여 비만이 유도된다기보다는 식습관에 따라 장내 균총이 변화하고 이를 바탕으로 비만이 유도된다는 동물실험 결과에 의해 수정 의견이 제기되고 있다. 따라서 최근의 장내 균총에 대한 연구는 인체 및 장내 건강을 유지, 회복하기 위한 장내 균총 조절(intestinal microbiota modulation) 연구가 활발히 진행되고 있으며, 이를 위한 추가 연구로서 장내 유래 프로바이오틱스의 섭취를 통한 장내 균총의 정장 및 조절 연구도 동시에 진행되고 있다.

2. 프로바이오틱스와 프리바이오틱스의 장내 건강 기능성

프로바이오틱스(probiotics 또는 익생균)의 초기 개념은 1900년대 초반 노벨상 수상자인 메치니코프(Elie Metchnikoff)가 정립하였다. 그는 프로바이오틱스를 "식품을 통하여 인체 내로 섭취되어 장내 균총을 변화하고 유해 장내 미생물들을 억제하여 인체 및 장내 건강을 증진하는 장내 미생물"이라고 정의하였고, 현재는 2002년 FAO와 WHO에 의해 정립된 기준인 "일정량을 섭취하였을 때 인체의 장내 건강에 도움을 주는 살아 있는 유용 미생물"이라고 정의하고 있다. 일반적으로 프로바이오틱스로 분류되는 유용 미생물은 크게 비피도박테리움과 다양한 유산균으로 장내 유래 및 다양한 발효 식품 유래의 균주를 폭넓게 받아들이고 있으나, 우리나라의 식품의약품안전처 기준에 따르면 5개의 미생물 속(락토바실러스, 락토코커스, 엔테로코커스, 스트렙토코커스, 비피도박테리움) 중 일부 미생물 종들만을 인정하고 있다. 따라서 국내에서는 여기에 해당하는 프로바이오틱스 균주만을 건강기능식품으로 허용하고 있어서 이들만 사용할 수 있다(표 11-1).

그중 가장 대표적인 장내 유래 프로바이오틱스는 비피도박테리움이며 발효유, 과립, 분말 등의 다양한 형태로 생산 및 소비되고 있으며, 국내 비피도박테리움 시장은 계속 성장하고 있다. 장내 균총 및 건강에 대한 비피도박테리움의 기능은 앞에서 간단히 설명하였는데, 인체 및 장내 건강과 관련하여 제기된 잠재적 기능성은 설사 예방 및 완화, 건강한 장내 균총의 회복 효과, 변비 예방 및 완화, 유당불내증(lactose intolerance) 완화, 콜레스테롤 저하, 장내 면역의 증강 효과, 항암 효과 등으로 요약할 수 있다.

프리바이오틱스(prebiotics)는 섭취 후 소화기관에서 분해되지 않고 대장에 도달하여 장

| 표 11-1 | 식품의약품안전처 지정 건강기능식품의 기능성 원료로서 프로바이오틱스

구분	종류
락토바실러스(*Lactobacillus*)	*L. acidophilus, L. casei, L. gasseri, L. delbrueckii* subsp. *bulgaricus, L. helveticus, L. fermentum, L. paracasei, L. plantarum, L. reuteri, L. rhamnosus, L. salivarius*
락토코커스(*Lactococcus*)	*Lc. lactis*
엔테로코커스(*Enterococcus*)[a]	*E. faecium, E. faecalis*
스트렙토코커스(*Streptococcus*)	*S. thermophilus*
비피도박테리움(*Bifidobacterium*)	*B. bifidum, B. breve, B. longum, B. animalis* subsp. *lactis*

[a], 사균만 인정

내 유용 미생물에 의하여 이용되며, 프로바이오틱스의 생육 및 활성을 선택적으로 촉진시켜 인체와 장내 건강에 좋은 효과를 나타내게 하는 비소화성 식품 성분을 말한다. 주로 식물 유래의 올리고당류가 대부분이며 대표적인 프리바이오틱스로는 프럭토올리고당(fructooligosaccharides), 자일로올리고당(xylooligosaccharides), 갈락토올리고당(galactooligosaccharides) 등이 있다. 이들은 프로바이오틱스와 함께 다양한 기능성 식품 소재로서 조제분유 및 건강기능식품, 그리고 설탕 대체용 기능성 천연 감미료에 사용되고 있다. 특히 식물 유래 올리고당은 비피도박테리움을 선택적으로 증가시켜서 일반적으로 비피더스인자(bifidus factor)라고도 부른다. 최근에는 모유 성분 중의 하나인 모유올리고당(human milk oligosaccharides, HMO)을 연구하여, 장내 비피도박테리움의 선택적 증가를 유도할 수 있는 프리바이오틱스의 새로운 소재로 활용하려는 경향이 나타났다. 모든 동물의 모유 중에서 사람 모유 유래의 올리고당이 가장 복잡하여 대략 200여 가지의 서로 다른 모유 유래 유도체가 조합되어 형성하는 것으로 밝혀졌다. 그중에서 가장 기능성이 높은 물질을 찾고 있으며 모유올리고당을 대량 생산하여 산업적으로 활용할 수 있는 연구를 진행하는 중이다.

3. 비피도박테리움과 장내 건강

비피도박테리움은 1899년 프랑스의 티시에(Henri Tissier)가 처음으로 분리하였다. 그 이후 다양한 비피도박테리움이 분리, 동정되어 현재는 31종에 이르고 있다. 비피도박테리움은 장내 균총을 구성하는 미생물 중에서 가장 우점종을 차지하는 미생물인 동시에 장내 건강에 가장 중요한 역할을 하는 균주로 알려져 있다. 이러한 비피도박테리움의 장내 건강 관련 기능성들은 다양한 실험을 통해서 제시되었다. 이로써 비피도박테리움은 장내 균총 개선 및 장내 건강을 증진시키기 위한 새로운 기능성 식품 소재로서 인정받아 다양한 기능성 식품에 산업적으로 활용하고 있다.

3.1. 설사의 예방과 완화

비피도박테리움의 첫 번째 기능성으로 알려져 있으며, 동물실험을 통하여 유해 미생물이나 바이러스의 감염에 따른 설사 증상의 완화 또는 치료를 목적으로 비피도박테리움을 투여하여 그 효능을 검증하였다. 아마도 증가된 비피도박테리움의 수가 설사를 일으키는 유해 미생물을 억제함으로써 설사 증상을 완화시킨 것으로 보고되었으며, 인체 임상실험에서도 이러한 효과가 통계학적으로 의미 있는 것으로 보고되었다.

3.2. 초기 장내 균총의 형성에 대한 영향 및 건강한 장내 균총의 회복

영아의 건강한 초기 장내 균총의 형성은 독자적인 면역 체계를 갖추지 못한 영아의 장내 감염을 예방해 주는 것으로 보고되었다. 이러한 효과를 검증하기 위한 실험에서는 구강을 통하여 비피도박테리움을 투여받은 영아의 경우에 장내 감염률이 아주 낮은 수준으로 발병되어 이러한 사실을 증명해 준다. 또한 장기간 항생제를 복용한 성인 환자의 경우에는 장내 균총이 모두 파괴되어 장내 감염에 노출되기 쉬운데, 비피도박테리움을 섭취하면 단기간 내에 파괴된 장내 균총을 건강한 상태로 회복시킬 수 있도록 도와준다는 보고가 있다. 따라서 비피도박테리움의 섭취는 장내 균총의 형성과 회복에 중요한 영향을 끼친다는 것을 알 수 있다.

3.3. 장내 균총의 정장작용

비피도박테리움은 젖산을 주로 생산하는 유산균과는 달리 아세트산과 젖산을 3 : 2의 비율로 생산하여 장내 산도를 더욱 크게 낮출 수 있으므로 다른 유해 미생물들의 생육을 효과적으로 저해할 수 있다. 또한 짧은사슬지방산(short chain fatty acid, SCFA)을 대량 생산하여 비피도박테리움뿐만 아니라 다양한 유산균의 증식을 돕는다. 최근에는 다른 유해 미생물들을 직접 죽일 수 있는 박테리오신(bacteriocin)을 생산한다는 보고도 있었다. 이러한 연구 결과를 바탕으로 비피도박테리움은 장내 유해 미생물들의 생육을 억제하고 유산균을 포함한 유용균들의 증식을 돕는다고 볼 수 있는데, 이러한 현상을 비피도박테리움의 정장 작용이라고 한다.

3.4. 변비의 예방과 완화

비피도박테리움의 또 다른 기능성으로는 노년층에서 흔히 발생하는 변비에 대한 예방 및 증상 완화이다. 비피도박테리움을 섭취하는 인체실험에서는 비피도박테리움이 장 운동을 개선하고 배변을 도울 수 있는 윤활 성분을 생산하는 것으로 보고되었다. 또한 유사한 연구에서는 일부 심각한 변비 환자의 경우에 비피도박테리움의 섭취가 분변의 장내 통과시간을 단축시켜 배변을 돕는다는 결과도 나와서 비피도박테리움의 변비 개선 효과를 입증하고 있다. 최근에는 일부 비피도박테리움이 다량의 세포 밖 다당류(exopolysaccahrides, EPS)를 생산하여 대장의 흡습성을 방해함으로써 분변 내 보습을 유지시켜 분변을 묽게 만들어 배변을 돕는다는 보고도 있어서 이러한 사실을 뒷받침해 주고 있다.

3.5. 콜레스테롤 농도의 저하

비피도박테리움의 지속적인 섭취는 체내 콜레스테롤의 농도를 낮춘다는 임상학적 연구 결과가 보고되었다. 이러한 결과를 뒷받침해 줄 수 있는 추가 연구도 있었는데, 일부 비피도박테리움이 세포 내에 콜레스테롤을 축적해 놓았다가 배변 시 체외로 함께 배출시킨다는 결과를 보고하였다. 이러한 연구 결과는 콜레스테롤 저하와 관련된 비피도박테리움의 기능성을 설명해 준다.

3.6. 장내 면역의 증강 효과

지금까지 수많은 연구에서 비피도박테리움이 장 표면의 세포와 상호작용을 하여 장내 면역력을 높인다는 사실을 보고하였다. 이러한 사실을 실험적으로 입증하기 위하여 비피도박테리움을 면역세포에 접촉시킨 후에 염증의 발생과 관련 있는 인터페론-감마(interferon-γ, IFN-γ), 종양괴사인자-알파(tumor necrosis factor-α, TNF-α), 인터루킨 12(interleukin-12, IL12) 등의 사이토카인(cytokines)들을 검사한 결과, 그 양상이 줄어드는 것으로 나타나 면역 증강에 따른 염증 감소의 효과를 보였다.

또한 비피도박테리움 내의 DNA는 주로 구아닌(guanine)과 사이토신(cytosine)으로 되어 있는데, 이러한 CpG 모티프는 장내 면역을 효과적으로 증가시킨다는 보고도 있다. 이러한 결과는 비피도박테리움이 직접적으로 장내 면역세포와 반응하여 면역을 증강할 수 있다는 사실을 보여준다.

3.7. 항암 효과

비피도박테리움의 항암 효과는 아직 실험으로 명확하게 검증하지는 못하였으나, 일부 세포 및 동물 실험에서 의미 있는 결과를 보여주어 잠재적 암 억제능이 있다고 주장하는 사람이 있다. 그러나 아직 직접적인 항암 효과와 관련된 연구 결과를 보여주지 못하고 있어서 비피도박테리움의 잠재적 기능성에 대하여서는 어느 정도 논란이 있는 것이 현실이다.

4. 장내 균총의 개선 및 장내 건강을 위한 비피도박테리움의 산업적 활용

앞에서 설명한 다양한 기능성을 바탕으로 비피도박테리움은 프로바이오틱스 균주 중에서 가장 널리 쓰이는 기능성 식품 소재이다. 식품 산업에서 가장 많이 사용하는 상업용 균주는 크리스찬 한센(Chr. Hansen)에서 개발한 비피도박테리움 락티스(*B. animalis* subsp. *lactis*) BB-12이며, 이 균주의 장내 균총 개선 및 장내 건강 증진 효과는 다양한 연구에서 보고된 바가 있다. 균체 자체를 건조 또는 코팅해서 만든 제재 형태로 기능성 식품 보조제로 소비되거나 다양한 식품에 기능성을 향상시키기 위하여 첨가되는 형태로 소비된다. 그러나 비피도박테리움을 포함하여 소비되는 대표적 식품은 발효 유제품(요구르트, 치즈, 크림 등)이다.

비피도박테리움은 발효되면서 아세트산을 만들기 때문에 비피도박테리움을 사용하여 직접 발효하는 대신 락토바실러스 등과 같은 다른 유산균을 사용하여 발효한 후 첨가해 주는 형태로 제품을 생산한다. 최근 장내 건강에 대한 관심이 높아지면서 프로바이오틱스 시장은 급속하게 성장하는 추세를 보이고 있어서, 기능성이 우수한 프로바이오틱스의 선발 및 대량 생산이 중요하다. 또한 프로바이오틱스를 함유하는 다양한 기능성 식품의 개발이 활발히 진행되고 있다.

CpG 모티프 구아닌과 사이토신으로만 구성된 짧은 DNA 조각

단원정리

1. 장내 균총의 조성 및 기능성
   - 장내 균총의 조성을 분석하는 방법은 장내 균주의 분리 및 동정에 바탕을 둔 미생물 배양법과, 분자생물학 및 유전체학에 바탕을 둔 메타유전체 분석법을 활용하는 미생물 비배양법이 활용되고 있다.
   - 장내 균총은 출생한 후 영·유아기를 거쳐 노년기에 이르기까지 그 구성이 조금씩 변화하는데, 균총 구성의 건전성은 노년기에 접어들수록 줄어드는 경향을 보인다.
   - 영·유아기의 초기 장내 균총은 초기 장내 감염의 예방과 면역 체계의 형성에 있어서 중요하고, 청장년기에는 일정한 균총 조성을 유지하나 노년기에는 유용 미생물의 수가 감소하여 장내 환경이 악화된다.
   - 장내 균총의 항상성과 건전성을 유지하기 위해서는 부족한 유용 미생물(프로바이오틱스)의 수를 외부로부터 섭취하여 보충해 줄 필요가 있다.
2. 프로바이오틱스 및 프리바이오틱스의 장내 건강 기능성
   - 장내 균총을 개선하고 장내 건강을 증진할 수 있는 생균제로서 프로바이오틱스의 소비가 증가하고 있다.
   - 또한 특정 프로바이오틱스의 생육 및 활성을 배가시키기 위하여 프리바이오틱스를 혼용하여 그 기능성을 배가시킬 수 있다.
3. 비피도박테리움과 장내 건강
   - 비피도박테리움은 대표적인 프로바이오틱스로서 장내 균총의 개선 및 장내 건강을 증진시키는 다양한 잠재적 기능성을 가지고 있는 것으로 알려져 있다.
   - 이들은 설사의 예방과 완화, 초기 장내 균총의 형성에 대한 영향 및 건강한 장내 균총의 회복, 장내 균총의 정장작용, 변비의 예방과 완화, 콜레스테롤 농도의 저하, 장내 면역력 증강 효과, 그리고 항암 효과 등이 보고되어 있다.
4. 장내 균총의 개선 및 장내 건강을 위한 비피도박테리움의 산업적 활용
   - 프로바이오틱스로서 비피도박테리움은 다양한 건강기능식품의 소재로서 사용되는데, 특히 발효 유제품에 폭넓게 사용되고 있다.
   - 향후 기능성이 우수한 프로바이오틱스의 선발 및 산업적 활용을 위한 프로바이오틱스를 함유하는 다양한 기능성 식품의 개발이 요구된다.

연습문제

1 인체 장내 균총의 조성과 기능성을 연구하기 위한 두 가지 방법을 설명하고, 두 방법의 장단점을 비교하시오.

2 출생 직후 영아기의 초기 장내 균총의 형성은, 장내 감염의 예방 및 초기 면역 체계 구축에 중요한 것으로 알려져 있다. 이러한 초기 장내 균총의 유래에 대해서 논하시오.

3 프로바이오틱스와 프리바이오틱스를 정의하고 비피도박테리움의 잠재적 기능성을 요약하시오.

1. 장내 균총의 조성 및 기능성을 연구하는 방법으로는 미생물 배양법과, 메타유전체 분석을 통한 미생물 비배양법을 들 수 있다. 미생물 배양법은 장내 미생물을 직접 분리해서 동정하므로 그 정확도가 높고 분리된 장내 미생물 각각을 추가적으로 연구, 분석할 수 있는 장점이 있으나 실험실에서 배양이 가능한 장내 미생물만이 가능하고 장내 균총 중 거의 대부분을 차지하는 비배양성 미생물에 대한 정보를 얻는 것은 불가능하다는 단점이 있다. 비배양성 미생물의 정보를 얻기 위해서 분자생물학 및 유전체학을 바탕으로 하는 메타유전체 분석을 통한 미생물 비배양법을 수행하여야 한다. 미생물 비배양법은 분변 내에 존재하는 박테리아의 DNA를 바탕으로 하므로 배양성 또는 비배양성 장내 미생물에 대한 종합적인 정보를 얻을 수 있으나 첨단의 NGS 설비와 생물정보학적 분석 기술이 요구되는 단점이 있다.
2. 출생 후 영아의 장내는 무균 상태에 가까우나 출생 중에 엄마의 질내 점액 및 분변으로부터 초기 장내 균총을 얻게 되는 것으로 알려져 있다. 최근의 메타유전체 분석으로 엄마의 장내 균총 조성과 영아의 조성이 거의 일치된다는 사실을 밝혀 이러한 주장을 뒷받침해 주고 있다. 또한 수유할 때 엄마의 유선에 존재하는 비피도박테리움이 영아에게 전달되어 초기 장내 균총의 형성에 도움을 준다.
3. 프로바이오틱스는 인체 건강에 도움을 줄 수 있는 살아 있는 유용 미생물이고, 프리바이오틱스는 프로바이오틱스의 생육 및 활성을 선별적으로 촉진하는 물질이다. 또한 비피도박테리움의 잠재적 기능성으로는 설사의 예방 및 완화, 초기 장내 균총의 형성에 대한 영향 및 건강한 장내 균총의 회복, 장내 균총의 정장작용, 변비의 예방 및 완화, 콜레스테롤 농도의 저하, 장내 면역력 증강 효과, 그리고 항암 효과 등이 보고되었다.

CHAPTER 12

식품의 오믹스학

1. 식품과 오믹스학

인간유전체 프로젝트 이후의 21세기 생명공학은 유전체 정보와 기술을 이용하여 삶의 질을 개선하는 데 중점을 두고 있다. 식품공학과 영양학, 한의학 및 약학 분야에서도, 유전체 정보에 바탕을 둔 유전체학(genomics), 단백질체학(proteomics), 대사체학(metabolomics), 메타유전체학(metagenomics) 등 소위 오믹스학(omics) 기술을 식품 소재 연구에 응용하여 새로운 개념의 식품을 개발하고, 식품의 건강 기능성 및 안전성을 평가하는 연구가 진행되고 있다.

오믹스학이란 다양한 기술을 총칭하는 것으로서, 유전체학, 전사체학(transcriptomics) 및 단백질체학뿐만 아니라, 더 나아가서 메타유전체학과 대사체학을 포함한다. 이전에는 한 번 실험에 수 종류의 유전자, 단백질, 대사물질을 분석하여 실험 결과를 해석하였으나, 오믹스 기법을 이용하면 수많은 유전자, 단백질, 대사체를 단번에 측정할 수 있으므로 실험 결과를 보다 총체적으로 해석할 수 있는 커다란 장점이 있다.

오믹스학 중 유전체학에서는 세포 및 조직 내 전체 유전자 발현 프로파일을 마이크로어레이(microarray)나 RNA 순서결정(RNA sequencing, RNA seq) 기법을 이용하여 한꺼번에 수만 종의 mRNA 발현도를 조사한다. 단백질체학 분야에서는 2차원 전기영동법과 MALDI-TOF MS 질량분석기를 이용하여 수백 가지 이상의 단백질 발현도를 동시에 분석하며, 대사체학 분야에서는 GC-MS나 LC-MS 등 분석 기법을 사용하여 수십 종의 대사체 농도를 동시에 분석한다. 이 중 유전체학, 단백질체학, 대사체학의 연구 기법은 식품공학, 영양학, 약학 및 한의학 분야에서도 식품을 섭취한 후 조직 세포에 발현되는 유전자, 단백질, 대사체 발현을 총체적으로 분석하여 식품의 건강 효능을 평가하는 데 활용하고 있다. 예를 들어 질병형 배양세포, 동물모델에 식품 성분을 처리하거나 투여한 후에 유전체, 단백질체 혹은 대사체 분석을 실시하여 식품 성분이 질병형 유전체, 단백질체 혹은 대사체 발현 패턴을 건강형 패턴으로 바꾸어주는 연구를 수행할 수 있다. 또한 질병의 치료보다는 예방을 위

tip

MALDI-TOF MS와 GC-MS 및 LC-MS

MALDI-TOF MS는 matrix-assisted laser desorption ionization time of flight mass spectroscopy의 약자로, 20만 Da 이상의 물질에 대하여 신속 정확한 분자량 측정이 가능한 기기분석법인 MALDI-TOF 분석법과 분자구조를 결정하는 MS(mass spectrometry)법을 연결하여 분자량과 분자구조를 정확하게 측정하는 방법. 감도가 높아 낮은 농도의 생체시료 분석에 적합하며 단백질체학 응용의 경우, SDS-PAGE로 분리한 단일 스팟(spot) 시료를 정제하여 단백질분해효소로 처리하고 MALDI-TOF MS 분석을 실시하면 단백질 시료의 분자량, 아미노산 개수, 아미노산 서열을 정확하게 분석할 수 있다.

GC-MS 및 LC-MS : 기체크로마토그라피-질량분석기(gas-chromatography-mass spectrometry) 및 액체크로마토그라피-질량분석기(liquid chromatography-mass spectrophotometry)의 약어. 혼합물 시료 중 포함된 여러 물질의 농도를 동시에 정량하기 위해서 물질을 분리 정제하는 기체 혹은 액체 크로마토그라피 분석기기와 분자구조를 결정하는 질량분석기를 연결하여 시행하는 분석법. 크로마토그라피를 통해 얻어진 물질의 분자구조를 확인할 수 있는 감도 높은 분석법으로 여러 개의 물질을 동시에 분석할 수 있다. 때로는 분석 감도를 높이기 위해 MS를 하나 추가하여 GC-MS-MS 혹은 LC-MS-MS 분석법을 수행하기도 한다.

유전체 세포 또는 조직에 포함되어 있는 유전자의 총합.

메타유전체 특정 자연 환경에 존재하는 모든 미생물의 유전체 집합. 장내 미생물 메타유전체는 장내 서식하는 미생물의 유전체 총합을 의미한다.

오믹스학 영어의 -omics를 번역한 용어로 현대 생명과학에서 많은 분자나 세포 등의 집합체 전부를 뜻한다. 오믹스학은 체에 대하여 연구하는 학문이다. 오믹스학에서는 생물정보학적 기법을 활용하여 기존의 단편적인 연구에서 탈피하여 복합적이고 총체적 패러다임을 시도함으로써 대량의 생물 정보와 이들 간의 상호 관계를 종합적으로 연구한다. 체학이라고 부르는 경우도 있다.

전사체 세포 또는 조직에서 발현된 mRNA의 총합.

대사체 세포 또는 조직에서 발현된 대사물질의 총합.

단백질체 세포 또는 조직에서 발현된 단백질의 총합.

한 식품의 건강 효능을 평가하는 데 적합한 새로운 생체 지표를 개발하기 위하여 유전체학, 단백질체학, 대사체학의 연구 기법을 응용할 수도 있다. 이러한 연구 분야는 영양유전체학(nutrigenomics)으로 분류되기도 한다.

한편, 오믹스학의 응용은 식품미생물 분야에서도 중요한데, 식품미생물 자체에 대한 유전체 연구뿐만 아니라 식품과 식품미생물 간의 상호작용을 통한 식품의 변화를 연구하는 데 있어서 아주 중요한 요소가 되고 있다. 그중 식품미생물에 대한 오믹스학의 급속한 발전은 첨단 기술력의 개발 및 활용을 통하여 진행되었는데, 특히 차세대 염기서열 분석(next generation sequencing, NGS) 기술 및 크로마토그래피-질량분석기(chromatography-mass spectrometry)의 눈부신 발전으로 더욱 그 활용도가 커지고 있다. 따라서 이러한 기술적 발전에 따라 식품에 관련된 미생물의 유전체학적 연구는 기존에 알려지지 않았던 새로운 사실들을 전달하게 되었으며, 식품의 가치 상승 및 안전성 확보에 있어서도 획기적인 발전을 이루었다.

2. DNA, RNA 그리고 단백질

생명체에 있어서 유전체의 유전 정보는 DNA의 복제(replication), 전사(transcription), 번역(translation)에 의해서 진행되는 센트럴 도그마(central dogma)로 표현된다(그림 12-1).

센트럴 도그마는 미생물부터 인간에 이르는 모든 생명체에서 공통으로 가지고 있는 유전 정보의 표현 방식이며, 이러한 센트럴 도그마를 해당 조직이나 세포에서 이해하기 위해서는 그 미생물의 유전체 정보를 분석하여 그 메커니즘을 예측할 수 있다.

2.1. DNA 복제

DNA는 단위물질인 염기(nucleotide)인 아데닌(adenine), 티민(thymine), 구아닌(guanine), 사이토신(cytosine)으로 구성되어 있으며 유전 정보를 담고 있는 기본물질이고, 두 가닥의 염기사슬이 서로 상보적으로 결합하여(A와 T, 그리고 G와 C가 서로 결합함) 이중나선구조를 가지는 특이한 형태를 갖는다(그림 12-2).

DNA의 복제를 위해서는 헬리케이스(helicase)라는 효소에 의해서 두 가닥의 염기사슬이 풀어져서 한 가닥의 염기사슬이 되고, 그중에 한 사슬의 염기서열에 상보적인 염기들을 순차적으로 DNA 복제효소(DNA polymerase)에 의하여 연결시킴으로써 새로운 염기사슬을 만

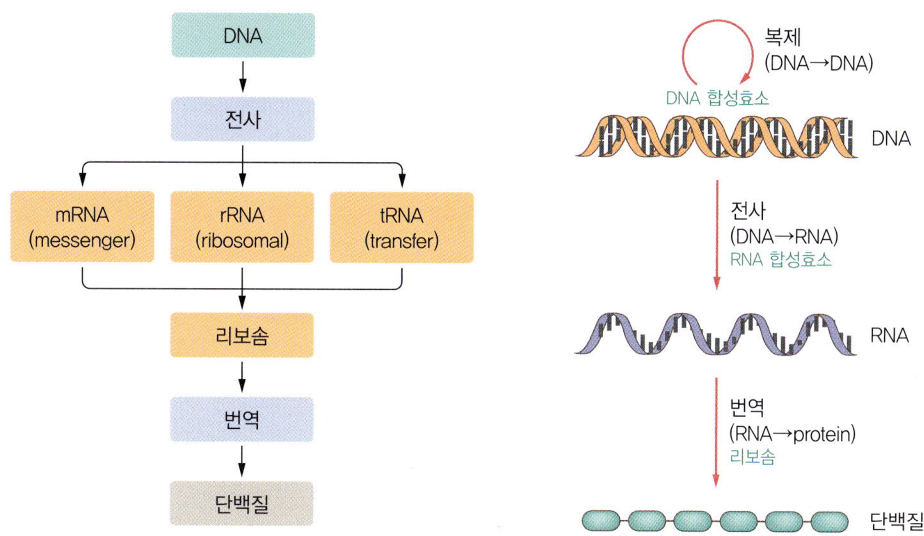

| 그림 12-1 | 센트럴 도그마에 의한 유전 정보의 표현

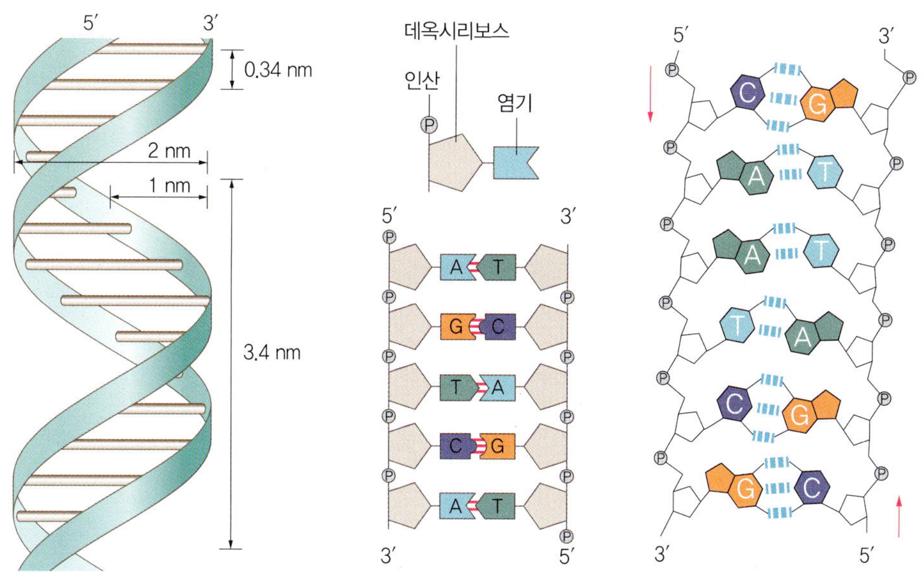

| 그림 12-2 | DNA의 이중나선구조

DNA는 이중나선구조로 이루어져 있다. 한 개의 염기당 0.34 nm 길이로 되어 있어 한 바퀴 360° 턴에 약 10.5개 염기서열이 필요하다. 지름은 2 nm, major groove의 깊이는 1 nm로 되어 있다. DNA의 기본단위는 뉴클레오티드이며 이는 염기, 당, 인산으로 구성되어 있다. 뉴클레오티드 중 아데닌(A)는 티민(T)과, 구아닌(G)은 사이토신(C)과 각각 2개, 3개의 상보적 수소결합을 한다.

센트럴 도그마 분자생물학의 중심 원리는 1958년 크릭(Francis Harry Compton Crick)이 제안한 개념으로, 1970년 〈Nature〉에 게재되어 발표되었다. 이 중심 원리는 유전 정보가 전달되는 과정을 담고 있으며 DNA 정보로 mRNA를 생성하는 전사, mRNA에서 단백질을 생성하는 해독, 그리고 세포 분열 시에 DNA 한 분자가 두 분자로 생성되는 복제 과정을 담고 있다.

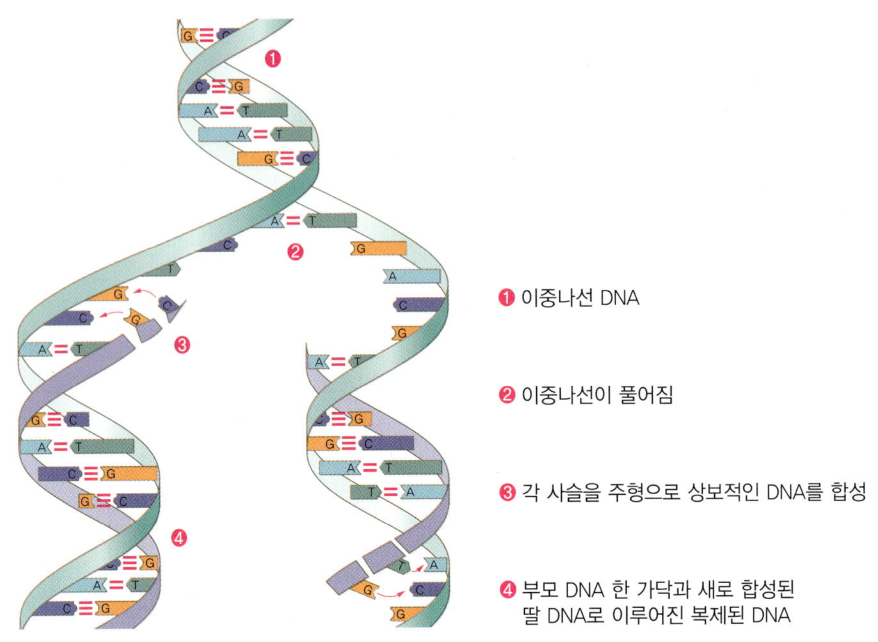

| 그림 12-3 | DNA의 복제 메커니즘

들면서 진행된다. 이러한 복제 메커니즘은 두 가닥의 염기사슬을 네 가닥으로 만들어 결국 하나의 DNA를 두 개의 DNA로 복제하는 것으로 진행된다(그림 12-3).

2.2. 전사

DNA 내에 유전 정보를 담고 있는 부분을 유전자(gene)라고 하는데 유전자가 가진 염기 서열을 바탕으로 RNA 합성효소(RNA polymerase)에 의하여 각 유전자의 촉진유전자(promoter)로부터 메신저 RNA(messenger RNA, mRNA)를 합성해가는 과정을 말하며, 종료자(terminator)에 이르러 합성이 종료된다. 이러한 합성 메커니즘은 크게 세 부분으로 나뉘는데, 개시(initiation), 신장(elongation), 종결(termination)로 구성된다(그림 12-4). 이렇게 합성된 mRNA는 번역을 통한 단백질 합성 시에 아미노산의 배열순서에 대한 정보를 제공하여 유전 정보에 따른 정상적인 단백질 합성을 유도한다.

2.3. 번역

전사를 통하여 얻어진 메신저 RNA는 유전자의 유전 정보를 담고 있으며, 이러한 유전 정

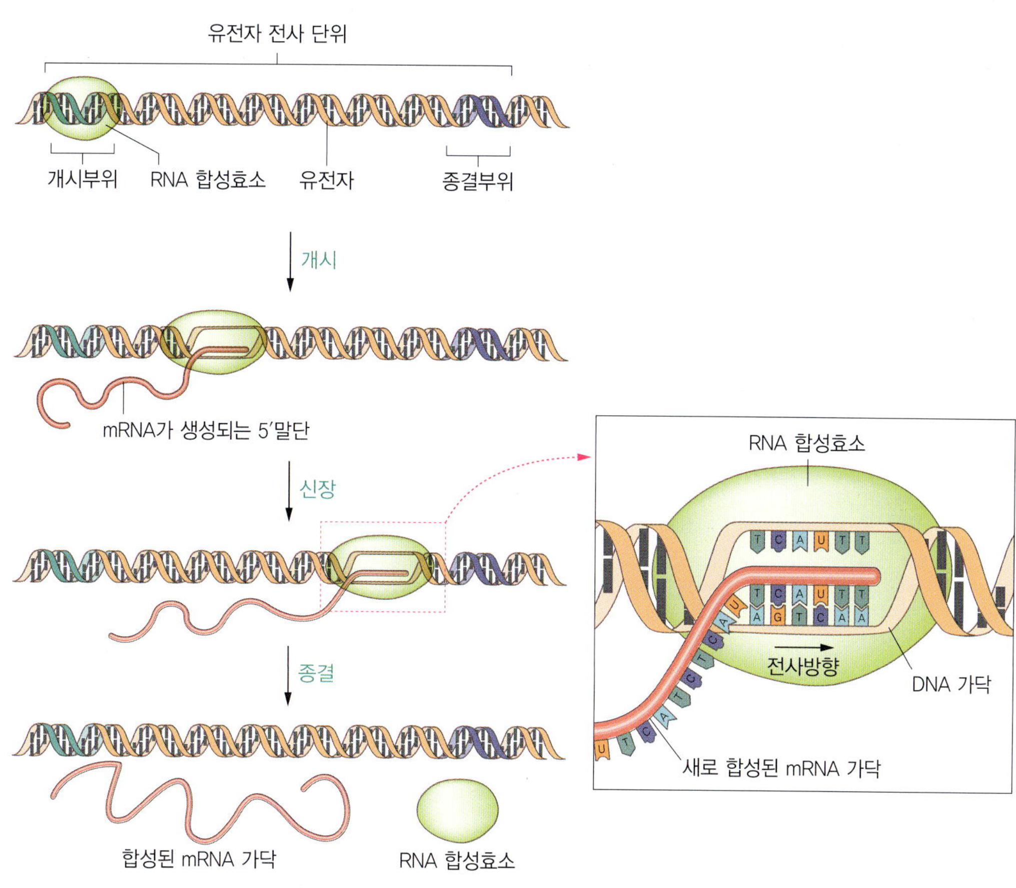

| 그림 12-4 | 전사를 통한 메신저 RNA의 합성 메커니즘

보를 바탕으로 염기를 세 개씩 끊어서 아미노산의 코돈(codon)이 결정된다(그림 12-5).

이러한 코돈은 특정 아미노산의 배열에 대한 정보를 제공하며, 그 코돈의 종류에 따라서 전송 RNA(transfer RNA, tRNA)가 해당 아미노산을 리보솜(ribosome)으로 운반하고 리보솜은 메신저 RNA의 코돈 정보를 읽으면서 그러한 아미노산들을 연결하여 펩타이드(peptide) 결합을 만들어 단백질의 1차 구조인 아미노산 사슬을 완성한다(그림 12-6). 이렇게 완성된 아미노산 사슬은 서로 결합하고 꼬이면서 특정 구조를 갖는 단백질로 형성된다.

이러한 센트럴 도그마(DNA 복제, 전사 및 번역)를 통하여 유전 정보를 바탕으로 단백질을 만들어 그 기능성을 발휘하는 과정은, 생명현상의 발현을 가능케 해주고 있으므로 매우 중요한 생명현상의 하나라고 할 수 있으며 유전체학의 기본이다.

두 번째 염기

첫 번째 염기	U	C	A	G	세 번째 염기
U	UUU 페닐알라닌 UUC 페닐알라닌 UUA 류신 UUG 류신	UCU 세린 UCC 세린 UCA 세린 UCG 세린	UAU 타이로신 UAC 타이로신 UAA 종결코돈 UAG 종결코돈	UGU 시스테인 UGC 시스테인 UGA 종결코돈 UGG 트립토판	U C A G
C	CUU 류신 CUC 류신 CUA 류신 CUG 류신	CCU 프롤린 CCC 프롤린 CCA 프롤린 CCG 프롤린	CAU 히스티딘 CAC 히스티딘 CAA 글루타민 CAG 글루타민	CGU 아르지닌 CGC 아르지닌 CGA 아르지닌 CGG 아르지닌	U C A G
A	AUU 아이소류신 AUC 아이소류신 AUA 아이소류신 AUG 메싸이오닌(시작코돈)	ACU 트레오닌 ACC 트레오닌 ACA 트레오닌 ACG 트레오닌	AAU 아스파라긴 AAC 아스파라긴 AAA 라이신 AAG 라이신	AGU 세린 AGC 세린 AGA 아르지닌 AGG 아르지닌	U C A G
G	GUU 발린 GUC 발린 GUA 발린 GUG 발린	GCU 알라닌 GCC 알라닌 GCA 알라닌 GCG 알라닌	GAU 아스파트산 GAC 아스파트산 GAA 글루탐산 GAG 글루탐산	GGU 글라이신 GGC 글라이신 GGA 글라이신 GGG 글라이신	U C A G

| 그림 12-5 | 메신저 RNA의 염기서열에 따른 코돈의 정의와 해당 아미노산의 결정

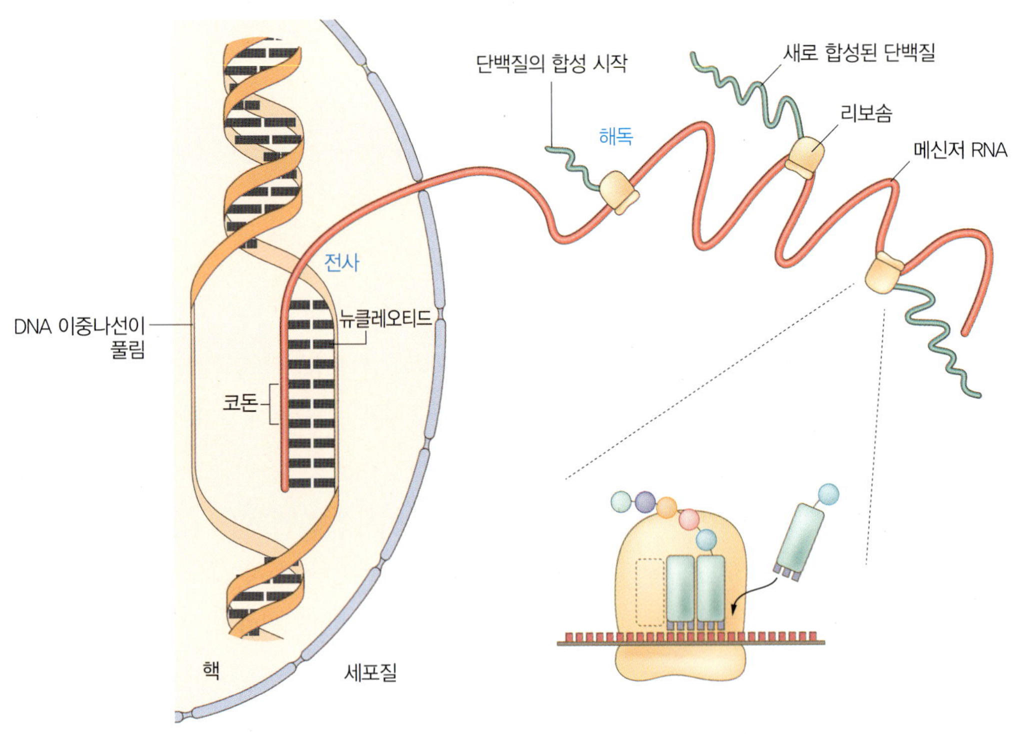

| 그림 12-6 | 메신저 RNA의 염기서열을 바탕으로, 번역을 통한 아미노산 사슬의 형성 과정

3. 유전체학

3.1 유전체학의 정의와 역사

유전체학은 이러한 차세대 염기서열 분석(NGS) 기술의 발전에 힘입어 더욱 발전되어 왔다. 유전체는 유전자와 염색체(chromosome)의 합성어로, 하나의 독립된 세포 내 모든 DNA를 총칭하는 말이며 모든 유전 정보를 담고 있다. 유전체학의 역사는 1995년 처음으로 박테리아(Haemophilus influenzae)의 유전체를 분석한 것부터 시작되어 1997년에는 효모(*Saccharomyces cerevisiae*), 1998년에는 단세포동물인 예쁜꼬마선충(*Caenorhabditis elegans*) 유전체의 분석이 완료되었으며, 2001년에는 사람의 유전체를 분석하기에 이르렀다(그림 12-7). 이때부터 수많은 미생물과 동식물의 유전체 분석이 시작되었으며, 현재 유전체 분석이 완료된 생물체의 수는 기하급수적으로 증가하는 추세이다.

| 그림 12-7 | 유전체학의 발전에 따른 역사 변천 및 유전체 분석 결과

3.2. 인간유전체 프로젝트

인간의 유전체 프로젝트는 1990년 미국 에너지성(US Department of Energy)과 보건성(US National Institute of Health)의 주도 아래 시작되었으며, 국제 컨소시엄을 구성하여 진행되었다. 이와는 별도로 미국의 생명공학기업인 셀레라(Celera Corp.) 사는 개별적으로 인간유전체의 염기서열을 분석하였다. 이러한 공동 연구를 바탕으로 2000년에 1차로 유전체 지도를 완성하였으며, 2001년에는 저명한 국제 저널인 《사이언스》 지에 그 결과를 게재하였다. 최종적으로는 2003년에 인간유전체 지도를 완성하였으며 이에 대한 유전 정보를 공개하였다. 그 이후에는 NGS 기술이 발달함에 따라 더욱 낮은 비용으로 각 개인의 유전체 정보를 분석할 수 있게 되었으며, 2006년에는 개인 유전체 염기서열 분석(personal genome project, PGP)이 시작되었다. 현재는 개인 유전체 염기서열 분석이 서비스화되어 더욱 대중화가 되었으며, 이러한 유전자 분석으로 질병 발병 확률 서비스 및 향후 유전자 치료에 필요한 정보를 제공하고 있다.

3.3. 차세대 염기서열 분석 기술

센트럴 도그마에서 보았듯이 DNA 또는 유전자의 염기서열은 유전 정보를 담고 있으므로 염기서열을 밝혀서 유전 정보를 해독하는 것은 매우 중요하다고 할 수 있다. DNA의 염기서열 분석을 위한 기존의 방법은 생어(Sanger)의 염기서열 분석법이 중요하다. 그러나 본 장에서는 그에 대한 설명은 생략하기로 하고, 최근 사용되고 있는 DNA 염기서열 분석 기술에 대하여 이야기하기로 한다. 즉, 차세대 염기서열 분석 기술°인 NGS법은 454 파이로시퀀싱(454 pyrosequencing) 방법의 기술 원리에 대해서 설명하고자 한다.

3.4 454 Pyrosequencing

454 파이로시퀀싱은 독일의 로쉬(Roche) 사에서 개발한 최초의 NGS 분석법이며, 하나의 염기가 DNA 합성효소에 의해서 연결되어 DNA가 합성될 때에 부산물로 두 개의 인산기가 연결된 파이로인산염(inorganic pyrophosphate, PPi)을 정량하는 원리로 염기서열을 읽어내는 것이다. 즉, 염기서열을 분석하려는 DNA에 프라이머(primer)를 붙이고 DNA 합성효소를 이용해 상보적 가닥을 합성할 때 파이로인산염이 부산물로 생성되는데, 이때 반응 시약 중에 포함되어 있는 모노인산아데닌황화물(adenine mono phosphoryl sulfate, APS)과 황화물제거효소(sulfurylase)에 의하여 부산물로 생성된 PPi와 결합하여 ATP를 형성한다. 이 ATP는 루시페레이스(luciferase)의 활성을 증가시켜 반응 시약에 포함되어 있는 루시페린(luciferin)을 분해하여 형광빛을 생산하게 된다. 반응에 참여하지 못한 여분의 염기들은 애피레이스(apyrase)에 의해서 제거된다. 이렇게 생산되는 형광빛의 세기 및 종류를 감지기(detector)로 읽어 어떤 종류의 염기가 들어갔으며 몇 개나 들어갔는지 판단하게 되어 반응한 염기의 순서를 해석하게 된다(그림 12-8). 이러한 방법은 수만 혹은 수십만 개의 DNA 염기서열을 한꺼번에 빠른 시간 내에 결정할 수 있게 한 것이 장점이다. 초창기에는 300~400 bp 정도의 염

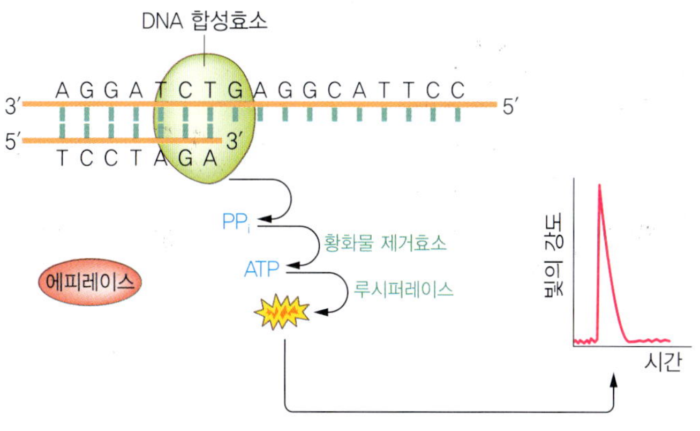

| 그림 12-8 | 454 파이로시퀀싱의 작동 원리

기를 한꺼번에 읽을 수 있었으나 개선된 454 파이로시퀀싱 플러스(454 pyrosequencing plus) 방법은 한꺼번에 1 kb까지도 읽을 수 있게 되었다. 이러한 방법은 기존의 방법에 비하여 훨씬 저렴한 비용으로 DNA의 염기서열을 얻을 수 있게 해주어 대용량의 유전체 연구에 있어서 획기적인 전기를 마련하였다.

3.5 기타 차세대 염기서열 기술

454 파이로시퀀싱은 DNA 염기서열 분석에 있어서 새로운 장을 열었다. 그러나 더 값싼 분석 비용으로 더욱 많은 개수의 DNA 염기서열을 동시에 분석할 수 있는 신기술이 이어서 개발되었다. 이것이 바로 미국 일루미나(Illumina) 사에서 개발한 솔렉사 일루미나 시퀀싱(Solexa Illumina sequencing) 분석방법이다. 그 밖에 PacBio나 나노 포어 분석법 등이 새로운 염기서열 분석방법으로 주목받고 있다. PacBio 분석방법은 454 파이로시퀀싱 방법에서 사용되는 DNA 합성효소를 개량하여 훨씬 더 긴 DNA의 염기서열(<20 kb)까지도 분석할 수 있는 방법으로 분석 효율이 크게 높아진 방법이다. 나노 포어 분석방법은 두 개의 합성 단백질을 이용하는데, 위쪽의 단백질은 두 가닥의 DNA 사슬을 한 가닥으로 분리하여 그중 한 가닥을 아래쪽의 합성 단백질로 내려보내는 역할을 하며 아래쪽의 합성단백질 내부에는 염기 분자 하나 정도만 통과할 수 있는 작은 구멍(nano pore)이 있어서 이곳으로 단일 염기

차세대 염기서열 분석 기술 DNA 염기서열 분석법으로 오랫동안 사용되어 오던 생어 분석법의 효율과 속도를 획기적으로 향상시킨 방법으로 최근 유전체 기술의 핵심이라고 할 수 있다.

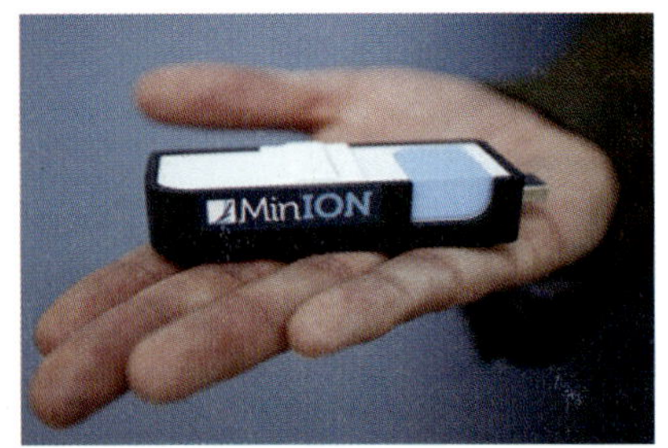

| 그림 12-9 | PacBio 및 나노포어 염기서열 분석장치의 모습

사슬이 통과하게 된다. 이때 작은 구멍 양쪽에 전극을 걸어 통과하는 각 염기의 전기 전도성의 차이를 검출하여 통과하는 염기의 종류를 알아내어 DNA의 염기서열을 분석하는 원리이다. 두 염기서열 분석장치는 그림 12-9와 같다. 이러한 신종 NGS 기법은 더욱 많은 대단위의 유전체 염기서열을 더욱 빠르고 간편하게 분석할 수 있게 하여 제2 유전체시대의 도래를 앞당기는 데 기여하고 있다.

4. 식품 과학에서 전사체학의 응용

전사체학은 한 세포 내에서 발현되는 전체 메신저 RNA(total mRNA)를 분리하고 역전사(reverse transcription)를 통하여 mRNA와 상보적인 염기서열을 갖는 DNA(complementary DNA, cDNA)를 얻어서 cDNA의 염기서열을 NGS 방법으로 분석하는 것이다. 이전에는 마이크로어레이를 이용한 전사체학 분야가 주로 사용되었으나, 유전체 염기서열 분석법의 획기적인 발전으로 최근에는 mRNA에서 역전사 효소를 사용하여 cDNA의 염기서열을 획득한 후 NGS 기술을 이용하여 염기서열을 직접 분석하게 되는데 이를 RNA 순서결정(RNA seq) 방법이라고 한다. 이는 직접적인 cDNA 염기서열 분석을 통하여 각 유전자에서 발현된 메신저 RNA의 발현 유무 및 발현량을 정량화하여 유전자의 발현 양상을 분석한다. 식품의 건강 효능에 대한 평가 분야에서는 전체적인 유전자 발현 패턴을 조사하여 식품의 효능을 평가하거나 식품 성분을 처리할 때 특이적으로 개선되는 유전자를 발굴하여 식품 효능 평가용 생체지표로 개발하는 데 활용하고 있으며, 식품미생물 분야에서는 주어진 환경에서 미생물 혹은 세포가 어떻게 적응하고 반응하는지에 대한 정보를 분석할 수 있다. 이러한 응용은 단백질체학과 대사체학의 분야에도 유사하게 적용된다.

5. 단백질체학의 응용

DNA에 저장된 유전 정보는 mRNA로 발현된 후 단백질 합성을 위한 정보로 사용되므로 유전 정보는 곧 단백질 합성의 정보라고 할 수 있다. 단백질체학은 세포 및 조직 내 단백질 발현을 총체적으로 연구하는 학문이다. 일반적으로 단백질 측정은 유전자 발현 측정보다 어렵고 비용이 많이 들기 때문에 많은 수의 단백질을 동시에 경제적이고 정확하게 측정하는 것이 단백질체학 분야에서 풀어야 할 문제이다. 단백질체학에서 가장 널리 사용되는 방법은 2차원 전기영동법인데, 이 방법은 등전포커싱(isoelectric focusing, IEF)과 겔 전기영동법(SDS-PAGE)을 연속적으로 수행하는 방법이다(그림 12-10). 이 방법을 이용하여 분리된 개별 스팟(spot)은 대부분 단일 단백질을 나타내며, 스팟의 크기는 해당 단백질의 발현량을 의미하게 된다. 시료에서 얻은 스팟에 해당하는 단백질 이름을 모르는 경우에는, 전기영동상의 스팟에서 단백질을 추출한 후 기기 분석을 통하여 추출한 단백질의 아미노산 서열을 분석

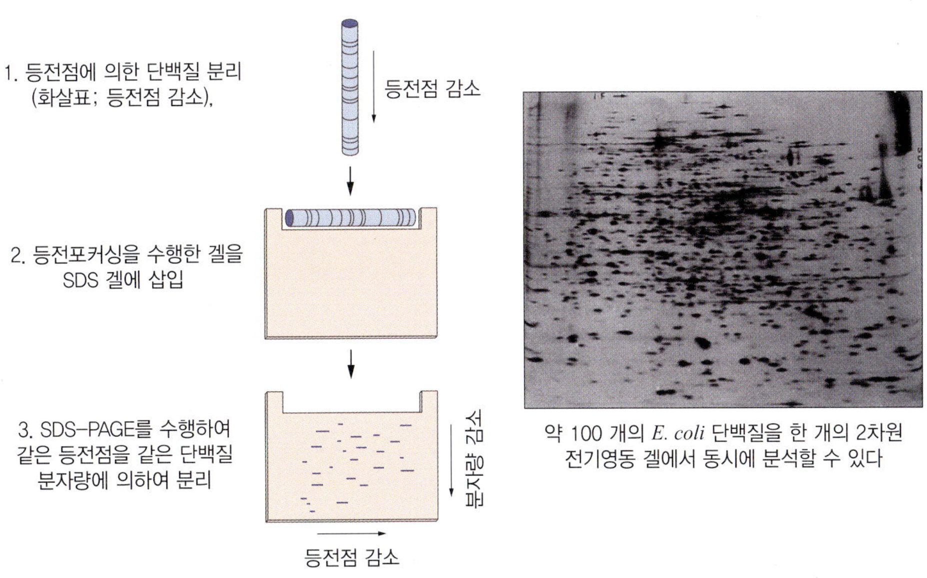

| 그림 12-10 | 2차원 전기영동법을 이용한 단백질체학 연구

tip

등전점

양쪽성 분자에서 알짜 전하가 영(0)이 되는 pH. 단백질은 등전점에서 전기장에서 이동하지 않으므로 단백질 분리와 분석에 이용된다.

하면 전기영동상의 스팟에 해당하는 단백질의 이름을 알 수 있다. 2차원 전기영동법은 수백 개의 스팟을 동시에 분석할 수 있으므로 이러한 방법으로 어떠한 처리 전후나 각각 실험군 간의 특이적 발현 변화를 보이는 단백질을 한꺼번에 측정하여 연구할 수 있다.

6. 대사체학

생명체 내 존재하는 대사산물의 총합을 전 대사체(metabolome)라고 하며, 이를 통합적으로 연구하는 학문을 대사체학이라고 한다. 대사체학은 다양한 유전적, 생리적, 또는 환경적 조건에서 변화되어 나타나는 대사체군을 정성적 및 정량적으로 분석하고 해석함으로써 생명현상의 변화 원인을 규명해 나가는 최신의 연구 분야이다. 생물학적 시스템과 세포 내에서 일어나고 있는 현상들을 전체적으로 이해하기 위해서는 DNA, RNA, 단백질, 대사체들 각 구성 요소뿐만 아니라 이들 상호 간의 작용을 이해하여야 한다. 특히, 생명체의 표현형(phenotype)에 직접적인 영향을 미치는 대사체들에 대한 총체적 연구는 생물화학적 현상과 생명체의 특징 규명에 매우 유용하게 활용될 수 있다. 전 세계적으로 인체 질환과 식품과의 관계에 대하여 대사체학적 연구방법을 활용하는 것은 21세기 초에 시작되었으며, 그 이후 대사체 분석 및 그 기능 해석의 연구 기반이 다져지고 있다. 최근에는 좀 더 다양하고 종합적인 대사체 정보 분석이 가능해지고, 이로부터 생체 바이오마커 발굴 및 생명현상 규명을 위한 생체 내 전 대사체나 대사체-대사체 간 상호작용에 대한 연구가 활발해지고 있다.

식품을 포함한 농산물은 수많은 저분자 대사체들로 구성되어 있으며, 이들 구성 성분들은 세포 내에서 작용하여 생리적 효능을 나타낼 뿐만 아니라, 소비자의 기호도와 밀접한 관계를 가지는 품질에 많은 영향을 미친다. 따라서 이들에 대한 대사체학 연구는 품질 및 효능에 대한 과학적 근거를 제시하고, 다양한 생리 활성을 갖는 식품 소재의 표준화와 생체지표 성분 발굴에 획기적으로 이용될 수 있다. 또한 대사체 프로파일링과 개인 유전자형과의 상관관계를 규명함으로써 영양 및 식이가 건강에 미치는 영향을 효과적으로 이해할 수 있게 된다.

따라서, 앞으로는 대사체학적 연구가 유전체학, 전사체학, 단백질체학 등의 연구 결과에 통합적으로 수행되어야 한다. 또한 향상된 분석 기술을 개발하여 시료에서 검출될 수 있는 대사체의 양과 종류를 증가시켜야 하며, 이들로부터 얻어지는 방대한 양의 데이터를 효과적으로 처리하고, 활용할 수 있는 기법들이 더욱 개선되어야 한다.

6.1. 대사체학의 연구 기법

대사체학의 연구 기법은 주로 기체크로마토그래피-질량분석기(GC-MS)나 액체크로마토그래피-질량분석기(LC-MS) 등 고급 기기 분석을 통하여 시료에 포함되어 있는 많은 대사물질을 동시에 정확히 정량하게 된다. 분석 기법의 정확도면에서 유전체학이나 단백질체학의 연구 기법에 비하여 장점이 있기 때문에 오믹스 기술 가운데 가장 정확도가 높은 고품질 데이터의 수집이 가능하다고 할 수 있다.

정확한 결과 수집이 대사체학의 큰 장점이며 이를 활용하기 위하여 시료의 전처리 과정이 매우 중요하다. 특히, 여러 가지 원하는 대사체들을 선택적으로 추출하는 것이 최적화된 데이터 취득을 가능하게 하므로 이를 위한 추출방법의 최적화가 중요하다. 시료의 추출 과정 중 생물의 대사 과정을 중단시키기 위해서는 액체 질소를 이용한 급속 냉동과 동결 건조방법이 사용될 수 있다. 대사체의 추출은 극성이 다른 다양한 유기용매, 즉 극성 대사체는 메탄올, 에탄올, 물 등을 사용하고, 지용성 대사체는 클로로포름, 핵산 등을 주로 이용한다. 용매의 혼합량 및 사용량에 따라서 1차 및 2차 대사체들의 추출 효율이 달라질 수 있으며, 이에 따라 효율을 높일 수 있는 다양한 추출방법이 개발되고 있다. 가장 핵심적인 부분은 다양한 분석기기에 의한 데이터의 수집과 해석이다. 한 종류의 분석기기로 대사체 전체를 모두 측정하는 것은 현실적으로 가능하지 않다. 따라서 대사체들을 효과적으로 분석하기 위해서 두 종류 이상의 분석기기를 상호 보완하여 사용하기도 한다. 또한, 분석방법과 분석기기의 선택은 각 실험의 특성에 맞도록 매우 조심스럽게 선택되어야 한다.

LC-MS와 GC-MS는 당, 당알코올, 유기산, 아미노산, 지방산과 넓은 범위의 다양한 2차 대사산물들을 포함하는 수백 가지의 화학물질을 검출할 수 있으며, 질량이 같은 화학적 이성질체들을 구별하는 데도 유용하다. GC-MS는 LC-MS가 처리하기 어려운 지방산 계열의 화합물을 대상으로 할 때 매우 유리하고, 유도체화(derivatization)를 해서 분석하게 되면 비휘발성 화합물의 분석이 가능해지며, 데이터의 재현성과 안정성이 HPLC에 비하여 월등히 높다. 또한 다른 분석기기들보다 가격이 싸고 높은 분리 효능을 제공할 수 있으나, 비휘발성 물질의 경우에는 화학적 유도체화가 필수적이기 때문에 시간이 걸리고 원료물질의 변화를

전 대사체 생체 시료 내에 존재하는 모든 저분자 화합물을 일컫는다. 이는 생체 내에 자연적으로 존재하는 내인성(endogeneous) 대사체(아미노산, 유기산, 핵산, 지방산, 당, 비타민 등)와 외인성(exogenous) 화합물(식품 첨가물, 독소, 약 등)을 포함할 수 있다. 미생물 및 식물체의 경우에는 내인성 대사체를 흔히 일차 대사체(primary metabolites) 및 이차 대사체(scondary metabolites)로 구분하기도 한다. 일차 대사체는 생체의 성장, 발달 및 증식에 관계하는 대사체들이며, 이차 대사체는 이에는 직접적으로 관여하지 않으나 생태학적 기능(ecological function)을 하는 색소, 항생제 등을 포함한다.

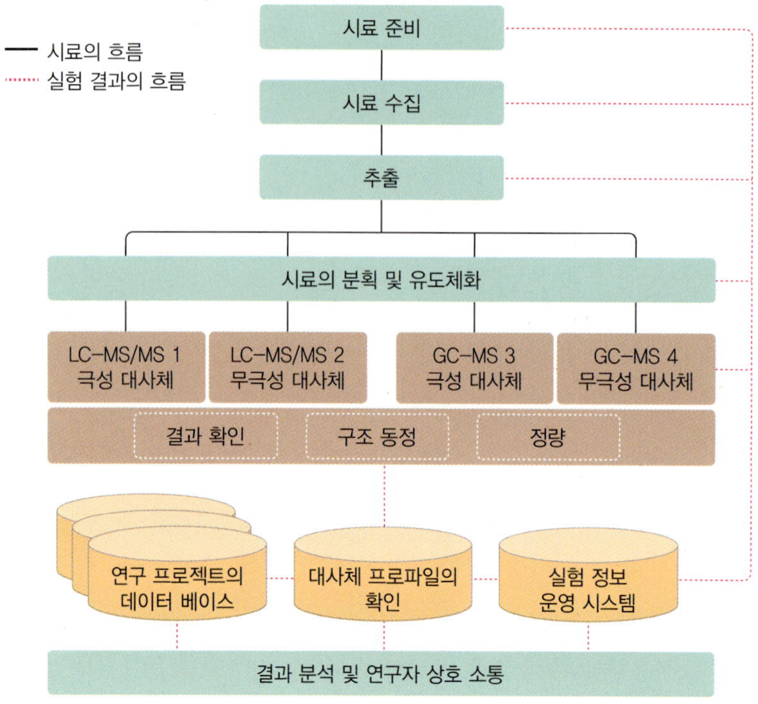

| 그림 12-11 | 대사체학 연구의 흐름도

가져올 수 있다. 이에 비하여 LC-MS를 이용한 분석은 GC-MS 분석 시에 비휘발성 성분을 유도체화하여야 하는 과정 및 과정 중에 일어나는 문제점을 줄여줄 수 있는 방법으로, 대사체 연구에 많이 활용되고 있다. NMR 중 ^{1}H-NMR은 정량성이 뛰어나고 정성 분석이 가능하며 샘플 전처리에 어려움이 없고 속도가 빠르나, 민감도가 낮다는 단점이 있다.

그 밖에 모세관전기이동-레이저유도형광법(capillary electrophoresis-laser induces fluorescence, CE-LIF)은 민감도는 높으나, 선택성이 낮다는 단점이 있다. 기기 분석으로 얻어진 방대한 데이터는 통계 분석 등의 과정을 통하여 정리하며, 이러한 과정 중에 유용한 정보

tip

핵자기공명(nuclear magnetic resonance, NMR)

자기 모멘트를 가진 원자핵이 자기장 속에서 특정 주파수의 전자기파를 흡수하여 일어나는 공명. 흡수하는 전자기파의 주파수로 원자나 분자의 전자 상태를 알 수 있다. 이 원리를 이용하여 화합물의 구조를 분석하거나 정량하는 데 응용할 수 있다.

를 도출해내는 데이터 마이닝(data mining) 과정을 거치게 된다. 방대한 양의 데이터 결과는 데이터의 구조나 목적에 따라 클러스터링(clustering) 및 주성분분석(principal component analysis, PCA), 부분최소제곱회귀법(partial least squares regression, PLS) 등의 다변량 통계 분석을 통하여 분석되기도 한다(그림 12-11).

6.2. 대사체학을 이용한 식품 연구

식품에 대사체학 연구 기법을 적용하는 것은 주로 식물 대사체학을 기반으로 발전하여 왔으며, 최근에는 식품의 발효에 의한 대사체 변화, 식이를 통한 생체 대사체 변화 규명, 바이오마커 개발에도 많은 연구가 이루어지고 있다. 특히 식품에서 대사체학 연구 기법은 농산품의 품종 개량에서부터 안전성, 영양적 가치 등을 평가하는 기준이 될 수 있는 연구방법이다. 따라서 대사체학 연구는 소비자들의 욕구에 맞는 농산품 및 식품을 개발하는 데 기여할 수 있으며, 생산과 가공에 따른 품질 개선 등에도 활용될 수 있다.

6.2.1. 식품 및 농산물에 적용된 대사체학 연구

6.2.1.1. 농산물의 대사체 생합성 경로 규명

식품의 원료가 되는 각종 농산물 성분 분석에 대사체학 연구가 응용되어 왔다. 대사체 분석을 통한 대사체 경로에 대한 이해는 이미 알려진 유전자의 생화학적 기능을 설명해 줄 뿐만 아니라, 유전자형(genotype)과 표현형 사이의 관계를 규명해 주는 역할을 할 수 있다. 특히 애기장대(*Arabidopsis thaliana*)를 대상으로 한 대사체 경로 규명에 대한 연구가 많이 이루어졌다. 이 식물체에 대한 다양한 연구 정보는 TAIR(http://www.arabidopsis.org:1555)에서 얻을 수 있다. 또한, 방향성 식물의 대사체 생합성 경로 연구로는 생강(*Zingiber officinale* Rose.), 울금(*Curcuma longa* L.), 바질(*Ocimum basilicum* L.) 등 휘발성 대사체의 생합성 경로 및 주요 화합물에 대한 연구가 진행되고 있다.

6.2.1.2. 식품 품질 관련 대사체 분석

식품의 품질에 영향을 미치는 성분을 총체적으로 분석 정량하기 위해 대사체학 연구기법을 사용하고 있다. 독일의 막스-플랑크(Max-Planck) 연구소에서는 감자 구근의 대사체인 주요 당류 및 아미노산, 유기산을 GC-MS로 분석하였으며, 버지니아 오일의 리폭시제네이스(lipoxygenase)에 의한 2차 대사물의 전 대사체 분석을 통하여 산지별 올리브 오일을 구분할 수 있는 생체지표물질을 선정하여 객관적 평가 지표가 가능해졌다. 그 밖에 표적분석(targeted analysis)을 이용한 토마토의 휘발성 성분 프로파일링으로 토마토 종류의 구별 및 시료 내의 숙성 정도를 구분하는 연구, 일본산 녹차의 휘발성 성분 중 주요 화합물을 품질 지표 성분으로 선정하여 녹차의 품질과 등급을 결정하는 데 이용하고자 하는 연구 등이 있다.

6.2.1.3. 식품 안전성 관련 대사체 분석

최근 유전자 재조합으로 형질이 전환된 농산물의 개발이 급속하게 이루어지고 있어서 이에 대한 안전성 검증이 요구되고 있다. 대사체 분석은 유전자 재조합 식품에서 발견되는 의도하지 않은 독성물질, 예를 들면 유전자 재조합된, 샐러리에서 발견되는 푸라노쿠마린(furanocoumarins)이나 감자의 글리코알칼로이드(glycoalkaloids) 등과 같은 물질을 표적분석과 비표적(non-targeted) 접근을 통하여 분석할 수 있다. 또한 대사체 분석은 식품의 오염 여부 및 오염된 유해 성분들에 대한 지표를 설정하는 데 활용할 수 있다. 식품의 부패를 일으키는 미생물이 생산해 내는 독성물질 및 이취 성분들을 표적분석방법으로 오염 정도를 판정할 수 있으며, 식품의 보존을 위하여 사용하는 아질산염(nitrite), 설파이트(sulphite), 프로피온산(propionic acid), 소브산(sorbic acid), 벤조산(benzoic acid) 등과 같은 다양한 화학적 식품 첨가물의 첨가 여부 및 안전성 평가에도 사용되기도 하였다.

6.2.1.4. 영양 및 식이와 건강 관련 대사체 분석

대사체학 연구 기법은 개인의 유전자형과 영양 및 식이가 건강에 미치는 영향을 이해하기 위한 접근방법이 될 수 있다. 유럽영양유전체학기구(The European Nutrigenomics Organization, NUGO)는 유럽에서 만들어진 영양(nutrition), 유전자학, 건강(health)과 관련된 조직으로 영양유전체(nutrigenomics)에 관한 정보와 분야를 통합, 공유하고 있다〈http://www.nugo.org/everyone〉.

생체 내 대사체의 분석은 아미노산, 지방 등과 같은 영양소의 효율성과 안전성에 관한 정보를 제공할 수 있으며, 각 개인의 특이적 대사질환 개선에도 활용될 수 있다. 식품의 대사체 전반에 대한 이해는 식이습관에서 비롯되는 만성적 질병이나 암, 심장질환, 당뇨와 같은 퇴행성 질병의 위험을 줄여서 이로 인한 질병을 예방하고, 건강을 개선시키는 방향으로 이용될 수 있다. 2003년 FAO/WHO에서는 과일과 채소가 풍부한 식이는 인슐린 비의존성 당뇨나 비만, 심장질환, 암 등의 위험을 줄여준다고 보고한 바 있다. 따라서 식품 내에 존재하는 다양한 생리 활성 성분들(bioactive compounds)에 대한 이해 및 생리학적 효과와의 관계에 대한 규명은 건강한 생활을 위한 식이법 확립과 개선에 큰 영향을 미칠 수 있다.

7. 메타유전체학

메타유전체학은 토양, 인체의 장내, 발효 식품 등 미생물들이 복잡하게 공생하고 있는 환경에서 어떤 종류의 미생물들이 존재하는지 그 구성과 점유도 등을 분석하기 위한 방법이며, 이 방법을 통하여 각 환경 조건에 따른 미생물 균총의 조성 및 기능을 파악할 수 있는 연구방법이다. 기존의 각 환경별 미생물 균총의 연구방법은 실험실 내 미생물 배지를 사용하여 특정 미생물을 분리하고 동정하여 수행해 왔으나 현재의 메타유전체학은 미생물 배지를 사용하지 않고, 환경 시료나 인체 시료로부터 직접 DNA를 분리하여 박테리아만이 가지고 있는 16S rRNA를 PCR을 통하여 증폭한다. 그런 다음 증폭된 16S rRNA 유전자를 NGS 기법을 활용하여 무작위적으로 그 염기서열을 확보한 후, 미국 생물정보센터(National Center for Biotechnology Information, NCBI)의 웹사이트에 있는 유전자 검색 엔진인 BLAST 서버(http://ncbi.nlm.nih.gov/blast)의 BLASTN 프로그램으로 각 16S rRNA 유전자의 비교 분석을 통하여 해당 미생물을 동정한다. 이렇게 동정한 미생물들의 조성 및 분포도를 바탕으로 환경 내의 복잡한 미생물 균총에 대한 정보를 얻는다. 이러한 균총 조성 정보는 해당 샘플 내에 존재하는 복잡한 미생물들 사이의 상호작용 연구 등에 중요한 정보를 제공한다. 특히 인체 건강에 중요한 영향을 미치는 장내 균총에 대한 연구를 위하여 메타유전체학적 기술을 활용하고 있다.

8. 생물정보학

기존의 생명체 내 유전자에 대한 연구는 실험을 통하여 각각의 유전자들에 대한 기능성

tip

PCR(polymerase chain reaction)

특정한 DNA 염기 서열 순서만을 대량으로 생산하기 위하여 DNA 사슬의 일부분만을 선택적으로 복제하는 기술.

을 검증하는 것이 주를 이루었다. 따라서 미생물에서 일어나는 생명현상을 유전체적 수준에서 분석하고 이해하는 것은 불가능하였다. 그러나 최근의 유전체학 및 NGS 기술의 발전은 기존에 알지 못했던 수많은 유전자 정보를 쏟아낼 수 있게 하였다. 이러한 수많은 유전자 정보를 해석하기 위해서 새로운 통계적 분석방법을 사용해야 한다. 그 일례로서 DNA를 바탕으로 하는 유전자 또는 유전체는 네 가지 염기로 구성이 되었는데 일반적인 세균의 유전체를 구성하는 염기의 수는 수백만 개에 이르며 사람은 30억 개에 이른다. 이렇듯 엄청난 양의 정보를 처리하기 위해서는 사람이 하는 것보다 컴퓨터를 이용하여 처리하는 것이 현실적이다. 따라서 현재는 컴퓨터를 이용한 유전자의 위치 및 기능성 예측과 유전자 간의 상호작용에 관련된 정보를 특정 프로그램을 이용하여 처리하게 되었는데 이를 생물정보학(Bioinformatics)ⓞ이라고 한다. 바로 앞에서 언급했던 BLASTN 프로그램을 예로 들면 데이터베이스에 저장된 수백만 개의 유전자 또는 유전체의 염기서열 정보와, 분석하고자 하는 DNA의 염기서열을 비교하여 일치하거나 가장 비슷한 유전자 또는 유전체를 검색해 준다. 이를 바탕으로 해당 유전자 또는 유전체의 기능을 예측할 수 있다. 이런 프로그램들을 통하여 대용량의 DNA 염기서열에 대한 분석을 쉽게 수행할 수 있는데, 현재 수만 개의 생물정보학 프로그램이 전 세계적으로 수많은 생물정보학자에 의해서 생산, 사용되고 있다.

9. 식품미생물의 오믹스 연구

9.1. 장내 미생물 균총 연구

인체의 소화기관 내에 공생하고 있는 미생물들은 인체 건강에 많은 영향을 미치고 있다는 것은 알려진 사실이다. 따라서 이러한 오믹스 기술 중 메타유전체학 기술을 활용하여 인체의 소화기관 내에 존재하는 장내 미생물 균총을 연구하는 것은 식품의 소화 및 인체 내 대사를 이해하는 데 큰 도움을 준다. 장내 미생물 균총의 세포 수는 대략 10^{14}개 정도로 알려져 있는데 이는 우리 몸을 구성하는 세포 수의 최소 10배에 이르는 엄청난 수이다. 최근의 논문들에 의하면 우리 장내에 존재하는 미생물은 크게 두 가지로 분류할 수 있는데, 비피더스 및 유산균을 포함하는 인체 유용균군과, 우리 몸에 잠재적으로 문제를 일으킬 수 있다고 알려진 식중독균 및 병원성균을 포함하는 인체 유해균군으로 나눌 수 있다. 건강한 사람의 장내에는 이러한 두 개의 상반되는 미생물군이 서로 평형을 이루어서 건강을 유지하는 것으로, 이러한 균형이 깨질 때에 질병이 발생하는 것으로 알려져 있다. 따라서 이러한 균형을 유지하는 것이 장내 건강을 유지하는 가장 중요한 요소이므로, 인체 유용균을 발효 식품 등을 통하여 꾸준히 섭취해서 그 균형을 유지하도록 하는 것이 중요하다. 그러한 이론적 근거를 바탕으로 유산균 및 비피더스와 같은 프로바이오틱스(probiotics)를 함유한 건강 기능성 발효 식품 및 기능성 식품 소재가 광범위하게 활용되고 있으며, 이와 관련된 식품 산업도 매년 성장하고 있는 추세이다. 자세한 내용은 앞서 "제11장 장내 건강 및 장내 세균"에서 다루었으므로 생략하기로 한다.

9.2. 식품 발효 미생물 및 프로바이오틱스의 유전체 연구

식품 발효 미생물 및 프로바이오틱스는 장내 미생물 균총 중 인체 유용균들인 유산균 및 비피더스 등이 대부분을 이룬다. 이러한 유용균들을 대상으로 한 수많은 미생물학적 연구가 진행되었으나 최근에는 오믹스 기술을 활용하여 유전체 수준에서 이들의 기능성을 이해하고자 하는 관련 연구가 활발히 진행되고 있다. 가장 대표적인 예로서 유산균 및 비피더스의 연구는 2000년대 초반에 미국 정부가 주도하여 진행된 유산균 유전체 연구단(Lactic Acid Bacteria Genome Consortium, LABGC)의 연구 사례가 있다. 이 연구단에서는 12개의 가장 대표적인 식품 발효 유산균에 대한 유전체 분석을 바탕으로 그 기능성 및 유산균 간의 상관관계에 대하여 분석하고 이를 학계에 보고하였다. 이에 더하여 미국 FDA에서는 전통적으로 건강의 개선 및 향상을 위하여 사용된 수많은 식품 산업용 프로바이오틱스에 대한 안전성 승인 조건에 있어서, 미생물 및 생화학적 안전성 결과뿐만 아니라 각 프로바이오틱스의 유전체 수준에서의 독소 유전자나 병원성 관련 유전자의 존재 유무를 바탕으로 유전체 안전성 결과까지 요구하게 되었다. 이렇듯 오믹스 기술 및 NGS 기술 활용의 보편화가 진행되고 있는 현재는 전 세계적으로 수백 개의 식품 관련 프로바이오틱스의 유전체가 보고되었으며 이러한 유전체 정보는 식품 산업에 있어서 아주 중요한 정보가 되고 있다.

9.3. 식중독균의 유전체 연구

프로바이오틱스 유전체의 연구에 더하여 식품의 안전성을 해치는 식중독균에 대한 유전

생물정보학 유전체, 전사체, 단백질체, 대사체, 메타유전체 등 오믹스 정보를 체계적으로 분석하여 생명 현상의 정보 문제를 해결하려는 기술.

체 연구도 활발히 진행되고 있다. 기존 식중독균의 연구는 독소의 생성 유무 및 병원성 인자의 존재 유무에 대한 미생물학 및 생화학적 연구를 진행하여 왔으나, 현재는 분자생물학 및 오믹스 기술에 의하여 관련 병원성 유전자들의 존재 유무, 발현 양상 및 식품과의 접촉을 통한 병원성 유전자의 발현 패턴 등에 관련된 오믹스 연구가 진행되고 있으며 식품 내 식중독균의 독성을 줄이거나 제거하기 위하여 식중독균의 유전체 정보를 바탕으로 병원성 유전자의 발현을 조절하거나 제한하는 방법도 연구가 진행되고 있다. 따라서 식중독 사고를 일으키는 모든 식중독균에 대한 유전체 정보의 빠른 확보가 급선무가 되었다. 이러한 사실을 바탕으로 미국, 한국을 비롯한 여러 나라에서 다양한 식중독균에 대해서 유전체 정보를 생산하고 데이터베이스화하는 연구가 진행되어 왔다. 따라서 이러한 정보를 이용하여 국내에서도 식중독 사고가 발생했을 때에 빠른 대처 및 원인 규명이 유전체 수준에서 조만간 가능해지리라 기대된다.

단원정리

1. 식품미생물 오믹스학의 정의
   - 오믹스학은 유전체학, 전사체학, 단백질체학을 말하며, 이에 메타유전체학 및 대사체학까지를 포함하는 광범위한 신규 학문이다.
   - 오믹스학의 발전은 NGS 기술 및 크로마토그래피-질량분석기의 발전에 바탕을 두고 있다.
   - 식품미생물 오믹스학 연구는 식품미생물 자체에 대한 유전체 연구뿐만 아니라 식품과 식품미생물 간의 상호작용을 통한 식품의 변화를 연구하는 데 있어서 아주 중요한 요소이다.
2. DNA, RNA 및 단백질
   - 오믹스학 연구의 기본 물질들은 생물체 내에 존재하는 DNA, RNA 및 단백질이며, 이들은 복제, 전사, 번역 과정을 포함하는 센트럴 도그마에 바탕을 둔다.
   - 이러한 센트럴 도그마 과정은 생명체의 유지 및 생육에 있어서 필수적인 요소이다.
3. 차세대 염기서열 기술
   - NGS 기술은 기존에 하나의 DNA 염기서열을 분석하는 수준을 벗어나 한 번의 반응으로 수백만 개의 DNA 염기서열을 한꺼번에 분석하는 것을 가능하게 하여서 대단위 DNA 염기서열 분석을 현실화한다.
   - 이러한 NGS 기술은 454 파이로시퀀싱, 솔렉사 일루미나 시퀀싱 및 나노 포어 등과 같은 NGS 장비를 가능케 하였고 이를 바탕으로 단시간 내에 다양한 생물체의 유전체 정보를 손쉽게 확보할 수 있게 해준다.
4. 유전체학, 전사체학, 메타유전체학, 단백질체학 및 대사체학
   - 한 세포 내에 존재하는 모든 DNA, RNA 및 단백질을 동시에 분석할 수 있게 해주는 신규 학문이며, 유전체학은 DNA 염기서열, 전사체학은 전체 RNA 염기서열에 관련된 분석을 주로 한다.
   - 메타유전체학은 특정 환경 및 인체 샘플 내에 존재하는 다양한 미생물 균총의 조성 및 그 기능성을 밝혀주는데, 이는 세균만이 가지고 있는 16S rRNA 염기서열을 통한 생물정보학적 분석을 활용하여 가능하다.
   - 단백질체학 및 대사체학은 한 세포 내에서 생산되는 모든 단백질의 동정 및 기능성 연구와, 이러한 단백질의 작용에 따른 이차 대사산물의 동정을 연구하는 학문이다.
   - 이러한 오믹스 기술은 단시간 내에 막대한 유전체 정보를 축적하므로 이를 분석하기 위해서는 반드시 컴퓨터 프로그램 분석이 필수적이며 이를 생물정보학이라 일컫는다.
5. 식품미생물의 오믹스 연구
   - 식품미생물 관련 오믹스 연구는 크게 세 가지로 나눌 수 있는데, 장내 균총 연구, 프로바이오틱스 유전체 연구, 그리고 식중독균 유전체 연구이다.
   - 식품 발효 미생물 및 프로바이오틱스 유전체 연구는 유용균의 기능성을 유전체 수준에서 규명하는 것뿐만 아니라, 산업적으로 활용되기 위하여 유전체 수준에서 해당 유용균의 독소 및 병원성 유전자 유무 확인을 통하여 안전성을 확보하는 것까지 포함한다.
   - 식중독균의 유전체 연구는 각 식중독균의 독소 및 병원성 인자들에 대하여 유전체 수준에서 이해할 수 있도록 정보를 제공하며, 현재는 식품 내 식중독균들의 유전체 정보를 바탕으로 독성 제거 등을 제어하는 연구를 진행하고 있다.

연습문제

1 오믹스학을 구성하는 세부 학문에 대해서 간단히 설명하시오.

2 차세대 염기서열 분석장비 중 454 Pyrosequencing의 염기서열 분석방법에 대해서 간단히 논하시오.

3 식품미생물의 오믹스 연구에 포함되는 세 가지 연구 분야에 대해서 설명하고, 이러한 연구가 식품미생물 분야에 있어서 중요한 이유를 간단히 설명하시오.

1. 오믹스학은 유전체학, 전사체학, 단백질체학을 말하며, 여기에 메타유전체학 및 대사체학까지를 포함하는 광범위한 신규 학문이다. 유전체학은 DNA 염기서열, 전사체학은 전체 RNA 염기서열에 관련된 분석을 주로 하며 메타유전체학은 특정 환경 및 인체 샘플 내에 존재하는 다양한 미생물 균총의 조성 및 그 기능성을 규명한다. 또한 단백질체학 및 대사체학은 한 세포 내에서 생산되는 모든 단백질의 동정 및 기능성 연구와 이러한 단백질의 작용에 따른 이차 대사산물의 동정을 연구하는 학문이다. 이러한 오믹스 기술은 단시간 내에 막대한 유전체 정보를 축적하므로 이를 분석하기 위해서는 반드시 생물 정보학적 연구가 필요하다. 따라서 식품미생물 오믹스학 연구는 식품미생물 자체에 대한 유전체 연구뿐만 아니라 식품과 식품미생물 간의 상호작용을 통한 식품의 변화를 연구하는 데 있어서 아주 중요한 요소이다.
2. 기존의 DNA 염기서열 분석과는 달리, 각 염기가 DNA 합성요소에 첨가될 때에 생산되는 파이로인산염을 정량하기 위해 APS와 황화물제거효소를 이용하여 ATP를 만들고 ATP를 루시페레이스 반응에 사용하여 생산되는 형광색의 종류 및 강도를 바탕으로 어떤 종류의 염기가 존재하는지 파악하여 DNA 염기서열을 분석한다.
3. 식품미생물 관련 오믹스 연구는 크게 세 가지로 나눌 수 있는데, 장내 균총 연구, 프로바이오틱스 유전체 연구, 그리고 식중독균 유전체 연구이다. 프로바이오틱스 유전체 연구는 인체의 건강 관련 기능성을 유전체 수준에서 이해하고자 하며, 식중독균 유전체 연구는 식품 내 식중독균들의 유전체 정보를 바탕으로 독성 제거 등을 제어하는 연구를 진행한다.

CHAPTER 13

건강기능식품 소재의 안전성 평가 및 흡수/분포/대사/배출

건강기능식품 소재는 소비자의 건강 증진을 위하여 개발된 것으로, 원료 표준화(standardization)를 시작으로 제품이 표방하는 기능성 규명 및 안전성 평가에 근거하여 제품화된다. 안전성 평가는 제품에 제안된 섭취방법을 따랐을 때 인체에 특정 이상반응이나 부작용이 없음을 확인하는 것으로, 소비자의 안전을 위해서는 건강기능식품 소재의 안전성 확보가 매우 중요하다.

건강기능식품 소재는 섭취 후 인체의 건강 기능성 향상이 주목적이나 일반적으로 소화기관 내 소화액의 다양한 pH, 효소 및 장관 내 미생물(gut microflora)에 의하여 분해되거나 대사되어 체내 생체이용률(bioavailability)은 낮은 편이다. 건강기능식품 소재의 특성에 따라 장내 유출(efflux)의 기질로 사용되는 경우는 흡수가 더욱 더 제한적일 수도 있다. 이러한 낮은 생체이용률로 인하여 체내에 낮은 농도로 존재함으로써 생리 활성 측면에서 세포(*in vitro*) 실험 결과와 동물(*in vivo*) 및 임상시험(clinical trial)의 결과가 큰 차이를 보일 수 있다. 이에 건강기능식품 소재의 생체 유용성의 규명은 유효 성분의 표적 장기 분포와 생리 활성 증진에 중요한 요소이다.

원료 표준화 건강기능식품 소재의 지표 성분 및 표준 함량의 규격을 설정.
생체이용률 경구 투여된 건강기능식품 소재의 소화 후 흡수되어 생체 내에 이용되는 양.
임상시험 건강한 사람을 대상으로 건강기능식품 소재의 기능성 평가.

1. 건강기능식품 소재 관련, 국내외 안전성 관련 법규의 역사

1990년대 미국, 일본 및 유럽을 시작으로 소비자가 식품의 건강 기능성에 관해 정확한 정보를 제공받을 권리를 보장받기 위해서 '기능성 식품' 또는 '약리 성분'으로 구분되어 있는 건강기능식품 소재들에 대한 규제가 도입되었다. 우리나라의 경우 2000년 11월에 보건복지부에서 「건강기능식품 법령」을 제안하였고, 2002년 8월에 건강기능식품의 안전, 효능, 표시 등에 관한 새로운 규제가 효력을 발휘하여 「건강기능식품 법령(Health and Functional Food Act, HFFA)」의 보조 형태로 규제를 하고 있다. 기능성 원료는 기능성 식품에 포함된 건강보조식품, 식품 첨가물, 또는 일반적으로 안전한 물질로 승인된(Generally recognized as safe, GRAS) 성분의 일부로 판매가 가능하며 안전성 평가를 위한 규제의 요구 사항은 원료에 따라 각각 다르다.

요구되는 규제의 차이점을 이해하기 위해서는 식품과 건강보조식품에 관한 관련 법규의 역사를 살펴보아야 한다. 첫 번째로 식품의 경우, 미국 식품의약품안전청(Food and Drug Administration, FDA)은 '1906년 건강에 해를 가할 수 있는 어떠한 성분이 첨가된 유해물질을 포함하는 모든 식품'에 대한 판매를 금지하였으나 시판 전 승인은 의무 사항이 아니었다. 이와 관련하여 미국 FDA는 식품에 이물질이 혼입되었는지 여부를 증명하는 업무에 시달리게 되었고 여러 차례의 의회를 통하여 1958년 '식품 첨가물'을 개정하였다. 개정된 법의 경우 판매 전에 안전성에 대한 입증을 요구하였고 FDA의 레드북 II는 직접적인 식품 첨가물의 안전성 테스트에 대한 지침을 제공하였다. 이 법에 근거한 필수적 시험 범위는 화합물의 구조적 분류 및 첨가물의 노출 정도를 고려한 우려 수준(concern level) 등을 기초로 한 것으로, 경우에 따라서는 임상시험의 전체 결과를 제공하여야 한다. 한편, 미국 의회는 FDA에 식품 첨가물에 대한 사전 시판 승인을 부여하면서 '일반적으로 안전한 물질로 승인된 식품 원료(GRAS)'는 예외적으로 시판 전 승인 요구 사항 및 마케팅의 사전 통지에 대한 요구 사항을 없앴다. 두 번째로 「식이 보조제 건강 교육법(The Dietary Supplement Health and Education Act, DSHEA)」은 1994년 건강보조식품의 규제에 관한 새로운 틀을 만들었다. 구체적으로 비타민, 미네랄, 허브 또는 기타 식물, 아미노산 또는 총 식이 섭취량을 늘리는 식이 보충제로 사용되는 다른 '식이물질' 전체를 건강보조식품으로 정의하여 농축액, 대사산물, 성분, 추출물 또는 상기에 설명된 식이 성분의 조합도 이 정의에 포함시켰으며, 제품은 정제, 캡슐, 분말, 소프트 젤, 젤 캡, 액상 형태로 규정하였다. 건강보조식품 규제의 주요한 특성은 식품 첨가물과 다르게 시판 전 승인에 대한 요구 사항이 없다는 것이며, 1994년 10월 15일 또는 그 이후 판매되는 것만 새로운 성분 판매의 사전 신고가 필요하다. 건강보조식품의 경우, 시판 전 신고는 포장재에 표시를 하기 위한 조건으로 '이러한 식이 성분이 타당하게 안전할 것으로 기대된다는 제조업체 또는 판매업체의 기준이 발표된 논문을 인용한 정보'를 포함하여야 한다. 「식이 보조제 건강 교육법」에서 만약 식이 보조제 또는 그 성분 중의 하

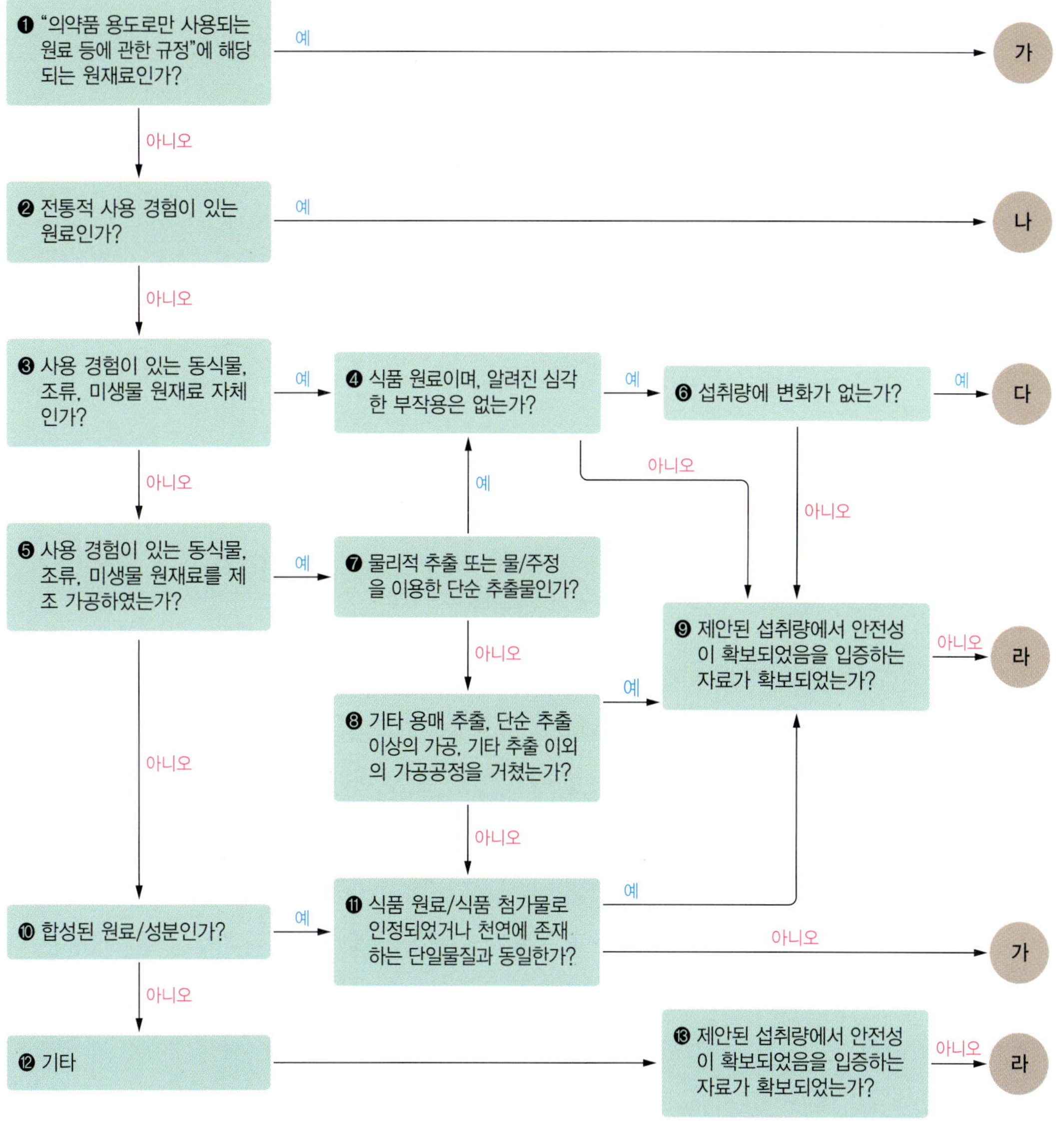

| 그림 13-1 | 건강기능식품 소재의 안전성 입증 관련 자료 범위를 결정하는 의사결정트리

나가 표기된 조건 또는 정상적 사용 조건에서 사용하였을 때, '질병이나 부상에 상당한 위험성'을 나타내는 경우에는 건강보조식품은 법정 기준에 맞지 않는다.

우리나라에서 건강기능식품 소재의 안전성은 식품의약품안전처가 관련된 제출 자료(사용이력, 제조 공정, 소비되는 양, 독성 평가, 인체 연구 결과, 영양 평가 및 생체이용률 결과)를 검토하여 평가한다. 건강기능식품 소재의 안전성은 그림 13-1과 같이 의사결정 트리(decision tree)에 따라 과학적으로 입증되어야 한다. 식품의약품안전처는 건강기능식품 소재의 안전성 데이터에 대한 준비를 4가지 범주로 나누었다.

- 가 : 건강기능식품을 위한 원료로 사용할 수 없다.
- 나 : 섭취 근거 자료, 해당 기능 성분 또는 관련물질에 대한 안전성 정보 자료, 섭취량 평가 자료를 제출해야 한다.
- 다 : 섭취 근거 자료, 해당 기능 성분 또는 관련물질에 대한 안전성 정보 자료, 섭취량 평가 자료, 영양 평가 자료, 생물학적 유용성 자료, 인체 적용시험 자료를 제출해야 한다.
- 라 : 섭취 근거 자료, 해당 기능 성분 또는 관련물질에 대한 안전성 정보 자료, 섭취량 평가 자료, 영양 평가 자료, 생물학적 유용성 자료, 인체 적용시험 자료, 독성시험 자료를 제출해야 한다.

2. 건강기능식품 소재의 안전성 평가

식품의약품안전처에서 국외에서 사용이 금지된 원료들과 새롭게 독성이 알려진 원료들에 대한 안전성 검토를 지속적으로 해오고 있음에도 건강기능식품에 사용할 수 없는 원료는 매년 확대되고 있는 실정이다. GRAS 성분 및 건강보조식품 등의 분류에 관계없이 과학적 관점에서 기능성 원료에 대한 안전성 입증은 다음의 몇 가지 개념 파악이 필요하다. 첫째, 건강기능식품 소재들은 생물학적으로 활성을 가지므로 다양한 수준의 섭취로 인한 생리적 작용에서 독성에 이르기까지 모든 잠재적 메커니즘을 이해함으로써 다른 복용 수준에서의 노출 결과를 예측할 수 있어야 한다. 둘째, 건강기능식품 소재들은 화합물의 다양한 부류이며 단일 성분 재료 또는 복합 생약 추출물 또는 새로운 원료나 과정에서 유래한 제품에 의하여 나타날 수 있다. 이러한 유형의 제품 각각의 성분 분석은 성분에 대한 안전성 판정방법에 중요한 결정 인자로서, 고유의 안전 문제는 유형의 제품 각각과 연관되어 상황에 따라 처리되어야 한다. 셋째, 건강기능식품 소재의 의도된 섭취 수준과 잠재적 독성 수준 사이의 안전성 차이는 매우 적다는 점을 고려하여 화합물, 과거의 노출 및 동물 독성, 그리고 생체 유용성(흡수, 분포, 대사 및 배설)에 따라 안전 수준을 결정하여야 한다. 넷째, 약물과 마찬가지로 금기 약물이나 음식과의 상호작용의 가능성이 있으므로 가능하다면 잠재적인 안전 문제를 확인하기 위해 결정되어야 한다.

2.1. 안전성 평가방법

의료기관 감독하에 소비자에게 주어지는 약물과는 달리 식품 또는 건강기능식품 소재 제품의 소비는 감독 없이 소비자의 선택에 의해 이루어지기 때문에 안전성 확보가 필수적이며, 다음과 같은 접근으로 평가가 이루어져야 한다. 첫째는 건강기능식품 소재가 약물과 유사하게 몸의 생리적 또는 약리적 활성을 통하여 건강에 긍정적인 이득을 생성하도록 의도되었지만, 영양소 및 식품 첨가물의 경우와 같이 자율적으로 소비하고 만성적으로 노출될 가능성, 둘째는 건강기능식품 소재는 특성화되지 않은 혼합물 또는 복합체로서 불순물 및/또는 혼합물의 화학 성분 간의 상호작용에 의한 독성 가능성, 셋째는 건강기능식품 소재의 의도된 섭취 수준과 독성을 나타내는 섭취 수준 사이에 차이성 확보를 통하여 안전성이 평가되어야 한다.

건강기능식품 소재 제품에 명시되어 있는 유효 성분이 단일물로 잘 특징화되어 있거나 추출물로 활성 또는 비활성 물질이 잘 특징화되어 있고 현재 문헌에 기초하여 하나의 구성 요소와 복잡한 혼합물의 독성에 대한 잠재성을 충분히 내포한 경우에는 하루 섭취 허용량

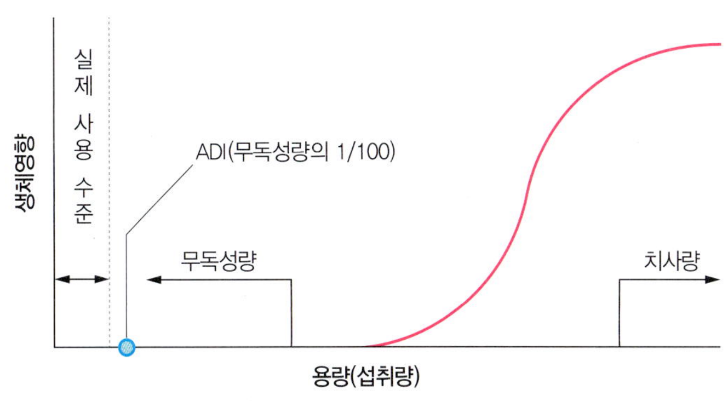

| 그림 13-2 | 용량-반응 곡선

(acceptable daily intake, ADI)을 결정하게 된다. 하루 섭취 허용량은 건강기능식품 소재를 일생 동안 섭취하더라도 건강에 나쁜 영향을 끼치지 않는다고 추정되는 일일 섭취량으로 표현되며, 동물실험 결과에서 얻은 용량-반응 곡선에서 독성을 나타내지 않는 용량 중 최고의 용량(No observed adverse effect level, NOAEL)에 동물과 사람과의 차이, 사람과 사람 사이의 개체 차이를 고려하여 나온 값으로 표현된다(그림 13-2).

2.1.1 동물모델을 이용한 건강기능식품 소재의 독성 연구

동물실험은 임상시험을 시작하기 전에 건강기능식품 소재의 생물학적 효과에 대한 정보를 얻을 수 있으며, 이 실험으로 얻은 결과는 인체뿐만 아니라 임상시험계획서 설계의 노출 여부에 영향을 미친다. 건강기능식품 소재에 대한 동물모델을 이용한 독성시험은 단회 투여 독성시험(설치류, 비설치류), 3개월 반복 투여 독성시험(설치류), 유전 독성시험(복귀돌연변이시험, 염색체이상시험, 소핵시험)을 기본으로 하며, 원료의 특성에 따라 생식 독성, 항원성, 면역독성, 발암성 시험을 추가로 수행하여야 한다. 단, 기타 안전성 자료로 안전성이 확보되었음을 입증할 수 있는 경우에는 예외 적용이 가능하다. 동물모델로부터 얻은 결과를 인간에 확대 적용하는 데 따른 한계성을 극복하기 위하여 건강한 사람을 대상으로 성별, 연령별, 복용 수준, 지속시간, 대조군 같은 연구 설계는 필수적이다.

- 급성 독성(acute toxicity) : 건강기능식품 소재의 단 회 투여 또는 단기간(15일 정도)에 여러 차례 투여한 후 즉시 나타나는 독성.
- 아급성(sub-acute toxicity) : 건강기능식품 소재에 비교적 단기간(1~3개월 정도) 반복 또는 계속된 투여로 발현되는 독성.
- 만성 독성(chronic toxicity) : 건강기능식품 소재에 장기간(6개월 이상) 반복 또는 계속된 투여로 발현되는 독성으로, 일반 상태 관찰, 체중 및 섭취량 변화, 혈액/혈청 생화학적/병리 조직학적으로 나타나는 독성.
- 발암성(carcinogenicity) : 동물이 견딜 수 있는 건강기능식품 소재의 최고 용량으로 동물의 수명 기간 동안 투여하여 나타나는 독성으로, 생체에 악성 종양을 유발시키는 정도가 역학조사나 동물실험에서 대조군에 비하여 유의적으로 증가하는지를 평가.
- 유전독성(genotoxicity) : 건강기능식품 소재가 직접 또는 간접적으로 유전자나 DNA에 변화를 주어 개체의 DNA 상해, 유전자 돌연변이 및 염색체 구조와 수의 이상 등의 발현 여부를 평가.

2.2. 임상 연구와 역학 증거

건강기능식품 소재의 경우, 약동학적 및 약리학적 물질 처리와 같은 요인에 대한 동물모델 자체의 제한으로 인하여 약물과 같은 안전성의 주요 증거는 임상시험으로 유도된다. 건강기능식품 소재의 안전성을 평가하는 데 인간과 동물 모델에서 확대 적용에 대한 제한이 고려되어야 하므로 안전성에 대한 임상 실증은 매우 중요하다. 그러나 건강기능식품 소재의 안전성을 지원할 수 있는 임상적 증거의 양보다 질을 평가하는 것이 중요하다. 임상시험에서 가장 중요한 것은 동일한 시간 동안 위약/대조군에 처리된 결과를 비교함으로써 안전성을 평가할 수 있도록 디자인되어야 한다는 점이다. 즉, 참가자와 연구자 모두 위약/대조군이라는 사실을 인식하지 못하게 무작위로 선정, 진행되어야 한다.

임상시험 외에도 실측적인 역학 연구를 수행한다. 즉, 환자-대조군 연구, 단면 연구, 생태 및 케이스 시리즈에 의한 코호트(cohort) 연구 등이다. 일단 건강기능식품 소재의 양질 임상 및 역학 연구가 식별되면, 제품의 섭취와 관련하여 인간의 건강을 위협하는 요인이 있는지 데이터를 평가하여야 한다. 현재 또는 과거의 건강기능식품 소재에 대한 노출이 건강에 어떠한 영향을 주었는지를 확인하기 위하여 이러한 기준을 사용하여 데이터를 평가하는 것이 중요하다.

3. 건강기능식품 소재의 ADME 평가

건강기능식품 소재가 체내로 들어가는 흡수(absorption)°, 소재가 들어간 부위에서 몸의 다른 부위로 이동하는 분포(distribution)°, 체내로 들어온 물질을 새로운 형태의 화합물(대사산물)로 변화시키는 생체 내 변환(metabolism)°, 그리고 물질이나 대사산물이 체외로 빠져나가는 배설(excretion)°에 관한 연구를 ADME라고 한다. 인체 내에서 흡수, 분포, 생체 내 변환과 제거(또는 배설)는 그림 13-3에서 보는 것과 같이 서로 연계되어 있다.

하루 섭취 허용량 사람이 어떤 물질을 일생 동안 매일 계속 먹어도 신체에 영향이 없다고 판단되는 하루의 섭취량.
흡수 건강기능식품 소재가 체내로 들어와 소화 후 혈액 내로 유입되는 과정.
분포 건강기능식품 소재가 흡수된 부위에서 인체의 다른 부위로 이동되는 과정.
생체 내 변환 건강기능식품 소재가 체내에서 한 형태의 화합물에서 변화된 다른 형태로 바뀌는 과정.
배설 건강기능식품 소재의 성분 혹은 그 대사 산물이 인체로부터 빠르게 제거되는 과정.

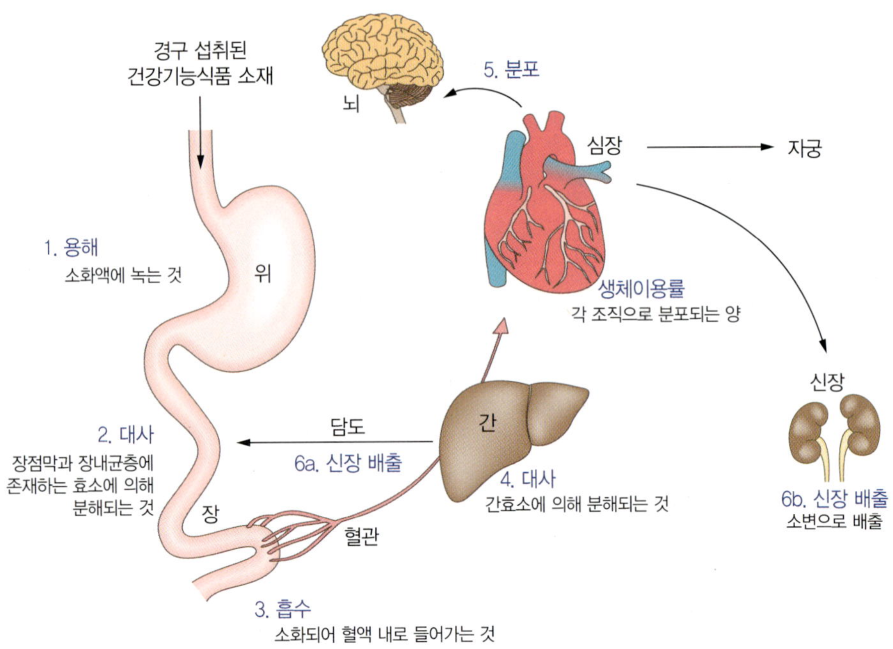

| 그림 13-3 | 건강기능식품 소재의 생체 흡수, 분포, 대사, 배출

3.1. 흡수

흡수는 건강기능식품 소재가 체내로 들어오는 과정으로, 소화된 건강기능식품 소재들은 위장관계를 통과하여 내부 장기에서 효과를 나타내려면 반드시 흡수되어야만 한다. 건강기능식품 소재는 소화액에 용해되고 다양한 pH와 소화효소에 의해 분해가 된다. 그리고 장내 효소와 간의 효소에 의한 분해 및 대사가 연속하여 이어진다. 이렇게 분해된 성분들은 위장 및 간 점막은 물론이고 혈류로 들어가기 전 단계에 몇 개의 세포막을 통과하여야만 한다. 주로 수동적 수송(passive transport), 선택적 수송(facilitated transport), 능동적 수송(active transport)의 세 가지 방법 중 하나를 사용하여 세포막을 통과하게 된다. 수동적 수송은 단순확산(diffusion, 삼투적 여과)으로 수동적이고 별도의 에너지나 다른 물질의 보조적 역할이 필요하지 않은 반면, 선택적 확산(facilitated diffusion)은 담체 매개(carrier-mediated)의 운반 메커니즘이다. 수동 수송처럼 단순하고 빠르며 담체 없이는 세포막을 확산으로 통과하기가 어려운 큰 분자들의 이동에 적합하다. 어떤 물질들은 확산으로 이동하지 못하고, 지질층에서 용해되지도 못하며 수용성 통로들을 통과하기에는 크기가 큰 경우가 있다. 이런 몇몇 물질들은 농도가 낮은 데서 높은 데로 이동하는, 즉 농도 차이에 역행하여 세포막을 통과하는 능동 수송을 한다. 이 경우에는 에너지로 ATP가 필요하며, 에너지를 사용하여 세포막의 한쪽 면에서 다른 쪽 면으로 이동할 수 있다. 능동 수송은 중추신경계, 간장과 신장 내로 생체이물(xenobiotic)의 이동, 그리고 전해질 유지와 영양소의 균형 유지에 중요하다.

장내 세균총(intestinal microflora)과 위장관 내 효소들은 소화된 건강기능식품 소재의 흡수에 영향을 미친다. 어떤 물질은 위장관계 내에서 흡수가 잘 되지 않다가 생체 내 변환에 의하여 흡수가 잘 되는 형태로 변환되어 흡수된 후 소화된 물질보다 더 큰 기능성을 나타낼 수도 있다.

3.2. 분포

분포는 흡수된 부위에서 인체의 다른 부위로 이동되는 과정이다. 즉, 건강기능식품 소재 성분이 체내에서 이동하는지, 모든 장기와 조직에 고르게 분포하는지, 얼마나 빨리 분포하는지, 얼마나 오래 머무는지를 뜻한다.

건강기능식품 소재 성분이 흡수될 때 위장관의 세포 인접 부위에서 해당 장기의 사이질액(interstitial fluid, 세포를 둘러싸고 있는 액체)으로 이송된다. 사이질액은 전체 체중의 15 %를 차지한다. 다른 체액으로는 전체 체중의 40 %를 차지하는 세포내액(intracellular fluid, 세포의 안쪽에 존재하는 액체)과 체중의 8 %를 차지하는 혈장(blood plasma)이 있다. 신속히 이동하는 혈액에 비하여 사이질액과 세포내액은 일정한 구성 성분(수분과 전해질)을 가지고 그 위치에 있으며 세포 안팎으로 천천히 이동한다. 사이질액에 포함된 물질은 혈액에 있는 것과 같이 기계적으로 이동하지는 않는다. 만약에 소화된 건강기능식품 소재가 혈장으로 들어가면, 결합 혹은 비결합의 형태로 혈액을 따라 이동하여 심혈관 순환계(cardiovascular circulatory system)를 통하여 체내에서 신속하게 이동한다. 반면, 림프액은 림프계를 통하여 천천히 이동한다. 흡수된 물질의 주된 분포는 혈액을 통하여 이루어지며, 일부만이 림프액을 통하여 분포된다. 거의 모든 조직이 혈액을 공급받기 때문에 인체의 모든 장기와 조직은 잠재적으로 흡수된 물질에 노출된다고 할 수 있다.

3.3. 생체 내 변환

생체 내 변환은 물질이 체내에서 한 형태의 화합물에서 다른 형태로 변하는 과정을 말하며, 대사(metabolism) 또는 대사 변환(metabolic transformations) 등이 해당한다. 생체 내 변환은 흡수한 성분을 신체가 정상적 기능을 하는 데 필요한 물질로 변환하는 것으로, 대사된 산물이 특정 기능성을 보이는 경우가 있다. 또한 생체 내 변환은 체내에 존재하는 유독한 생체이물과 체내에서 발생한 찌꺼기들(body wastes)을 독성이 적은 물질로 전환하여 체외로 배설하는 일종의 방어 메커니즘으로 중요한 의미를 지닌다. 흡수된 건강기능식품 소재는 간에서 대부분의 성분이 생체 내 변환되며, 간에서 나가는 혈액을 통하여 온몸으로 분배된다.

생체 내 변환반응은 일반적으로 Phase I과 Phase II 반응으로 나뉘고, Phase I 반응은 화합물에 작용기를 부가하여 변화시키는 반응으로 산화, 환원, 가수분해 등이 이에 속한다. 이것은 기질이 Phase II 효소에 적합하도록 만들어 다른 기질과 결합할 수 있도록 한다. Phase I 반응을 거친 건강기능식품 소재는 수산기, 아미노기, 카르복실기와 같이 반응성이 높은 작용기를 함유한 중간 대사체가 된다. 이러한 중간 대사체의 대부분은 인체에서 쉽게 제거될 수 있을 정도의 높은 친수성을 나타내지 않기 때문에 Phase II 반응이라 불리는 생체 내 변환을 다시 한 번 거쳐야 한다. Phase II 반응은 연결 결합반응으로 체내에 존재하는 정상적인 분자가 Phase I 대사체의 반응 부위에 결합하는 것이다. 그 결과로 Phase II 대사체는 원래의 생체이물이나 Phase I 대사체보다 높은 친수성을 나타내게 되며, 이로 인하여 인체로부터 쉽게 제거된다.

3.4. 배설

배설은 건강기능식품 소재의 성분 혹은 그 대사 산물이 인체로부터 빠르게 제거되는 과정을 말하며 비뇨계, 배설계, 호흡계를 통한 배출 등을 포함한다.

단원정리

건강기능식품 소재의 안전성은 식품의약품안전처가 원료 물질의 사용 이력, 제조 공정, 소비되는 양, 독성 평가, 인체 연구 결과, 영양 평가 및 생체이용률 결과 등의 제출된 자료를 검토하여 평가한다.
동물모델을 이용한 실험을 통하여 건강기능식품 소재의 독성은 노출 시기에 따라 급성, 아급성, 만성 독성으로 구분하며, 독성의 표적 장기에 따라 발암성, 돌연변이 유발성, 발달 독성, 생식 독성, 면역 독성, 신경 독성 등의 시험을 수행한다.
건강기능식품 소재는 섭취 후 생체 내에서 흡수, 분포, 대사(생체 내 변환) 및 배설의 전 과정을 거치면서 이용된다.

연습문제

1 건강기능식품 소재의 안전성 입증에 의사결정트리의 최종 목적이 무엇인지 쓰시오.

2 과학적 관점에서 건강기능식품 소재에 대한 안전성의 입증에 고려되어야 할 4가지 요소를 쓰시오.

3 의약품과 다르게 건강기능식품 소재 제품의 안전성 확보가 필수적인 이유를 설명하시오.

4 (　)에 들어갈 용어를 바르게 나열하시오.

(A)는 건강기능식품 소재를 일생 동안 섭취하더라도 건강에 나쁜 영향이 없다고 추정되는 일일 섭취량으로 표현되며, 동물실험 결과에서 얻은 (B)에서 독성을 나타내지 않는 용량 중 (No observed adverse effect level, NOAEL)(C)에 동물과 사람과의 차이, 사람과 사람 사이의 개체 차이를 고려하여 나온 값으로 표현한다.

5 건강기능식품 소재가 직접 또는 간접적으로 유전자나 DNA에 변화를 주어 개체에 DNA 상해, 유전자 돌연변이 및 염색체 구조, 수의 이상 등을 평가하는 독성시험법이 무엇인지를 쓰시오.

6 건강기능식품 소재가 체내로 들어가는 것, 즉 흡수되어 체내에서 이동하는지, 모든 장기와 조직에 고르게 분포하는지, 얼마나 빨리 분포하는지, 얼마나 오래 머무는지를 의미하는 용어를 쓰시오.

7 (A)와 (B)는 소화된 건강기능식품 소재의 흡수에 영향을 미친다. 어떤 물질은 위장관계 내에서 흡수가 잘 되지 않다가 (C)에 의하여 흡수가 잘 되는 형태로 변환되어 대사되지 않고 소화흡수된 물질보다 더 큰 기능성을 보이기도 한다.

1. 권장 섭취량에 대한 원료 성분의 안전성 입증.
2. (1) 다양한 수준의 섭취로 생리적 작용에서 독성에 이르기까지의 과정에 대한 잠재적 메커니즘의 이해, (2) 제품의 각 성분 분석, (3) 동물 독성, 흡수, 분포, 대사 및 배설(ADME), (4) 음식의 상호작용에 대한 가능성.
3. 건강기능식품 소재 제품의 소비는 감독 없이 소비자의 선택에 의하여 이루어지기 때문이다.
4. A: 하루 섭취 허용량　B: 용량-반응 곡선　C: 최고의 용량
5. 유전독성(genotoxicity)
6. 분포
7. A: 장내 세균총　B: 위장관 내 효소　C: 생체 내 변환

CHAPTER 14

건강기능식품 소재의 인체 적용시험

식품의약품안전처에서는 식품 소재 등 기능성 원료를 인정하기 위하여 인체 적용시험 결과 등 과학적 근거를 평가하고 있다. 인체 적용시험은 인체를 대상으로 시행하므로 시험 대상자에 대한 윤리적 보호를 최우선으로 하고, 시험의 과학성 및 신뢰성을 보장하기 위하여 「국제 임상시험관리기준」에 따라 실시되어야 한다. 수행 연구팀은 의뢰자, 시험을 계획하고 실행하는 시험자, 인체 적용시험 수탁기관 혹은 모니터링 기관, 인체 적용시험의 윤리성과 과학성을 심사하는 기관윤리심의위원회, 과학적 근거를 평가하여 기능성을 인정하는 기관인 식품의약품안전처로 구성된다. 인체 적용시험의 수행 과정은 시험의 의뢰, 시험 계획, 시험 승인, 시험 홍보 및 대상자 모집, 시험의 실행, 데이터 입력, 통계 분석 및 결과 보고 등의 단계로 구분된다. 인체 적용시험을 통하여 식품 소재의 기능성 및 안전성을 정확하게 평가하려면 전체적인 흐름을 이해하고 각 시행 과정별 업무의 파악이 필요하다. 본 장에서는 식품 소재의 인체 적용시험의 계획에서 보고까지 전 과정을 순서대로 기술하기로 한다.

tip

건강기능식품에 관한 법률

「건강기능식품 기능성 원료 및 기준·규격 인정에 관한 규정」(식품의약품안전처 고시 제2011-34호)에 따라 "건강기능식품"으로 인정받기 위해서는 인체 적용시험 자료를 제출하여야 한다.

1. 인체 적용시험

1.1. 식품 소재의 인체 적용시험

1.1.1. 정의

인체를 대상으로 식품 소재의 안전성과 기능성을 증명하기 위하여 시험하거나 연구하는 관찰시험(observational study) 또는 중재시험(intervention study) 등을 뜻한다. 식품 소재 중 건강기능식품에 관한 법률에 따라 고시되지 아니한 건강기능식품의 원료 또는 성분에 대해서는 성분의 안전성 및 기능성 등에 대한 과학적 자료를 제출하여 '건강기능식품 기능성 원료 또는 성분'으로 인정받을 수 있는데, 이를 위해서 인체 적용시험의 수행 및 결과 보고서의 제출이 필요하다.

1.1.2. 수행 연구팀의 구성 및 역할

식품 소재의 인체 적용시험은 주로 식품 소재 인체 적용시험을 의뢰한 의뢰자(건강기능식품 제조회사, 식품 소재 개발 연구소, 영농조합, 일반 회사, 개인 등 다양), 인체 적용시험의 디자인을 구성하고 실제 시험을 수행하는 시험자, 임상시험의 수탁기관 혹은 모니터링 기관이 연구팀을 이루어 수행한다. 또한 인체 적용시험은 기관윤리심의위원회의 승인 및 감독하에 진행되어야 하며, 건강기능식품의 허가 기관인 식품의약품안전처의 최종 평가 및 인정이 있어야 한다(표 14-1).

1.2. 인체 적용시험의 기본 원칙

식품 소재의 기능성 자료를 위한 인체 적용시험은 「국제 임상시험관리기준(Guideline for Good Clinical Practice by International Conference on Harmonization, ICH GCP)」에 따라 기관윤리심의위원회의 승인을 받은 인체 적용시험 계획에 의하여 수행되어야 한다.

인체 적용시험 시험물질의 안전성과 기능성을 증명하기 위하여 사람을 대상으로 시험하거나 연구하는 관찰시험 또는 중재시험 등.
의뢰자 인체 적용시험의 계획, 관리, 재정 등에 관련된 책임이 있는 자로서 원료 제조 또는 수입업자 등.
인체 적용시험 수탁기관 인체 적용시험과 관련된 의뢰자의 임무나 역할의 일부 또는 전부를 대행하기 위하여 의뢰자로부터 계약에 의해 위임받은 개인이나 기관.
기관윤리심의위원회 연구 계획서 또는 변경 계획서를 심의하고, 시험 대상자의 서면동의를 얻기 위해 사용되는 방법이나 제공되는 정보를 검토하고 지속적으로 이를 확인함으로써 인체 적용시험에 참여하는 시험 대상자의 권리, 안전, 복지를 보호하기 위하여 구성된 상설 심의위원회.

| 표 14-1 | 인체 적용시험의 수행 구성원 및 주요 역할

구성원	정의	역할
의뢰자 (sponsor)	인체 적용시험을 시험자에게 의뢰하고 시험의 계획, 관리, 재정 등에 관한 책임이 있는 사람 또는 기관	인체 적용시험이 계획서에 따라 수행될 수 있도록 재정적 지원을 하며, 시험자로부터 주기적으로 연구 진행 상황을 보고받아 관리, 감독함
시험자 (investigator)	시험 책임자°, 시험 담당자°, 임상시험 조정자를 의미하고 의뢰자의 의뢰 또는 시험자의 주도하에 시험을 계획하고 수행하는 사람	인체 적용시험을 목적 및 가설에 맞게 계획하고 기관윤리심의위원회의 승인을 얻어 시험을 수행하며 그 결과를 분석, 보고함
임상시험 수탁기관 (contract research organization)	인체 적용시험과 관련된 임무나 역할의 일부 또는 전부를 대행하기 위하여 계약에 의하여 위임받은 개인이나 기관	인체 적용시험의 디자인, 연구기관 선정, 기관윤리심의위원회의 승인 취득, 진행 관리, 모니터링, 임상 데이터 관리, 통계 분석, 결과 보고서의 작성, 품질 보증 등 의뢰받은 내용을 수행함
기관윤리심의위원회 (institutional review board)	인체 적용시험의 윤리적, 과학적, 의학적 측면을 검토·평가하기 위하여 시험기관 내에 독립적으로 설치한 상설 위원회	시험 대상자의 권리를 보호하고 복지를 증진하며, 취약한 시험 대상자가 참여하는 경우는 그 이유의 타당성을 면밀히 검토함
식품의약품안전처(Ministry of Food and Drug Safety)	식품, 건강기능식품, 의약품, 의료기기 등의 안전에 관한 사무를 담당하는 중앙 행정기관	고시되지 않은 기능성 원료에 대하여 인증 심사를 시행함

1.2.1. 인체 적용시험의 선행 요건

1.2.1.1. 윤리성

가. 시험 대상자의 권리, 안전, 복지는 우선적으로 보호되어야 한다.

나. 인체 적용시험은 헬싱키 선언에 근거한 윤리 규정에 따라 수행되어야 하며, 기관윤리심의위원회에서 승인한 시험 계획서에 따라 실시되어야 한다.

다. 연구 계획을 세우기 전, 인체 적용시험으로 예측되는 위험과 불편 사항에 대한 충분한 고려를 통하여 시험의 실시 여부를 결정하여야 한다.

라. 인체 적용시험 참여 전에 모든 시험 대상자로부터 자발적 참가 동의°를 받아야 한다.

마. 대상자에 대한 개인 정보 등은 비밀이 보장되도록 규정에 따라 취급하여야 한다.

1.2.1.2. 과학성

가. 시험 식품은 표준화되어야 하고 승인된 인체 적용시험 계획에 따라 사용되어야 한다.

나. 과학적으로 타당하여야 하며, 계획서는 명확하고 상세하게 기술되어야 한다.

다. 시험 수행에 참여하는 모든 사람들은 각자의 업무 수행을 위한 적절한 교육과 훈련을 받고, 충분한 경험을 가지고 있어야 한다.

라. 모든 관련 정보는 정확한 보고 및 해석이 가능하도록 기록 및 보존이 되어야 한다.

마. 신뢰성을 보증할 수 있는 절차에 따라 과학적으로 실시되어야 한다.

2. 인체 적용시험의 설계

2.1. 시험 계획서

윤리적이고 과학적인 인체 적용시험을 실시하기 위해서는 체계적인 시험 계획서의 작성이 우선되어야 하며, 계획서를 기관윤리심의위원회에 제출하여 평가와 승인을 받아야 한다(표 14-2).

2.2. 시험 대상자의 선정

2.2.1. 시험 대상자의 선정 기준 및 제외 기준

식품 소재의 인체 적용시험의 경우 일반적으로 건강인 또는 질병 경계치에 있는 사람이 대상이 된다.

(1) 수행하고자 하는 인체 적용시험의 목적 및 가설에 적합한 대상자를 선정하는 것은 결과의 타당성을 결정하는 중요한 요소이다.

(2) 대상자를 시험에 포함시키는 선정 기준(inclusion criteria)과 시험에서 제외시키는 제외 기준(exclusion criteria)에 의해 대상자의 시험 참여 여부가 결정된다.

시험 책임자 인체 적용시험 기관에서 시험의 수행에 대한 책임을 가지고 있는 사람.

시험 담당자 시험 책임자의 위임 및 감독하에 인체 적용시험과 관련된 업무를 하거나 필요한 사항을 결정하는 사람 및 그 밖의 인체 적용시험에 관여하는 사람.

대상자 동의 시험 대상자가 인체 적용시험 참여 여부를 결정하기 전에 시험 대상자를 위한 설명서를 통해 해당 인체 적용시험과 관련된 모든 정보를 제공받고, 서명과 날짜가 있는 문서를 통해 본인이 자발적으로 인체 적용시험에 참여함을 확인하는 절차.

인체 적용시험 계획서 해당 인체 적용시험의 배경이나 근거를 제공하기 위하여 인체 적용시험의 목적, 대상, 시험방법, 통계학적 측면 및 관련 조직 등이 기술된 문서.

시험 대상자 인체 적용시험에 참여하여 시험 대상 식품 또는 대조 식품의 섭취 대상이 되는 사람.

| 표 14-2 | 인체 적용시험 계획서에 포함되어야 할 항목

	항목	참고 사항
1.	인체 적용시험의 제목 또는 명칭	
2.	시험 책임자, 세부 담당자, 의뢰자, 연구 실시 기관, 모니터 요원, 식품 관리 담당자	
3.	임상시험 실시기관의 명칭 및 소재지	
3.	인체 적용시험의 배경 및 목적	선행 연구 및 개발 필요성의 제시(세포 또는 동물 시험 결과, 독성시험 결과 등 포함)
4.	시험 식품 및 대조 식품에 관한 정보, 시험 식품 표시에 포함되는 내용	주성분, 성상 및 제형, 함량, 복용량, 복용방법의 제시 인체 적용시험 자료집(Investigator's Brochure, IB)°: 시험 성적서 첨부
5.	시험 기간, 대상자 모집 기간	
6.	대상자의 수, 선정 기준, 제외 기준	대상자 수 설정의 근거, 목표한 대상자 수의 제시
7.	시험방법(연구 디자인, 방문 일정, 연구 흐름도, 섭취 기간 등)	무작위 배정 여부, 이중 눈가림법 등 자세히 기술
8.	유효성 및 기능성 평가방법	측정 지표 및 측정방법 순응도 조사방법(순응률 제시)
9.	시험 중지 및 탈락 기준, 분석 제외 기준	
10.	통계 분석방법, 분석군(ITT/PP), 유의 수준	
11.	이상반응 보고 및 대처 방안	
12.	시험 대상자 설명문 및 동의서 양식	서면 동의서 첨부
13.	안전 보호 및 보상 대책	IB: 피해 보상 규약 또는 보험 계약 사본 첨부
14.	기타(안전하고 과학적으로 실시하기 위하여 필요한 사항)	
15.	참고문헌	

tip

인체 적용시험 대상자 선정 시 고려 사항

질병을 진단받은 환자를 식품 소재 인체 적용시험의 대상자로 할 수 있으나, 병용하는 약물 없이 시험을 진행하거나 병용 약물의 간섭을 완전히 배제하여야 한다. 그러나 이러한 경우에 기관윤리심의위원회의 승인을 받기가 매우 어렵다. 또한 환자는 일반인과는 대사 상태가 달라질 수 있으므로 환자를 대상으로 하는 시험의 경우 일반인에 적용할 수 있다는 근거를 제시하여야 한다.

대상자 그룹의 연령, 성별, 인종, 체중·체질량지수(BMI), 혈중 지질과 같은 혈액학적 특성, 선행 질환, 약물 복용 여부, 다른 건강기능식품의 섭취 여부, 알레르기, 신체 활동 정도, 흡연 여부, 음주 여부, 카페인 섭취 여부 등의 항목을 평가할 수 있다.

시험 대상자 선정 및 제외 기준을 완화하면 시험 대상자의 모집이 좀 더 쉽고 연구 결과를 일반화하는 데에 유리할 수 있지만, 다양한 특성의 시험 대상자가 포함되어 연구 결과를 의미 있게 해석하기가 어렵거나 연구 목적이 불분명해질 수 있다. 반면에 선정 및 제외 기준이 엄격하면 결과 해석에는 유리하나 충분한 인원수의 시험 대상자를 모집하기가 어려워질 수 있으며 결과를 일반화하기도 어렵다.

2.3. 인체 적용시험의 디자인

보다 객관적이고 신뢰성이 있는 결과를 도출하기 위해서는 비뚤림(bias)을 최소화하는 것이 중요하다. 이를 위하여 눈가림(blinding)과 무작위 배정(randomization)이 수행된다. 또한 인체 적용시험의 특성과 평가하고자 하는 소재 및 유형에 따라서 시험의 디자인을 평행 설계(parallel design)와 교차 설계(cross-over design)로 구분할 수 있다.

2.3.1. 무작위 배정

무작위 배정은 시험 대상자를 시험군 또는 대조군 중 어느 군에 배정할지를 시험자의 의도가 개입되지 않도록 하는 방법이다. 시행 이유는 첫째, 시험 식품의 효과나 부작용 등이 모든 대상자들에게 동등하게 주어지도록 함으로써 윤리적 타당성을 확보하고 시험자의 비뚤림 없이 군 간의 결과 차이를 평가할 수 있다. 둘째, 시험 결과에 영향을 미칠 수 있는 변수들까지 각 군에 고루 분포하도록 하여 비교성을 극대화할 수 있다. 셋째, 시험 결과에 대한 모든 통계적 처리가 무작위 확률에 바탕을 두고 있어서 논리적, 과학적으로 합당할 수 있다. 무작위 배정표(randomization list)는 시험 진행에 참여하지 않는 제3자가 준비하도록 하여 연구 개시 전에 제공되어야 한다. 무작위 배정방법으로는 단순 무작위 배정, 블록 무작위 배정, 층화 무작위 배정 등을 들 수 있다.

인체 적용시험 자료집 인체 적용시험에 사용되는 시험물질에 관련된 정보를 정리한 편집물.

2.3.1.1. 단순 무작위 배정

난수표를 이용하여 뽑은 숫자로 시험 대상자를 배정하는 방법이다. 간단하고 시험 대상자가 늘어날수록 각 군에 배정된 대상자의 인원수가 비슷해질 것으로 기대할 수 있다. 그러나 시험 대상자의 모집 인원이 적을 때에는 시험이 진행됨에 따라 비교 대상군 간의 대상자 인원수에 불균형이 생길 수도 있다.

2.3.1.2. 블록 무작위 배정

각 군에 배정되는 시험 대상자 수의 균형을 유지하여 각 군 간의 비교성을 증가시키는 방법이다. 각 군별로 미리 정해진 대상자의 인원수에 도달할 때까지 블록을 단순 무작위 방법으로 추출하면 전체 대상자들에 대한 무작위 배정표가 작성된다. 블록 크기는 불균형을 최소화하도록 작게 해야 하지만 블록 내에 대상자가 속한 군을 추론해 내지 못할 만큼의 충분한 크기는 갖추어야 하는 것이 중요하다.

2.3.1.3. 층화 무작위 배정

적은 수의 대상자로 시험을 진행해야 할 경우에는 무작위 배정이 군 간의 균형을 보장할 수 없으므로 시험 결과에 영향을 많이 미치는 중요한 변수를 정하여 그 변수에 따라 계층을 나눈 다음, 각 계층별로 블록화 무작위 배정을 시행하는 층화 무작위 배정을 적용한다. 층화 무작위 배정은 각각의 하부 계층에 대하여 무작위 배정표를 작성하여 각 층 내에서 각 군의 대상자 인원수를 유사하게 하는 것이다. 변수의 수는 3개 이내가 적당하며 그 수가 많아질수록 계층의 수가 급격히 늘어 오히려 더 심한 불균형을 가져올 수 있다.

2.3.2. 눈가림법

시험자는 인체 적용시험의 시험 식품 또는 대조 식품°의 섭취로 인한 효과 판정에 주관

tip

무작위 배정 프로그램

소프트웨어 프로그램을 이용한 무작위 배정도 할 수 있으므로 아래 사이트를 참고하면 된다.

http://sourceforge.net/projects/oxmar/

http://minimpy.sourceforge.net/

http://www.randomization.com/

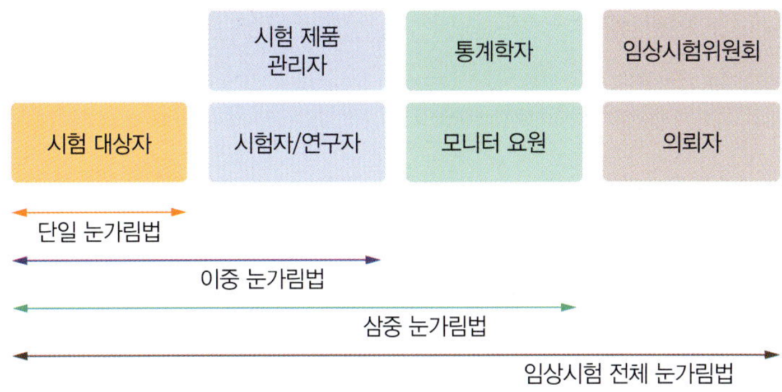

| 그림 14-1 | 눈가림법의 대상자 범위

적 요소를 배제하고 객관적이고 신뢰성이 있는 결과를 도출하기 위하여 시험 대상자는 물론 시험자와 연구에 관여하는 모든 사람에게 대상자가 배정된 그룹에 대하여 알 수 없도록 눈가림법을 적용한다. 임상시험의 목적과 수행방법에 따라 결과의 타당도는 최대로 높이면서 윤리적 측면에서도 문제가 되지 않는 범위에서 눈가림법을 시행하도록 설계하여야 한다(그림 14-1).

무작위 배정을 시행하였다 하더라도 시험자에게 눈가림법을 적용하지 않으면 개입으로 인한 비뚤림이 생길 수 있으므로 이중 눈가림법이 바람직하다. 이중 눈가림법을 적용할 수 없을 때에는 단일 눈가림법이라도 고려하여야 한다. 단, 응급 상황에서 임의의 대상자의 눈가림을 해제해야 하는 경우는 인체 적용시험 계획서에 명시된 과정에 따라 필요한 문서와 대상자에 대한 평가 등을 명시하여야 한다

(1) 단일 눈가림법 : 시험 대상자와 시험자 중 어느 한쪽에 한해서 시험군에 속하는지 여부를 식별할 수 없도록 유지하는 것이다.
(2) 이중 눈가림법 : 시험 대상자와 시험자가 시험군에 속하는지 여부를 식별할 수 없도록 유지하는 것이다.
(3) 삼중 눈가림법 : 시험 대상자와 시험자, 시험자와 접촉하는 모든 사람, 예를 들면 연구 수행과 자료 분석을 맡고 있는 통계학자, 임상시험을 모니터하는 요원 들에게 시험군에 속하는지 여부를 식별할 수 없도록 유지하는 것이다.
(4) 전체 눈가림법 : 연구 자료를 접할 수 있는 모든 사람에게 연구 자료의 통계적 분석

대조 식품 인체 적용시험용 식품과 비교할 목적으로 사용되는 위약 또는 개발 중이거나 시판 중인 물질.

이 끝나서 시험이 완전히 종료될 때까지 시험군에 속하는지 여부를 식별할 수 없도록 유지하는 것이다.

2.3.3. 연구 디자인

2.3.3.1. 평행 설계

인체 적용시험에서 가장 일반적이고 단순한 설계이다. 시험 대상자가 하나의 군에 배정되어 시험이 종료될 때까지 참여하는 것이다. 평행 설계는 결과를 빨리 얻을 수 있다는 장점이 있으나, 통계적 검증력을 얻기 위해서는 약 4~10배 더 많은 대상자 수가 필요하다. 결과적으로 비용이 교차 설계보다 증가할 수 있다는 것이 단점이다.

2.3.3.2. 교차 설계

시험 대상자가 두 가지 이상의 군에 순차적으로 교차 배정되도록 설계한 것이다. 장점은 시험 식품의 효능을 같은 대상자 안에서 비교할 수 있어 통계적 검증력이 높아진다는 것과, 개인 간 편차가 줄어들고 전체 대상자 수도 줄일 수 있다는 것이다. 또한 대상자의 선정 기준이 엄격해서 대상자 모집이 어려울 경우에는 적은 수의 대상자로도 연구할 수 있기 때문에 교차 설계가 유리하다. 하지만 연구에 소요되는 시간이 길고, 중도 탈락률이 높아진다. 또한 다음 시기로 넘어갈 때에 시험 식품 섭취의 잔류 효과(carry-over of treatment effect)가 있을 수 있어서 두 시험 기간 사이에 휴약 기간(washout period)이 필요하다.

2.4. 시험 식품의 제조

인체 적용시험 식품은 우선 식품 소재의 안전성이 확보되어야 함은 물론이고 기능적 효능이 있을 것으로 예상되어야 한다. 또한 효과를 보이는 최소한의 섭취량이 일상적인 섭취 패턴에서 섭취 가능한 용량인지 고려되어야 한다.

2.4.1. 섭취량의 설정방법

섭취 근거 자료, 안전성에 관한 정보 자료, 섭취량 평가 자료, 영양 평가 자료, 생물학적 유용성 자료, 선행 인체시험 자료, 독성시험 자료를 근거로 하여 적용하려는 식품 소재의 안전성이 보장되고 기능성이 나타나는 하루 섭취량 또는 그 범위를 설정한다.

(1) 섭취 근거 자료 : 당해 원료가 안전하다고 판단할 수 있는 역사적 사용 기록뿐만 아

니라 제조방법, 용도, 섭취량 등이 기술된 과학적 자료이어야 한다.

(2) 해당 기능 성분 또는 관련 물질에 대한 안전성 정보 자료 : 국내외 학술지에 게재되거나 게재 증명서를 받은 것, 국내외 정부 보고서 또는 국제기구 보고서, 관련 데이터베이스의 검색 결과 등이어야 한다. 두 가지 이상의 원재료를 혼합한 경우에는 혼합된 원료로서 기능성이 입증되어야 하며, 타당한 혼합 사유 및 그 과학적 근거가 뒷받침되어야 한다.

(3) 섭취량 평가 자료 : 섭취 실태조사 자료, 통계 자료 등을 사용한다.

(4) 영양 평가 자료, 생물학적 유용성 자료, 인체 적용시험 자료 등 : 국내외 학술지에 게재된 것, 국내외 정부 보고서 또는 국제기구 보고서, 관련 데이터베이스의 검색 결과 등이어야 한다.

(5) 동물실험(독성 자료시험) : 1회 투여 독성시험, 3개월 반복 투여 독성시험 자료, 유전 독성시험을 기본으로 하며, 원료의 특성에 따라 필요한 경우 생식 독성, 면역 독성, 발암성 시험 등이 추가로 필요할 수 있다. 독성시험 자료는 우수 실험실 운영 규정에 따라 운영된 기관에서 실시하고, 경제협력개발기구에서 정한 독성시험방법(OECD test guideline)에 따르거나 이에 준하여 시험한 것으로서 결과 보고서를 이용한다.

(6) 섭취량을 설정하기 위한 참고 자료가 부족할 경우 : 예비 연구(pilot study)를 통하여 적절한 용량을 설정한 후 본 시험을 수행하는 것이 바람직하다.

2.4.2. 섭취량 설정 시 고려 사항

(1) 섭취량을 설정할 때에는 기능성 원료의 특성뿐만 아니라 시험 대상자의 특성, 즉 나이, 성별, 건강 상태 등도 고려하여야 한다.

(2) 시험 제품이 작용하는 일주기성(diurnal periodicity)과 24시간 주기 리듬에 따라 변화하는 체내 생화학적, 생리학적, 병리학적 시스템을 고려하여야 한다.

(3) 해당 원료의 과다 섭취에 따른 부작용, 식품 또는 의약품 성분과의 상호작용, 취약 집단(임산부, 수유부, 어린이, 노약자 등) 등을 고려하여 섭취 시 주의 사항을 기재하여야 한다.

2.4.3. 대조 식품의 제조

이중 눈가림법을 시행하는 경우, 대조 식품(placebo)이 필요하다. 대조 식품은 모양, 크기,

무게, 색깔, 맛, 냄새 등이 시험 식품과 구별되지 않고, 대상자에게 적용하는 데 윤리적 측면에서 문제가 없어야 한다.

2.5. 시험 대상자의 수

엄격하게 잘 실행된 연구라고 할지라도 시험 대상자 수가 너무 적으면 통계적 검정력이 낮아져 원하는 연구 결과를 얻지 못하고, 너무 많으면 비용이 초과될 수 있을 뿐만 아니라 추적 손실이나 순응도의 저하 등 대상자를 관리하는 데 문제가 발생될 수 있다.

2.5.1. 대상자 수를 산정할 때의 고려 사항

2.5.1.1. 1차 유효성 평가 변수의 형태

1차 유효성 평가 변수는 인체 적용시험에서 시험군과 대조군의 차이를 우선적으로 평가하는 데 쓰이는 변수로서, 크게 연속형 변수와 범주형 변수로 나눌 수 있으며 이에 따라 시험 대상자를 산정하는 공식을 달리하여야 한다.

2.5.1.2. 시험군의 수

일반적으로 한 개의 시험군을 두지만, 때로는 섭취량을 달리하는 여러 개의 시험군을 두기도 한다. 몇 개의 시험군을 대조군과 비교할 것인지는 시험 대상자의 수를 산정할 때에 고려해야 할 사항이다. 이는 연구 설계상의 연구 목적을 증명하는 것과도 관계가 있으며 이를 검정하기 위한 검정 통계량과도 관계가 있다.

2.5.1.3. 시험군 : 대조군의 할당비

시험군과 대조군에 시험 대상자를 어떻게 할당할 것인지를 말하며, 대부분 1:1의 비율로 할당하여 시험군과 대조군의 수를 동일하게 한다.

tip

대조 식품의 효과

대조 식품은 시험 대상자가 대조군에 해당하는지를 식별할 수 없도록 하여 스스로 시험군에 속하는 것으로 앎으로써 시험 식품의 효능으로 개선되었다고 느끼는 심리적 효과를 이용한다.

2.5.2. 대상자 수 산정에 필요한 정보

2.5.2.1. 가설 설정

가. 귀무가설(null hypothesis, Ho) : 통계적 검정의 대상이 되는 가설로서 일반적인 방법에서는 시험의 효과가 없다는 가설이다.

나. 대립가설(alternative hypothesis, Ha) : 시험자가 인체 적용시험을 통하여 증명하고 싶어하는 가설로서 시험의 효과를 나타내는 가설이다. 통계적 검정 결과로 귀무가설이 기각되면 대립가설이 채택된다.

2.5.2.2. 오류의 크기

가. 1종 오류 : 귀무가설이 옳음에도 불구하고 이를 기각하는 것으로서 1종 오류를 범할 확률은 α라고 한다.

나. 2종 오류 : 귀무가설이 거짓임에도 불구하고 이를 기각하지 못하는 확률로서, 2종 오류를 범할 확률을 β라고 한다.

2.5.2.3. 검정력

검정력(power)은 잘못된 귀무가설을 기각하는 능력을 말하며, 이는 1-β로 나타낸다. 일반적으로 반복 가능한 실험에서는 오류를 크게($\alpha=0.10$, $\beta=0.20$) 하지만, 반복이 불가능한 실험에서는 오류를 작게($\alpha=0.01$, $\beta=0.05$)한다.

2.5.2.4. 중도 탈락률

시험 기간이 길어지거나 순응도가 낮을 때 탈락자가 늘어나게 된다. 이는 결과 분석에서 검정력을 낮추는 결과를 가져오므로 선행 연구를 참고하여 중도 탈락률을 예상해서 이를 반영한 시험 대상자의 수를 산출한다.

2.5.3. 일반적인 대상자 수의 산출 순서

(1) 1차 유효성 지표를 이용하여 귀무가설과 대립가설을 정의한다.

(2) 1종 오류와 2종 오류 혹은 검정력을 결정한다

(3) 1차 유효성 지표의 특성을 고려하여 통계 기법을 선택한다.

(4) 선행 연구 또는 문헌 고찰을 통하여 예상되는 군 간 평균의 차이 및 표준편차를 정한다.

(5) 주어진 공식을 이용하여 필요한 대상자 수를 산출한다.

(6) 필요한 대상자 수에서 중도 탈락률을 고려하여 최종 모집 인원을 산출한다.

2.6. 식이 섭취조사 및 식사 조절의 중요성

식품 소재를 이용한 인체 적용시험의 경우, 시험의 대상자는 질환자가 아니라 질환의 경계치에 해당되는 사람으로 일상생활을 하고 있기 때문에 통제가 어렵다. 따라서 시험 기간 동안 대상자들의 식품 섭취 내용을 파악하거나, 식이 제한을 통하여 기능성 물질과 유사한 다른 식품 등을 섭취하지 않도록 제한하는 등의 통제가 필요하다.

2.7. 통계 분석 계획

인체 적용시험에 이용되는 통계 분석방법은 시험 계획서에 명확하고 자세하게 기술되어야 한다. 변수의 형태(연속형, 범주형)와 비교하는 관찰군의 수(두 개 군, 세 개 군 이상)를 고려해 계획하여야 한다.

2.7.1. 인체 적용시험 자료의 통계 분석 시 고려 사항

2.7.1.1. 분석 대상군

인체 적용시험에 참여할 대상자는 인체 적용시험 계획서에 명확하게 명시되어 있어야 하며, 통계 분석은 이에 따라 분석 대상자가 정해지게 된다. 현재 인체 적용시험에서 주로 고려되고 있는 분석 대상군은 초기에 무작위 배정된 모든 시험 대상자를 분석하는 ITT(intention to treat)군과 임상시험 계획서에 충분히 순응한 시험 대상자들만 분석하는 PP(per protocol)군이다.

보통은 분석군을 ITT로 하는 것을 원칙으로 하나, 경우에 따라 PP분석군을 사용할 수 있다. 어느 분석군을 사용하더라도 임상시험의 결과 보고서에 ITT와 PP군에 대한 결과를 기술하여야 하며 분석군에 따라 분석 결과가 차이 있을 경우에는 이를 설명하여야 한다.

가. ITT(intention to treat) : 초기에 무작위 배정된 모든 시험 대상자를 '배정된 대로' 분석하는 기법이다. 즉, 무작위 배정 후 대상자의 순응 여부에 상관없이 탈락한 대상자도 모두 분석에 포함하여 분석한다.

나. PP(per protocol) : 임상시험 계획서에 충분히 순응한 시험 대상자들만 분석하는 방

법으로, '계획서 순응' 분석 기법이다. 즉, 인체 적용시험 계획서를 위반한 사항 없이 연구가 종료되었다는 것을 의미한다.

2.7.1.2. 결측값의 처리

인체 적용시험을 계획할 때 결측값(missing data)이 발생한 경우를 대비하여 결측값을 포함하거나 제외하여 분석하는 방법을 사전에 제시하여야 한다.

2.7.1.3. 이상치의 처리

이상치(outlier)는 자료 중 다른 값들에 비하여 극단적으로 크거나 작은 값으로, 이상치가 있으면 분석 결과에 큰 영향을 미칠 수 있다. 따라서 이에 대한 기준 및 처리방법을 인체 적용시험 계획서에 제시하여 이상치가 발생하면 제외한 후 분석할 수 있게 하여야 한다.

3. 인체 적용시험의 수행

3.1. 시험 대상자의 모집

시간이나 비용적인 면에서 적절한 시험 대상자를 모집하는 것은 인체 적용시험의 성공 여부를 결정하는 중요한 요소이므로, 구체적인 시험 대상자 모집 계획을 세우는 것이 필요하다. 시험 대상자 모집에 대한 계획을 세울 때 어떤 그룹의 대상자를 모집해야 하는지, 적

tip

결측값 처리방법

1) 마지막 관측값 선행 대체법(last observation carried forward, LOCF) : 각 개체 내의 결측값을 마지막 관찰값으로 대체하는 방법으로, 인체 적용시험에서 가장 흔하게 사용되는 방법이다.
2) 완전히 관찰된 개체만을 이용한 분석법(complete case analysis) : 모든 변수들이 관측된 개체들만 이용하여 분석하는 방법으로, 상당 부분의 자료 누락이 있을 수 있으며 특히 결측값이 많은 경우는 비효율적이다.
3) 우도 근거 방법(likehood-based method) : 결측값을 고려한 우도를 찾아 이를 최대화하는 추정값으로 결측값을 대체하는 방법이다. 예를 들면 선형 혼합 모형을 사용하여 분석할 수 있다.
4) 대체법(imputation) : 결측값을 얻은 값들과 통계 모형을 이용하여 대체값(imputed value)을 추정하여 분석에 사용한다.

정 시간은 언제인지, 사용될 매체에 대한 자료, 대상자 각자의 수준 등에 대하여 명료하게 제시하여야 한다. 시험 대상자는 계획서에서 요구되는 방문의 준수, 시험물질의 복용 순응도, 각종 검사, 복잡한 진행 절차를 불편하게 느끼기 때문에 연구에 참여하는 것을 꺼릴 수 있다. 또한 시험자나 연구 담당자의 태도도 시험 대상자 모집에 영향을 미칠 수 있다.

3.1.1. 대상자 모집 및 홍보 과정

3.1.1.1. 기관윤리심의위원회 승인

대상자 모집에 대한 홍보 내용 및 매체는 기관윤리심의위원회의 승인을 받은 후에 게재할 수 있다. 또한 연구 진행 중에 홍보방법을 변경할 경우, 기관윤리심의위원회에 변경 신청을 하여 승인받아야 한다.

3.1.1.2. 홍보방법 및 매체

의사의 권유 및 의뢰, 공고(게시판, 안내판, 병원 공고), 광고(방송, 인터넷, 신문, 지하철, 버스), 보도자료, 전화, 우편 안내 등이 있으며 연구 대상에 따라서는 특수 집단(군대, 학교, 회사)을 활용하기도 한다.

3.1.2. 모집 광고의 구성 항목

3.1.2.1. 구성 항목

인체 적용시험의 명칭, 연구 목적, 주관 및 후원 기관, 대상자 선정 기준 및 제외 기준, 제품에 대한 설명, 방문 횟수 및 소요 시간, 참여 시 혜택, 인체시험 중 관찰 사항과 내용, 대상자의 이익과 실패 시의 대책, 연락처(담당자, 주소, 전화번호), 대상자에 대한 윤리적 문제나 권리 사항에 관한 기관윤리심의위원회의 연락처, 더 자세한 정보나 자료를 얻는 방법 등이 기재되어야 한다.

3.1.2.2. 피해야 할 문구

시험 대상자를 현혹하거나 유인하는 혜택에 대한 강조.

3.2. 연구 설명 및 동의서 취득

시험 대상자가 인체 적용시험의 참여 유무를 결정하기 전, 시험자는 대상자의 눈높이에 맞추어 연구에 대한 자세한 설명을 하고 시험과 관련된 모든 정보를 제공하여야 한다. 또한 대상자의 질문에 성실히 답변하여야 한다. 대상자가 자발적으로 시험에 참여하기를 원하는 경우에 동의서 서명과 서명 날짜가 포함된 문서를 작성하도록 한다.

3.3. 스크리닝 및 시험 대상자의 선정

3.3.1. 스크리닝 항목

시험 계획에서 미리 정한 시험 대상자의 선정 및 제외 기준에 따라 스크리닝(screening) 항목이 결정된다. 주요 항목으로는 일반 사항 조사, 신체 계측, 혈액 및 소변 검사, 심전도, 설문지 및 기타 여러 검사가 있다.

3.3.2. 시험 대상자 선정 및 무작위 배정

(1) 계획서에 명기된 대상자 선정 및 제외 기준을 면밀히 검토하고, 스크리닝 검사 결과

tip

동의서 구성

동의를 얻는 과정에서 시험 대상자 또는 법적 대리인°에게 제공되는 시험 대상자를 위한 설명서 및 기타 문서화된 동의서에는 다음의 내용이 반드시 포함되어야 한다.

(1) 인체 적용시험의 목적 및 연구 목적으로만 수행된다는 점
(2) 시험물질에 관한 정보 및 시험군 또는 대조군에 무작위 배정될 확률
(3) 시험 대상자가 받게 될 각종 검사와 절차, 예상 참여 기간 등의 연구 내용
(4) 시험 대상자에게 미칠 것으로 예견되는 위험이나 불편 또는 기대되는 이익
(5) 시험 대상자가 선택할 수 있는 다른 치료방법이나 종류 및 이러한 치료의 잠재적 위험과 이익
(6) 인체시험과 관련된 손상이 발생하였을 경우, 대상자에게 주어질 보상이나 치료방법
(7) 대상자의 인체 적용시험 참여의 자발성
(8) 인체 적용시험의 지속적 참여에 영향을 줄 수 있는 새로운 정보 수집 시 정보 제공 동의 및 개인 식별 정보는 이중 잠금장치의 비밀로 보장된다는 내용
(9) 시험 대상자의 권익, 추가 정보, 손상이 발생할 경우 접촉하여야 하는 사람
(10) 인체 적용시험 참여가 중지되는 경우 및 사유

시험물질 인체 적용시험에 안정성 및 기능성을 증명하고자 사용되는 식품 또는 원료.
대리인 시험 대상자를 대신하여 인체 적용시험 참여 여부에 대한 결정을 내릴 수 있는 자.

에 따라 선정 기준을 만족하는 시험 대상자를 대상자로 포함한다.

(2) 시험자가 아닌 제3자에 의한 무작위 배정을 통하여 시험 식품을 배부한다.

3.4. 본 연구의 수행

시험 대상자가 무작위 배정 후 인체 적용시험에 등록되면 시험이 완료될 때까지 중도 탈락하지 않도록 노력을 기울여야 한다. 대상자와 시험자 사이에 존중과 예의, 정직한 의사소통은 연구가 성공적으로 완료되는 데 도움이 된다.

1) 방문 일정 준수 : 연구 기간 동안 대상자의 방문 일정을 확인하여 방문 기간 내에 방문할 수 있도록 관리한다.
2) 연구에 해당하는 유효성 및 안전성 지표 측정 : 연구 목적에 따른 1, 2차 유효성 지표를 평가한다. 그 밖에 신체 검진, 활력 증후, 혈액학검사, 혈액화학검사, 면역혈청검사 등을 연구 계획에 따라 측정한다.
3) 시험 대상자의 식품 섭취를 높이고 효과를 최대화하기 위해 식품 섭취 순응도 파악, 식이 섭취 상태 평가, 최종 방문 이후 병용 약물의 변화 및 치료 여부를 조사한다.
4) 이상반응 확인 및 시험 식품 섭취에 따른 이상반응 확인 및 섭취 후 남은 시험 제품을 회수한다.

3.5. 증례기록서 작성

인체 적용시험에서 문서 기록은 자료의 완전성과 정확성을 통하여 연구가 계획서뿐 아니라 윤리적으로 수행하였음을 증명할 수 있는 중요 수단이다. 자료의 입력은 사전에 계획서에 기술된 방법에 따라 진행하여야 하며, 정확한 자료 입력을 위하여 2인의 자료 입력자가 독립적으로 자료를 입력하는 방법(double entry)을 사용한다. 입력 완료 후에는 데이터베이스 잠금(DB locking)을 실시한다.

증례기록서(case report form, CRF)⊙는 완전성, 정확성, 일상성, 실용성 등을 갖추어야 한다.

1) 완전성·정확성(complete and accurate) : 문서는 완전하고 정확하게 기록되어 있어야 한다. 등록 현황, 중대한 변수, 이상반응과 추후 관리, 의뢰기관과의 의사소통 내용 등 연구와 관련된 모든 내용이 기록되어야 한다.
2) 일상성(routine) : 연구 기록은 의무 기록에 연대적 혹은 설정된 양식으로 기록되어야 한다.

3) 실용성(practical) : 문서는 실제적이고 일상화하기 쉬워야 하며 표준화되어야 한다. 또한 충분한 유연성이 있어야 한다.

3.6. 이상반응의 보고

이상반응이란 인체시험에 사용되는 시험 제품을 섭취한 대상자에게 발생하는, 모든 의도하지 않은 부적합한 임상적 징후, 증상, 질병을 말하며, 시험 제품과 반드시 인과관계가 있어야만 하는 것은 아니다. 동의서를 취득한 후에 발생하는 모든 이상반응은 시험물질과의 관련성과 관계없이 증례기록서의 이상반응 기록지에 기록하여야 한다. 이상반응과 안전성 보고는 인체 적용시험에 참여하는 대상자의 보호를 위해서 중요하고, 향후 식품 소재 제품의 적합한 사용에도 중요한 정보를 제공한다. 연구자는 대상자에게 중대한 이상반응이 발생하면 신속, 정확하게 안전성 정보를 기관윤리심의위원회와 의뢰자에게 보고하여야 한다.

이상반응의 보고는 명확한 언어로 기술되어야 한다. 이상반응은 부작용 증상을 표준화하기 위하여 개발된 국제표준분류코드인 MedDRA®의 선호용어(preferred term, PT)로 기록한다. 그 내용은 이상반응의 증상 및 증후, 발현 날짜 및 시간(최대 근접한 시간), 중증도, 경과, 결과, 경증, 인과관계, 취해진 조치 등을 기재한다. 이상반응에 대한 모든 치료와 투약 및 결과 역시 기록하여야 한다.

3.7. 모니터링

모니터링(monitoring)은 인체 적용시험의 과정을 감독하며 시험의 관련 자료와 대조를 통하여 연구가 문제없이 수행되고 있는지, 관련 문서가 정확하게 기록되고 있는지 여부 등을 확인하는 과정을 모두 포함한다.

증례기록서 계획서에서 규정한 시험 대상자와 시험물질에 관한 모든 정보를 기록하여 의뢰자에게 전달할 수 있도록 인쇄하거나 전자문서화한 서식.

이상반응 인체 적용시험 중 시험 대상자에게 발생하는 바람직하지 않고 의도되지 않은 징후, 증상, 질병을 말하며, 해당 인체 적용시험에 사용된 시험물질과 반드시 인과관계가 있어야 하는 것은 아님.

모니터링 인체 적용시험 진행 과정을 감독하고 해당 시험이 계획서, 표준작업지침서, 실시 기준 및 관련 규정에 따라 실시되고 기록되는지를 검토, 확인하는 활동.

3.7.1. 모니터링의 목적

시험 대상자의 권리와 복지를 보호하고 인체 적용시험 계획서에 제시된 기준 및 시행 규칙에 따라 수행되는지의 여부 확인을 통하여 인체 적용시험의 질을 관리할 수 있다. 보고되는 자료가 정확하고, 완전하며, 검증이 가능한지의 여부도 확인할 수 있다.

3.7.2. 모니터링 기관 및 담당자

일반적으로 인체 적용시험의 의뢰자가 모니터링 기관을 지정한다. 모니터를 수행하는 담당자는 해당 인체 적용시험을 모니터링하기에 적합한 과학적 또는 임상적 지식을 소유한 사람으로, 진행하는 인체 적용시험에 대한 적절한 훈련을 받아야 한다.

3.7.3. 모니터링의 범위

인체 적용시험의 전 과정이 모니터링의 범위가 될 수 있다. 하지만 시험 목적, 연구 디자인, 시험 계획서의 복잡성, 시험 대상자의 수 및 결과 변수, 그리고 의뢰자가 지정한 항목에 따라 모니터링의 범위를 결정한다.

4. 인체 적용시험의 보고

4.1. 자료 관리

인체 적용시험 계획서를 작성하고 증례기록서를 고안할 때부터 시험이 종료되어 결과를 분석할 때까지 발생하고 수집되는 모든 정보를 수집, 보관하는 전 과정을 말한다. 통계 분석과 보고서를 작성할 때 질 높은 자료를 제공하기 위한 기초 자료인 동시에 임상시험의 질을 좌우하는 요소이므로 정직하게 정리 및 보고되어야 한다.

임상시험을 통하여 수집한 자료는 증례기록서(CRF)에 기록하고 기록된 자료(raw data)는 자료 관리 과정 단계에서 데이터베이스에 입력한다. 자료 관리 과정을 수행한 후에는 분석이 가능한 데이터(analyzable data)로 변환한다. 자료 관리 과정에서 임상시험 계획서(protocol)와 자료 관리 계획(data management plan, DMP)을 기반으로 투명성이 보장되도록 자료의 정확성, 완전성, 일관성의 원칙을 가지고 자료 관리 과정의 각 단계를 수행한다. 자료 관리 과정 후에는 추적 기록(audit trail)과 자료의 재현(reproducibility)이 가능하여야 한다. 자료 관리 단계에서는 자료 관리를 위한 준비 계획(setup) 단계, 자료 관리 진행(data management) 단계, 진행 완료(closing)의 세 단계로 구분된다.

4.2. 통계 분석

승인된 연구 계획서에 제시된 통계방법대로 통계학자가 수행한다. 통계 분석을 수행할 때, 고려하여야 할 사항은 데이터가 정규분포를 따르는지, 분석하고자 하는 변수의 형태, 군의 수 및 데이터에 영향을 줄 수 있는 교란 변수가 있는지를 고려하여야 한다. 데이터가 정규분포를 따르는지에 따라 모수적, 비모수적 통계방법을 선택한다. 군 간의 효과를 비교할 때 유효성 평가 지표에 영향을 줄 수 있는 교란 변수를 통제한 후 분석을 시행하여, 통제 전후를 비교하여 식품 섭취의 효과인지를 확인한다. 분석할 때에는 군 간 비교를 통하여 차이가 있었음을 증명하며, 각 군 내에서 일어난 변화 또한 분석하여야 한다.

4.3. 종료 보고서 및 결과 보고서의 작성

인체 적용시험에 참여한 모든 대상자의 추적 관찰 기간이 종료되거나 또는 임상시험이 조기 종료되는 경우에 종료 보고서 및 결과 보고서°를 규정에 따른 기한 내에 각 기관윤리심의위원회에 제출하여야 한다. 결과 보고서에는 목적, 설계방법, 실행 과정, 유효성 지표 결과 및 통계 분석 결과 등이 작성되어야 하며, 의뢰자와 시험 책임자의 서명이 있어야 한다(표 14-3).

| 표 14-3 | 결과 보고서의 구성

항목	주요 내용
표지	임상시험 제목, 결과 보고서 작성일
요약	구체적 수치 포함(4매 이내)
본문	결과 보고서의 목차, 약어와 용어의 정의, 윤리적 고려에 대한 기술, 연구자 및 연구 지원 조직, 연구 배경, 연구 목적, 인체 적용시험의 방법, 시험 대상자 흐름도, 유효성 평가에 대한 결과, 안전성 평가에 대한 결과, 고찰 및 전반적인 결론, 참고문헌
부록	임상시험 수행에 대한 정보, 시험 대상자 일람표, 증례기록서 사본

인체 적용시험 결과 보고서 인체 적용시험 종료 후에 인체 적용시험의 목적, 설계, 시험방법, 통계학적 분석 등을 기록한 보고서로, 의뢰자와 시험 책임자가 서명한 것.

단원정리

1. 식품 소재의 인체 적용시험이란 인체를 대상으로 식품 소재의 안전성과 기능성을 증명하기 위하여 실시하는 관찰시험 또는 중재시험을 뜻한다.
2. 인체 적용시험은 의뢰자, 시험자, 임상시험 수탁기관 혹은 모니터링 기관이 연구팀을 이루어 수행하며, 기관윤리심의위원회의 승인 및 감독하에 진행되어야 하고, 건강기능식품의 허가기관인 식품의약품안전처에 최종 결과를 제출하여야 한다.
3. 식품 소재의 인체 적용시험은 「국제 임상시험관리기준」에 따라 수행되어야 한다. 인체를 직접 대상으로 하는 실험적 연구이므로 가장 중요한 기본 요건은 윤리성으로, 과학적인 연구 계획 및 수행은 인체 적용시험의 윤리성을 보장하기 위한 필수적 수단이 된다.
4. 인체 적용시험 계획서는 시험 목적과 가설, 유효성 지표, 대상 집단 및 대상자 선정과 제외 기준, 시험 디자인, 식품 소재의 제조 및 섭취와 관련된 사항, 정확한 효과 평가를 위한 순응도 평가방법, 통계 분석방법 등이 포함되어야 한다.
5. 식품 소재의 기능성 평가를 위한 시험 디자인은 눈가림법과 무작위 배정을 사용하여 비뚤림을 최소화하여야 한다. 인체 적용시험 연구의 특성과 평가하고자 하는 소재 및 유형에 따라 평행 설계(parallel design)와 교차 설계(cross-over design)로 구분된다.
6. 인체 적용시험용 식품 소재의 섭취량은 섭취 근거 자료, 안전성에 관한 정보 자료, 영양 평가 자료, 섭취량 평가자, 생물학적 유용성 자료, 인체시험 자료, 독성시험 자료 등을 근거로 하여 설정하여야 한다.
7. 대상자 수를 산정할 때에는 1차 유효성 평가 변수의 형태, 시험군의 수, 시험군과 대조군의 할당비, 귀무가설, 대립가설, 유의 수준, 검정력, 중도 탈락률 등을 고려하여야 한다.
8. 통계 분석방법은 변수의 형태와 비교하는 관찰군의 수를 고려하여 계획한다. 분석 대상군을 기준으로 대상자의 순응 여부에 상관없이 탈락한 대상자도 모두 분석에 포함하여 분석하는 방법(ITT)과 계획서 위반 사항이 없이 연구가 완료된 대상자만을 분석하는 방법(PP)이 있다.
9. 대상자의 인체 적용시험의 참여 여부는 대상자의 자발적 동의와 선정 및 제외 기준에 따른 스크리닝을 실시한 후 선정 기준을 만족하는 경우에만 시험군 또는 대조군으로 배정한다.
10. 등록된 대상자는 시험이 완료될 때까지 방문 일정에 맞추어 방문하여 유효성 지표 평가, 시험 식품 섭취의 순응도 파악, 병용 약물 변화 및 치료 여부 조사, 이상반응 확인 및 시험 제품 회수 등을 실시한다.
11. 증례기록서는 완전하고 정확하게 연구와 관련된 모든 내용이 기록되어야 하고 실제적이고 표준화되어야 한다.
12. 이상반응과 안전성 보고는 대상자의 보호와 향후 식품 소재 제품의 적합한 사용에도 중요한 정보를 제공한다. 연구자는 대상자에게 이상반응이 발생하였을 때에는 신속하고 정확하게 안전성 정보를 기관윤리심의위원회와 의뢰자에게 보고하여야 한다.
13. 인체 적용시험 계획부터 시험이 종료될 때까지의 모든 문서는 보관되어야 하며, 자료의 정확성, 완전성, 일관성의 원칙을 가지고 관리하여야 한다. 시험 종료 후에 통계 분석은 승인된 연구 계획서에 제시한 통계 방법대로 분석한다. 결과 보고서는 인체 적용시험 종료 후에 시험 목적, 설계방법, 실행 과정, 유효성 지표 결과 및 통계 분석 결과 등을 작성한 보고서이며, 의뢰자의 확인과 시험 책임자가 서명한 문서이다.

연습문제

1 식품 소재의 인체 적용시험을 간략하게 정의하시오.

2 인체 적용시험에서 전제되어야 할 두 가지 기본 요건이 무엇인지 쓰고 설명하시오.

3 인체 적용시험의 구성팀에 대하여 설명하시오.

4 식품 소재의 기능성 평가를 위한 시험 디자인에서 고려하여야 할 사항에 대하여 쓰시오.

5 인체 적용시험을 수행할 때에 식품 소재의 섭취량 설정 시 고려 사항에 대하여 설명하시오.

6 증례기록서의 특성 및 작성방법에 대하여 기술하시오.

7 인체 적용시험의 결과를 분석할 때, 분석 대상군에 따른 2가지 분석방법에 대하여 쓰시오.

1. 식품 소재의 인체 적용시험이란 인체를 대상으로 식품 소재의 안전성과 기능성을 증명하기 위하여 실시하는 관찰시험 또는 중재시험을 말한다.
2. 윤리성과 과학성 : 인체를 직접 대상으로 하는 실험적 연구이므로 가장 중요한 기본 요건은 윤리성이며, 과학적인 연구 계획 및 수행은 인체 적용시험의 윤리성을 보장하기 위한 필수 수단이 된다.
3. 인체 적용시험은 의뢰자, 연구자, 임상시험 수탁기관 혹은 모니터링 기관이 연구팀을 이루어 수행한다. 다만, 시험은 기관윤리심의위원회의 승인 및 감독하에 진행되어야 하고, 건강기능식품 허가기관인 식품의약품안전처에 최종 결과를 제출하여야 한다.
4. 식품 소재의 기능성 평가를 위한 시험 디자인은 눈가림법과 무작위 배정을 사용하여 비뚤림을 최소화하여야 한다.
5. 인체 적용시험용 식품 소재의 섭취량은 섭취 근거 자료, 안전성에 관한 정보 자료, 영양 평가 자료, 생물학적 유용성 자료, 인체시험 자료, 독성시험 자료들을 근거로 하여 설정하여야 한다.
6. 증례기록서는 완전하고 정확하게 연구와 관련된 모든 내용이 기록되어야 하며 실제적이고 표준화되어야 한다. 또한, 완전성, 정확성, 일상성, 실용성 등을 갖추어야 한다. 인체 적용시험에서 문서 기록은 자료의 완전성과 정확성을 통하여 연구가 계획서뿐 아니라 윤리적으로 수행되었음을 증명할 수 있는 중요 수단이다.
7. 통계 분석방법은 변수의 형태와 비교하는 관찰군의 수를 고려하여 계획한다. 분석 대상군을 기준으로 대상자의 순응 여부에 상관없이 탈락한 대상자도 모두 분석에 포함하여 분석하는 방법(ITT)과 계획서 위반 사항이 없이 연구가 완료된 대상자만을 분석하는 방법(PP)이 있다.
   가) ITT(intention to treat) : 초기에 무작위 배정된 모든 시험 대상자를 '배정된 대로' 분석하는 기법이다. 즉, 무작위 배정 후 대상자의 순응 여부에 상관없이 탈락한 대상자도 모두 분석에 포함하여 분석한다.
   나) PP(per protocol) : 임상시험 계획서에 충분히 순응한 시험 대상자들만 분석하는 방법으로 '계획서 순응' 분석 기법이다. 즉, 인체 적용시험 계획서에 대한 위반 사항이 없이 연구가 종료되었다는 것을 의미한다.

CHAPTER

15 주요 식품 소재와 건강 효능

건강 효능이 널리 알려진 식품 소재에는 여러 가지가 있다. 우리나라에서는 고시형 건강기능식품이 식품의약품안전처가 건강 효능을 일반적으로 인정한 식품 소재라고 할 수 있다. 한편 전 세계적으로는 슈퍼푸드에 대한 관심도 높아지고 있는데 미국의 《뉴욕타임즈》가 세계의 10대 슈퍼푸드(블루베리, 마늘, 토마토, 연어, 브로콜리, 견과류, 시금치, 녹차, 귀리, 적포도주)를 발표한 이후에 이는 건강을 중요하게 여기는 사람들에게 중요한 키워드가 되고 있다. 미국 콜롬비아 대학의 프랫(Steven G. Pratt) 박사의 저서 『슈퍼푸드』에서 시작된 이 용어는 현재 명확하게 정의된 것은 아니지만, 『옥스포드 사전』에 "건강과 웰빙에 유익한 영양소를 풍부하게 함유한 식품"이라고 정의되어 있다. 본 장에서는 이렇듯 슈퍼푸드로 알려진 식품들과 우리 나라의 대표적인 건강기능식품 소재인 인삼과 홍삼의 효능을 간략히 설명하기로 한다.

1. 블루베리

블루베리(blueberry)는 진달래과(Ericaceae) 산앵두나무속(*Vaccinium*)에 속하는 떨기나무성 식물로서, 전 세계에 400여 종이 있으며 주로 북미 지역에 분포한다. 북미에서는 하이부시 블루베리(highbush blueberry), 로우부시 블루베리(lowbush blueberry), 래빗아이 블루베리(rabbiteye blueberry) 등을 상업적으로 중요한 과일로 여겨 많이 재배하고 있다.

1.1. 효능

블루베리에는 다양한 산화방지물질이 함유되어 있어서 노화의 원인으로 지목받고 있는 활성산소를 효과적으로 제거하는 산화방지 활성이 뛰어나다. 또한 여러 임상실험을 통하여 저밀도 지단백질(low density lipoprotein, LDL)의 혈중 농도를 낮춤으로써 심혈관계 질환의 예방 효과가 알려졌으며, 뇌신경세포의 신호 전달 촉진 및 신경 재생을 자극하여 인지 능력을 개선시킨다. 이 밖에 망막의 시각에 관여하는 로돕신(rhodopsin)의 재합성 활성화에 관여하여 시력 보호 효과도 있다.

1.2. 효능 성분

블루베리의 효능에 관여하는 대표적 성분은 안토시아닌이다(그림 15-1). 안토시아닌은 블루

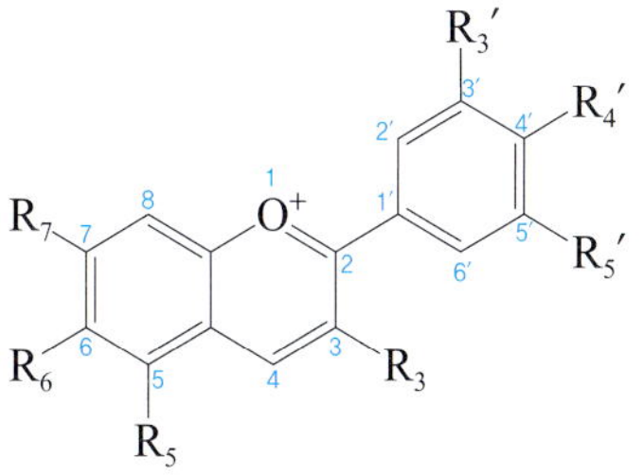

R3′
R4′
R5′
R7
R6
R5
R3
O+

안토시아닌 R위치에 결합하는 기에 따라 수백 종의 다양한 안토시아닌 분자가 형성된다.

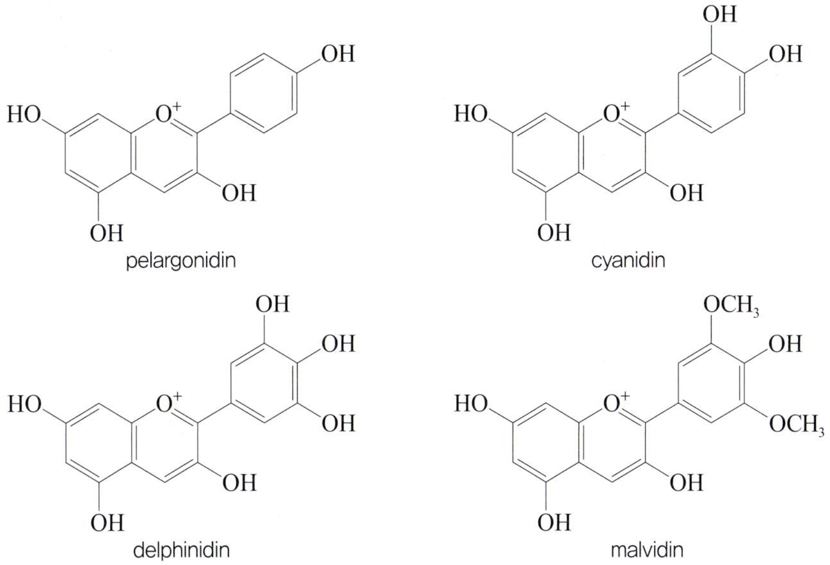

pelargonidin
cyanidin
delphinidin
malvidin

| 그림 15-1 | 블루베리 유효 성분인 주요 안토시아닌의 화학구조

베리를 포함한 다양한 베리류 식물의 색깔을 결정하는 성분으로, 시아니딘(cyanidin), 델피니딘(delphinidin), 말비딘(malvidin), 펠라고니딘(pelargonidin) 등의 배당체로 되어 있다. 하이부시 블루베리에는 말비딘, 델피니딘 등의 배당체들이 134 mg/100 g으로 매우 높게 함유되어 있다. 한 연구에서는 블루베리에 안토시아닌이 포도보다 약 30배 이상 함유되어 있다고 밝혔다. 임상실험 결과의 메타 분석에서 안토시아닌의 섭취가 심혈관계 질환의 위험도를 유의적으로 낮추었으며, 이 밖에 산화방지, 기억력 향상, 시력 보호, 혈중 콜레스테롤의 농도 저하 등의 효능이 있는 것으로 알려져 있다. 우리나라의 복분자, 딸기 등에도 안토시아닌이 많이 포함되어 있다.

2. 마늘

마늘은 원산지인 중앙아시아에서 지중해 연안 지역으로 보급되었으며, 우리나라에서는 비린내를 제거하고 식욕 증진 효과를 내기 위하여 거의 모든 음식에 사용하는 필수 향신료이다. 국내에서 재배되는 마늘은 생육 형질 특성에 따라 8개 품종군으로 구분되는데, 간단하게는 생육 지역의 기후 특성에 따라 한지형과 난지형 마늘로도 구분하고 있다.

2.1. 효능

임상실험을 통한 마늘의 효능은 확장기 및 수축기 혈압을 낮추어 고혈압 예방 효과가 있으며, 혈중 콜레스테롤과 저밀도 지단백질의 농도 저하를 유도하여 혈액의 지방 프로파일을 개선시켜 심혈관계 질환의 위험도를 낮춘다. 또한 마늘 또는 그 추출물을 섭취하면 혈중 포도당 농도와 체중을 낮추어 당뇨의 개선 효과가 있는 것도 알려져 있다.

마늘의 항암 효능에 대한 메타 분석에서는 일부 위암 등에서 유의적 효과가 보고되었으나 상반되는 연구 결과도 있기 때문에 추가 연구가 필요하다. 이 밖에도 위암 발병의 주요 인자로 고려되는 헬리코박터균의 생장을 억제시키고 헬리코박터균에 의하여 유도되는 위염을 호전시켰다. 하지만 마늘은 자극성이 강하여 많이 먹으면 속쓰림을 유발하므로 과도한 섭취는 피하는 것이 좋다. 마늘은 우리나라 식품의약품안전처에서도 인정한 건강기능식품이다.

S-(2-propenyl)-L-cysteine sulfoxide (=alliin) —alliinase→ 2-propenyl propenethiosulfinate (=allicin) → diallyl disulfide

| 그림 15-2 | 효소반응에 의한 마늘의 유효 성분 생성 과정

2.2. 효능 성분

마늘의 대표적 성분은 알린(alliin)이라는 유황 화합물인데(그림 15-2), 조리 및 저작 과정에서 마늘의 조직이 붕괴되면서 알린가수분해효소(alliinase)의 작용으로 매운맛을 내는 알리신(allicin) 및 다이알릴설파이드(diallyl sulfide)로 전환된다. 알리신과 다이알릴설파이드에 의한 산화방지, 심혈관질환 예방 및 혈당 조절 효능 등에 대한 연구 결과가 보고되어 있으나 아직 임상실험에 대한 연구는 부족하다. 알리신의 2차 대사산물인 설펜산(sulfenic acid)이 마늘의 산화방지 효능의 주요 성분이라는 연구 결과도 있다.

3. 토마토

토마토는 온대 지방에서 주로 재배되는 가지과(Solanaceae)의 한해살이 작물이며, 우리나라는 기후와 풍토가 적합하여 전국에 걸쳐 재배하고 있는 대표적 열매채소이다. 안데스 산맥 기슭의 장수촌으로 알려진 빌카밤바(vilcabamba) 사람들의 장수 이유로 토마토가 지목될 만큼 오래 전부터 건강식품으로 인식되어 왔다.

3.1. 효능

토마토는 과실, 주스, 페이스트(paste)와 같은 섭취 형태에 따른 건강 기능성에 대하여 다양한 임상 연구가 이루어졌다. 토마토 페이스트를 하루에 70 g 섭취하면 혈중 산화지수의

안토시아닌 꽃이나 과일 등에 주로 포함되어 있는 색소 성분으로, pH에 따라 빨간색, 보라색, 파란색 등을 띤다. 안토시아니딘이라고도 불리며 산화방지 효과 및 다양한 건강 효능이 있는 것으로 알려져 있다.

메타 분석 동일하거나 유사한 주제의 연구 결과물들을 다시 통계적으로 종합하여 고찰하는 연구방법.

지방 프로파일 혈액 내 콜레스테롤, 중성지방, 고밀도 지단백질, 저밀도 지단백질 등 지방 관련 성분의 분포로 심혈관질환의 위험도를 정하는 데 이용된다.

개선 효과를 보였으며, 고지방 식이로 유도된 저밀도 지단백질의 산화 억제 및 염증 지표들이 감소되었다. 하루에 토마토 두 개를 먹은 과체중인 여성은 고밀도 지단백질의 수준이 높아졌으며, 토마토 주스(330 mL)를 섭취한 과체중 또는 비만 여성에게서는 염증 지표라 할 수 있는 사이토카인(cytokine)의 감소가 나타나 염증 조절 효능을 보였다. 또한 자외선 조사에 의한 피부의 광노화 과정에서도 토마토 페이스트의 피부 보호 효능이 메타 분석을 통하여 규명되었다. 이는 토마토의 탁월한 산화방지 및 항염증 효능을 통하여 혈중 지방 개선, 심혈관질환 예방 및 피부 노화방지 효능이 나타나는 것으로 판단된다. 특히, 임상실험 결과의 메타 분석에서 토마토를 많이 섭취할수록 전립샘암 및 위암의 발병 위험도를 유의적으로 낮출 수 있음이 밝혀져 토마토의 암 예방 효능을 기대케 한다.

3.2. 효능 성분

토마토 효능에 관여하는 주요 성분으로 리코펜(lycopene)이 가장 잘 알려져 있다(그림 15-3). 리코펜은 잘 익은 토마토의 붉은색을 띠는 천연 색소로 강력한 산화방지 활성을 가지고 있으며, 당뇨 환자를 대상으로 한 실험에서 산화스트레스의 감소 효과가 확인되었다. 또한 혈중에 리코펜의 농도가 높으면 뇌졸중의 위험도가 감소되었으며, 식이를 통하여 충분한 리코펜을 섭취하면 콜레스테롤의 농도는 낮추고 고밀도 지단백질의 농도는 높임으로써 심혈관계 질환의 개선 효과를 보였다. 그러나 토마토에서 확인된 전립샘암 예방 효능은 리코펜의 임상실험을 메타 분석한 결과, 유의적인 예방 효능이 나타나지는 않았다.

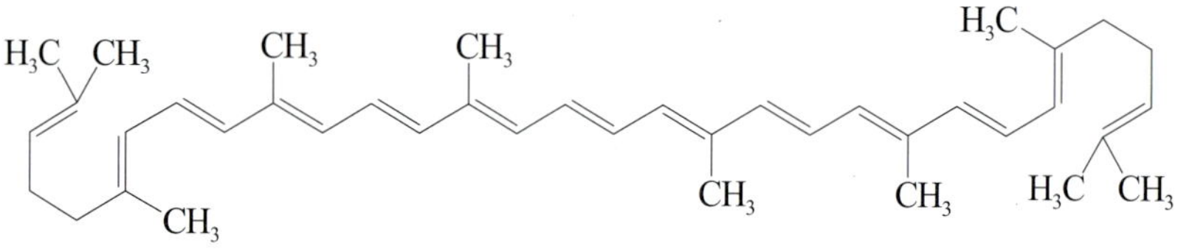

| 그림 15-3 | 토마토 유효 성분인 리코펜

4. 연어

연어는 연어과(Salmonidae)에 속하는 어류로, 강에서 부화한 새끼는 1년 후 바다로 나갔

다가 산란기가 되면 태어난 하천으로 돌아와 알을 낳는 모천회귀 본능을 지니고 있다.

4.1. 효능 및 효능 성분

연어의 주된 효능은 주로 EPA, DHA와 같은 오메가-3 지방산에서 기인한다(그림 15-4). 이탈리아인을 대상으로 생선의 오메가-3 지방산(700 mg)을 매일 섭취하게 했을 때, 관상동맥질환 환자의 사망률이 20 % 감소하였다는 1990년대의 임상실험은 연어에 대한 관심을 증폭시켰다. 이후 혈압을 낮추고 염증을 완화시키는 오메가-3 지방산의 효과는 혈관의 기능을 개선시켜 심장 보호 효과를 기대하게 하였다. 이에 미국 심장학회에서는 건강한 사람에게 매주 2회 정도 연어와 같은 기름진 생선의 섭취를 권하고 있다. 또한, 오메가-3 지방산의 보충 식이는 인슐린 저항성의 개선, 고혈압 완화, 혈중 중성지방의 감소에 따른 이상지질혈증의 개선 등을 통하여 비만과 관련된 대사증후군 증상들을 개선시켰으며, 비만을 유발하는 중요 지표 단백질인 렙틴의 혈중 농도를 낮추는 효과도 보고되었다. 이외에도 주의력 결핍 과잉행동 장애(ADHD) 어린이의 증상을 개선시키고 여성의 유방암 발병 위험도를 유의적으로 감소시키는 등 다양한 효능이 알려져 있다.

고등어, 참치, 정어리, 꽁치, 전갱이 같은 등푸른생선에도 오메가-3 지방산이 많이 함유되

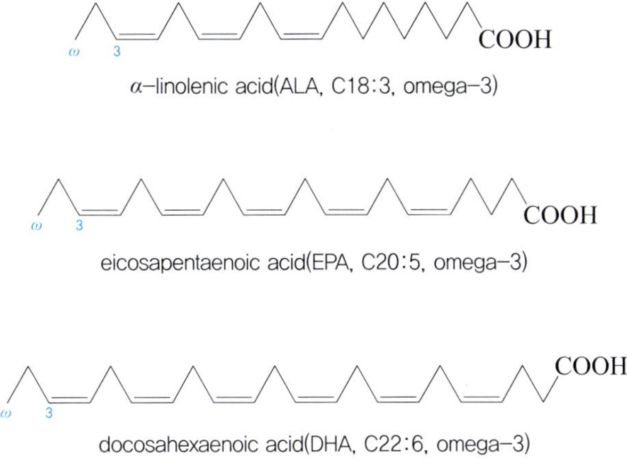

| 그림 15-4 | 연어의 효능 성분인 오메가-3 지방산

리코펜 리코펜은 빨간 카로테노이드의 색소로, 토마토와 기타 빨간 식물에서 찾을 수 있는 파이토케미컬이다. 카로텐과 이성질체 관계에 있다. 리코펜은 식품에서 섭취되는 가장 흔한 카로테노이드 중의 하나이다.

어 있음에도, 연어를 오메가-3 지방산 급원 식품의 대표 생선으로 꼽는 것은 맛에 대한 소비자의 선호도, 구입 및 요리의 편리성 등 장점이 많기 때문이다.

5. 브로콜리

브로콜리(*Brassica oleracea* L.)는 겨자과(Brassicaceae)에 속하는 작물로, 지중해 연안의 야생 양배추종에서 유래하였으며 녹색꽃양배추라고도 부른다. 우리나라에서는 2000년 이후 브로콜리의 효능이 알려지면서 생산과 소비가 늘고 있다.

5.1. 효능 및 효능 성분

브로콜리의 효능 성분으로 잘 알려진 물질은 설포라판(sulforaphane)이며 글루코시놀레이트(glucosinolate), 글리코라파닌(glucoraphanin)이 전구물질로 알려져 있다(그림 15-5). 브로콜리의 암 예방 또는 암 성장 억제의 효능은 세포 및 동물실험을 통하여 많이 알려져 있으나, 인체를 대상으로 하는 임상실험은 부족한 실정이다. 일부 임상 연구에서 브로콜리의 섭취가 세포의 DNA 변이를 억제하고 산화스트레스를 감소시켜 이를 통한 암 예방 효능을 기대할 수 있다는 결과가 있었다. 임상 연구에서는 주로 글로코시놀레이트와 글리코라파닌이 많이 함유되어 있는 브로콜리의 싹을 많이 활용한다. 공기 오염도가 매우 높은 중국 장쑤성[江蘇省]의 치동 지역에 거주하는 중국인을 대상으로 브로콜리의 독성 완화 효능을 평가하는 연구에서도, 브로콜리 싹 음료를 섭취하게 하였을 때 해독작용에 관여하는 글루타싸이온 전이효소가 활성화되어 해독작용이 증가하는 것을 확인하였다. 또한 인슐린 비의존형

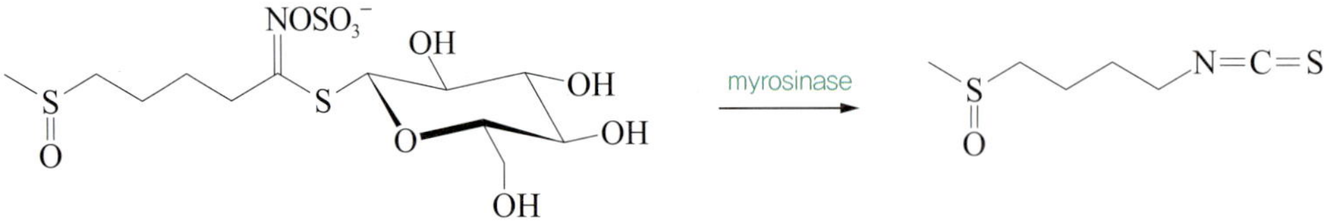

4-methylsulfinylbutyl glucosinolate(4-MSB)
(glucoraphanin)

sulforaphane

| 그림 15-5 | 브로콜리의 효능 성분인 설포라판

글리코라파닌에서 미로시나아제에 의해 설포라판이 형성된다.

당뇨병 환자들에게 브로콜리 싹을 분말로 투여하였을 때에 혈중의 인슐린 감소를 포함하여 중성지방 감소, 산화된 저밀도 지단백질과 저밀도 지단백질의 비율 감소 및 고밀도 지단백질의 증가 등 지방 분포의 개선 효능을 보였다.

6. 견과류

견과는 보통 한 개의 씨를 포함하고 있는, 갈라지지 않은 채 마른 열매로 주로 참나무목(Fagales)의 열매이다. 견과류는 식용유 외에 버터나 과자류 또는 기호 식품으로 널리 이용되며 호두, 잣, 땅콩, 아몬드, 피칸, 피스타치오 등이 있다. 견과류는 지질과 단백질이 풍부하며 각각 독특한 성분을 함유하고 있어 그 효능에 대한 다양한 연구들이 이루어지고 있다. 특히 견과류에 포함되어 있는 지방은 심혈관계 건강에 이로운 불포화지방산이 주를 이룬다.

6.1. 효능 및 효능 성분

아몬드, 브라질너트, 캐슈너트, 헤이즐너트, 마카다미아너트, 피칸, 피스타치오, 호두 등의 견과류에 대한 임상실험 메타 분석에서, 하루 56 g의 견과류를 섭취한 인슐린 비의존성 당뇨 환자의 혈당 조절 능력을 개선시켰으며, 정상인 및 이상지질혈증을 지닌 사람에게서 중성 지질과 공복혈당의 수치를 낮춤으로써 대사증후군 개선 효능이 확인되었다. 또한 견과류의 섭취는 허혈심장병, 당뇨병 및 뇌졸중의 발병률과 역의 상관관계를 나타내었다. 이렇

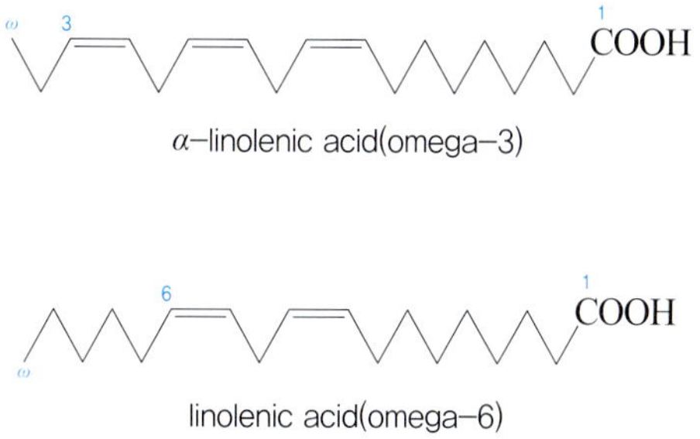

ω 3 1 COOH

α-linolenic acid(omega-3)

6 1 COOH ω

linolenic acid(omega-6)

| 그림 15-6 | 견과류에 많이 함유되어 있는 불포화지방산

불포화지방산 하나 이상의 이중결합을 가지고 있는 지방산.

듯 견과류는 주로 지방 대사, 순환계 시스템의 건강 개선에 효능이 있으며, 견과류에 포함된 불포화지방산이 주요 효능 성분이라 생각된다. 견과류에는 알파-레놀렌산, 리놀레산 등 불포화지방산이 많이 함유되어 있다(그림 15-6).

7. 시금치

시금치는 명아주과(Chenopodiaceae)에 속하는 한해살이 식물로, 이미 1920년대에 철분, 비타민 A와 C가 많다는 것이 알려져 작물로서 중요하게 여겨져 왔다. 미국의 유명한 고전 애니메이션「뽀빠이」에서 시금치를 먹는 장면은 어린이들에게 영양가가 높은 시금치를 섭취하게 하기 위한 목적도 있었다고 한다. 채소 중에는 비타민 C가 가장 많이 함유되어 있으며 다양한 비타민과 무기질이 들어 있다.

7.1. 효능 및 효능 성분

시금치에는 특별한 효능 성분이 포함되어 있지는 않으나 일반 영양소가 골고루 들어 있어 채소로서 가치가 크다. 단순당과 지질이 적어 칼로리가 23 kcal/100 g 정도로 높지 않으며, 식이섬유, 그리고 비타민 A, 비타민 C, 루테인(luteine)이 많이 함유되어 있다(그림 15-7). 루테인은 카로테노이드 화합물의 일종으로 녹색 잎채소에 많이 존재한다. 각종 미네랄도 풍부하게 포함되어 있다. 여러 가지 건강 효능이 알려져 있는데, 시금치를 하루 200 g 섭취하게 하였더니 산화질소의 생성을 증대시키고 혈관 내피세포의 기능 향상 및 혈압 저하 효과가 확인되었다. 결과적으로 심혈관계의 건강 증진을 기대할 수 있다는 뜻이다. 다른 임상실험에서는 시금치를 몸무게 1 kg당 1 g을 14일 동안 섭취하게 하고 21.1 km를 달리게 한 후, 산화스트레스를 측정하였더니, 시금치를 섭취한 그룹에서 총 산화방지능이 증가하였고, 산화스

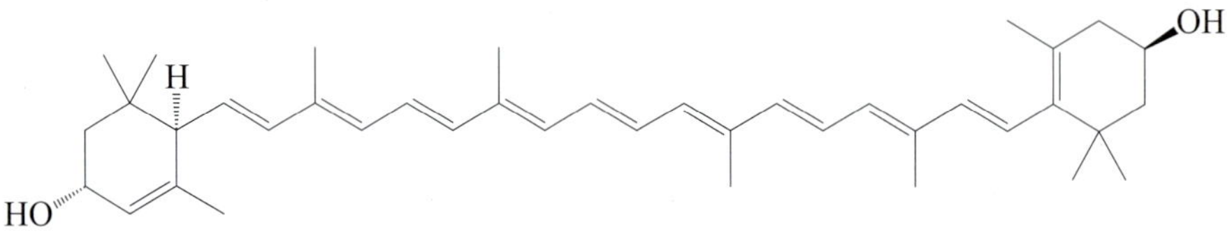

| 그림 15-7 | 시금치에 많이 포함되어 있는 루테인

트레스 및 근육 손상을 나타내는 지표 성분들은 유의적으로 감소하였다. 또한 시금치에는 루테인이 많이 함유되어 있는데, 최근 망막세포에 대한 산화방지 효과가 강력하여 시력 보호와 증진에 효과가 있는 물질이라고 확인되었다.

8. 귀리

귀리는 다양한 곡물 중 호밀 다음으로 척박한 토양에서도 잘 자라는 곡물로, 습기만 충분하면 영양분이 적거나 모래가 많거나 산성도가 높은 땅이거나 가리지 않고 잘 자란다. 귀리는 오트밀을 만들거나 빻아서 쿠키나 푸딩을 만든다. 탄수화물이 아주 많고 단백질 13 %, 지방 7.5 % 정도가 들어 있으며 칼슘, 철, 비타민 B_1과 B_6가 풍부하다

8.1. 효능 및 효능 성분

귀리에는 베타글루칸(β-glucan)이라고 하는 식이섬유가 다량 포함되어 있다. 베타글루칸은 글루코스가 β-글리코시드 결합으로 연결된 다당체로 분자량이나 화학구조가 다양하다 (그림 15-8). 귀리에서 추출한 베타글루칸 5 g을 5주간 섭취하였을 때 총콜레스테롤의 함량, 식후 포도당과 인슐린의 농도가 유의적으로 감소하였다. 이로써 귀리의 베타글루칸이 지방 및 포도당 대사의 개선 효능이 있다는 것이 확인되었다.

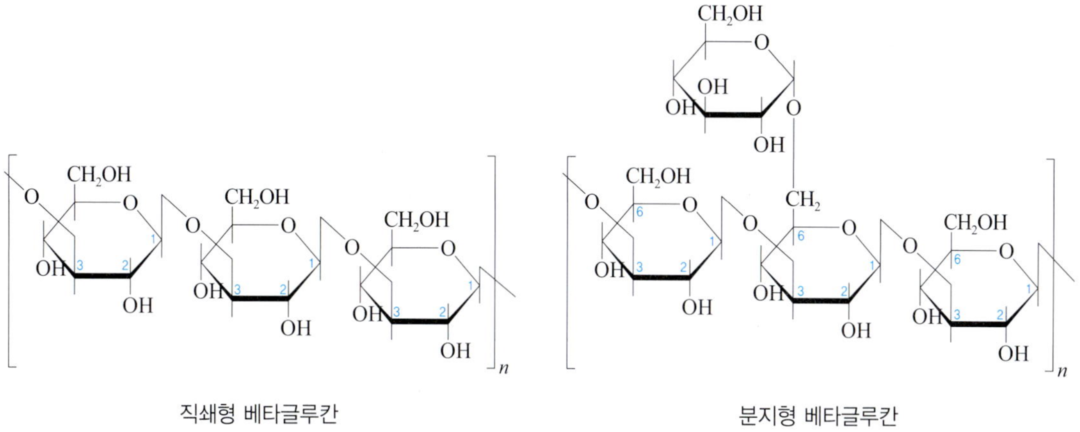

직쇄형 베타글루칸　　　분지형 베타글루칸

| 그림 15-8 | 귀리의 효능 성분인 베타글루칸

9. 녹차

녹차는 차나무(*Camellia sinensis*) 잎을 채취한 후 바로 열 처리하여 제다(製茶)한 제품으로, 우리나라, 중국, 일본뿐 아니라 전 세계에서 음용하고 있다. 녹차는 찻잎에 존재하는 내생 효소를 불활성화하는 열 처리, 즉 살청방법에 따라 증제 녹차와 덖음 녹차로 분류한다. 증제 녹차는 채취한 찻잎을 수증기 처리로 살청하여 제다한 것이고, 덖음 녹차는 찻잎을 솥에서 덖어 살청 처리하여 제다한 제품으로, 맛에 미묘한 차이가 있다.

9.1. 효능

녹차의 효능에 대한 연구는 광범위하게 이루어져 왔으며 대표적 효능으로는 다양한 카테킨 폴리페놀 성분에 기인한 산화방지능을 꼽을 수 있다. 실제 인체 임상실험에서 최소한 0.6~1.5 L/day의 녹차를 섭취한 경우에 산화방지능이 증가하고 지방 산화를 억제할 수 있었는데, 이는 심혈관계 질환 및 암 예방 효능과 연관될 수 있다. 녹차의 암 예방 또는 발암억제 효능에 대한 많은 임상 연구가 수행되었으며 그 결과를 바탕으로 메타 분석이 이루어졌지만, 여전히 녹차의 발암 억제 효능에 대해서는 논란이 있다. 현재까지의 메타 분석 결과는, 녹차 섭취와 췌장암 및 대장암과의 상관성은 부족한 것으로 보이나 위암, 식도암, 전립샘암 및 폐암의 경우는 유의적 상관관계가 존재하는 것으로 분석되었다. 유방암은 메타 분석에 사용된 임상 결과에 따라 상관성 유무가 일정치 않았다. 따라서 녹차의 암 예방 효능에 대한 합의가 형성되려면 잘 계획된 추가 실험들이 필요하다. 이 밖에 다른 건강 기능성 효능으로는 녹차 섭취에 의한 혈압 저하 효과가 유의적 상관성을 나타내었으며, 총콜레스테롤 및 저밀도 지단백질의 감소를 통한 지방 대사 효능 또한 유의적이었다. 당 대사에 있어서 녹차 섭취는 공복혈당 및 헤모글로빈 A1c의 농도를 감소시켜 인슐린 감수성을 증대시켰다. 또한 체중 조절 효능이 있는 것으로 보고되어 있는데, 특히 일본인을 대상으로 한 인체 적용시험에서 유의성을 보인 바 있다.

9.2. 효능 성분

녹차의 효능 성분으로는 녹차 잎에 다량으로 존재하는 카테킨(catechin)이 가장 많이 알려졌다. 녹차에 함유된 대표적인 카테킨은 EGCG, ECG, EGC, 그리고 EC 네 종류가 잘 알려져

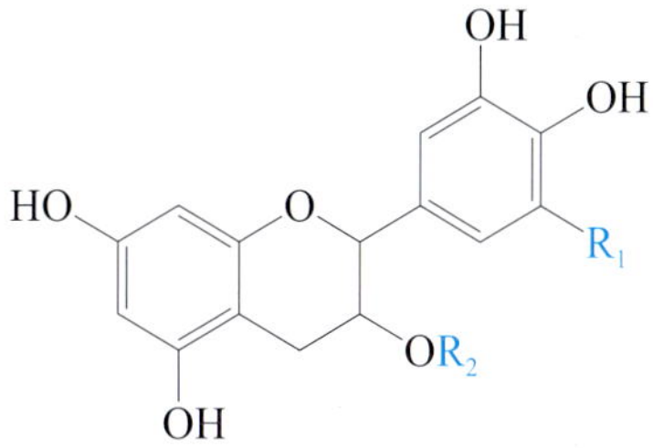

카테킨	R_1	R_2
EGC(epigallocatechin)	OH	H
EC(epicatechin)	H	H
EGCG (epigallocatechin gallate)	OH	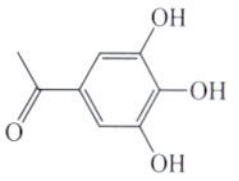 (galloyl)
ECG (epicatechin gallate)	H	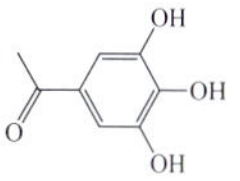 (galloyl)

| 그림 15-9 | 녹차 효능 성분인 카테킨 종류들

있으며, 그중에서 EGCG가 산화방지능 및 다른 효능에 있어서 가장 뛰어나다(그림 15-9). 녹차의 카테킨을 섭취함으로써 저밀도 지단백질의 산화가 억제되었으며, 총콜레스테롤 및 저밀도 지단백질의 감소 효능도 확인되었다. 임상실험 결과의 메타 분석에서 수축기 혈압이 130 mmHg 이상인 사람에게서 카테킨이 혈압을 유의적으로 낮추는 효능을 확인하였다. 카테킨의 암에 대한 효능 연구는 전립샘암 전 단계의 환자에게 매일 600 mg의 카테킨을 1년 동안 섭취케 하였을 때에 카테킨 처리 그룹에서 유의적으로 낮은 전립샘암 발병률을 보였다.

10. 적포도주

프랑스의 식습관이 다른 나라에 비하여 동물성 지방을 많이 섭취함에도 불구하고 프랑스인의 심장질환에 의한 사망률이 낮다는 "프랑스인의 역설(French Paradox)"의 원인이 포도주, 그중에서도 적포도주로 밝혀지면서 적포도주에 대한 관심이 크게 높아졌다. 관심의 증폭만큼 적포도주의 판매 또한 급증하였다.

10.1. 효능

적포도주 섭취에 대한 임상실험에서 산화방지 유전자의 발현 증가, 산화 저밀도 지단백질의 감소로 혈중 지방 대사 개선 효능이 확인되었고, 동맥경화증 환자를 대상으로 한 실험에서는 적포도주 섭취로 인한 고밀도 지단백질 대비 저밀도 지단백질의 비율이 개선되었다.

당뇨병 환자를 대상으로 한 임상실험에서는 산화스트레스 및 염증을 유발하는 사이토카인 감소를 통하여 심혈관계 합병증의 예방 효과가 나타났다. 알코올을 제거한 무알코올 적포도주는 주로 폴리페놀을 함유하고 있어서 이 또한 산화방지 효소의 활성을 증가시킴으로써 산화스트레스 완화 및 인슐린 저항성 개선의 효능을 보였다. 심혈관계 질환 고위험군에서는 염증 관련 지표 단백질의 조절 효능도 확인된다.

10.2. 효능 성분

적포도주의 주요 효능 성분으로는 레스베라트롤(resveratrol)이 잘 알려져 있다(그림 15-10). 레스베라트롤은 식물이 해충이나 곰팡이 등 불리한 환경에 대항하기 위해 만들어 내는 일종의 항생제 성분인 파이토알렉신(phytoalexin) 중 하나로서 여러 가지 건강 효능이 밝혀져 왔다. 레스베라트롤 임상 결과의 메타 분석에서는 하루 150 mg 이상 섭취하면 확장기 혈압의 유의적 저하 효과가 나타났으며, 당뇨병 환자에게서는 포도당 조절 및 인슐린 저항성이 개선되었다. 또한 레스베라트롤의 효과에 대한 다양한 임상실험이 이루어졌는데, 비만 남성에서 골광화(bone mineralization) 촉진, 비알코올성 지방간 환자에서 염증 완화, 고령 연령층에서 기억력 개선, 비만 성인에서 칼로리 제한 효과와 같은 대사 조절의 효능과 함께 혈소판에서의 산화질소 증대를 통한 허혈성 심혈관계 질환의 예방 효능 또한 제안되었다.

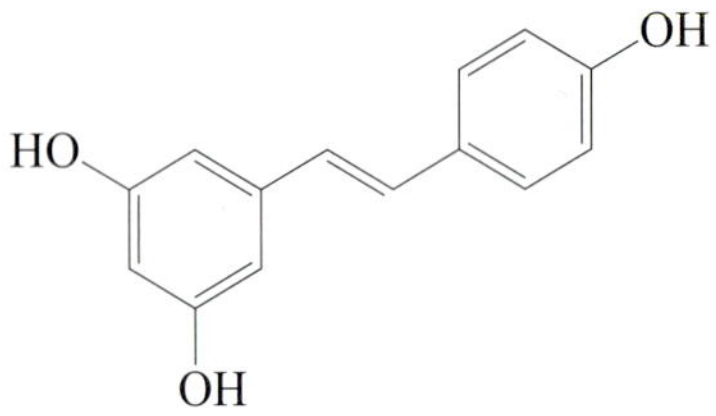

OH
HO
OH

| 그림 15-10 | 포도주 유효 성분인 레스베라트롤

11. 인삼과 홍삼

고려인삼(*Panax ginseng* C.A. Meyer)은 우리나라에서 재배되는 인삼으로 두릅나무과(Araliaceae) 인삼속 식물의 뿌리를 말한다. 오래전부터 건강 증진의 목적으로 이용되어 왔는데 건강기능식품에서 말하는 홍삼°은, 인삼을 원재료로 하여 말리지 않은 수삼을 증기 또는 기타 방법으로 쪄서 익힌 뒤 말린 것으로 이를 분말화하거나 물이나 주정으로 추출하여 농축 또는 발효하여 식용에 적합하도록 만든 것이다.

인삼과 홍삼은 우리나라 건강기능식품 생산액의 대부분을 차지하는 대표적 건강기능식품이다. 홍삼은 여러 가지 효능을 인정받고 있으며, 연구가 진행됨에 따라 추가로 새로운 효능이 밝혀지고 있다. 대표적 효능으로는 피로 회복, 면역력 증진, 혈소판 응집 억제를 통한 혈액 흐름(혈행) 개선에 도움, 기억력 개선 등의 기능을 인정받아 왔다.

11.1. 효능

인삼은 육체적 피로 회복의 효과가 있는데 스트레스 상황에 대응하는 부신겉질호르몬 등 호르몬 분비를 개선시키는 것으로 알려져 있다. 인삼 추출물을 1개월 동안 섭취하게 하면 운동 중 혈압이 감소하고 운동 유지 시간이 늘어나는 효과가 있었으며, 인삼 추출물을 하루 300 mg을 섭취한 대학생은 최대 산소 섭취량이 증가하고 다리 근력이 증가하였다는 보고가 있었다. 또한 홍삼 추출물을 50 mg/kg씩 3주간 매일 섭취하면 근 손상 후 회복에 도움이 된다는 결과도 보고되었고 이 밖의 인체 적용시험 결과를 분석하면 하루에 2 g 이상, 8주 이상 섭취하면 유의적인 피로 회복 가능성이 확인되어 피로 개선 효능을 인정받고 있다.

면역 조절작용으로 인삼 추출물 200 mg을 8주간 섭취하게 하면 백혈구의 일종인 PBMC (peripheral blood mononuclear cell)의 탐식작용이 증가하고, 하루 100 mg을 12주간 섭취하게 하면 강력한 내재 면역세포인 NK세포를 활성화한다고 보고되는 등 면역 기능 증진 효과가 보고되어 있다.

한편, 홍삼은 강력한 산화방지 효능을 가지고 있어 유해한 활성산소의 생성 증가와 지질과 산화를 억제한다. 혈행 개선 효능도 인정되어 있는데, 홍삼은 혈관의 평활근에 작용하여 혈관을 확장시켜 혈압 강하작용을 한다. 또한, 혈중 지질 농도를 감소시키고 혈소판 응집을 낮추어 혈류를 개선시킨다. 따라서 혈압이 낮아지고, 동맥경화의 위험 인자들을 감소시킨다.

한편, 기억력 개선 효능도 보고되어 있는데 학습 기능의 증진과 기억력을 개선시켜 지적 수행 능력을 향상시키는 효능이 있는 것으로 밝혀졌다. 인삼 추출물 400 mg을 112명의 건강한 사람(40세 이상, 평균 51세)에게 9주 동안 섭취하게 하여 자극에 대한 반응성 및 규칙에 대한 인지 능력을 대조군과 비교하니 유의하게 증가하는 것으로 관찰되었으며, 28명의 건강인(18~24세)에게 200 mg의 인삼 추출물을 1회 섭취하게 한 연구에서는 자극에 대한 반응성, 작업 기억 수행 능력 등이 증가하는 결과를 보였다. 이 밖에 여러 연구 결과를 바탕으

홍삼 수삼을 증기 또는 기타 방법으로 쪄서 말린 것. 이를 분말화하거나 물이나 주정으로 추출하여 농축 또는 발효하여 식용에 적합하도록 만든 것이 우리나라의 대표적 건강기능식품이다. 혈행 개선, 피로 회복, 면역 증진, 기억력 개선 등 다양한 기능성이 인정되고 있다.

로 기억력 개선 효능을 인정받고 있다.

11.2. 효능 성분

홍삼의 유효 성분인 진세노사이드는 사포닌의 일종으로 스테로이드 배당체 천연물로 트라이터페노이드(triterpenoid) 계열 화합물로서 인삼에 특이적으로 포함되어 있는 화합물이다. 여러 가지 진세노사이드의 다양한 생물학적 효능과 약리작용이 보고되어 있으며, 홍삼의 주요 진세노사이드는 Rb1과 Rg1으로 알려져 있다(그림 15-11). 홍삼의 비사포닌계 유효 성분은 폴리아세틸렌, 산성다당체, 산성펩타이드, 인삼단백질, 고미신, 미량 알칼로이드, 세스퀴터펜(sesquiterpene)계 화합물이 있다.

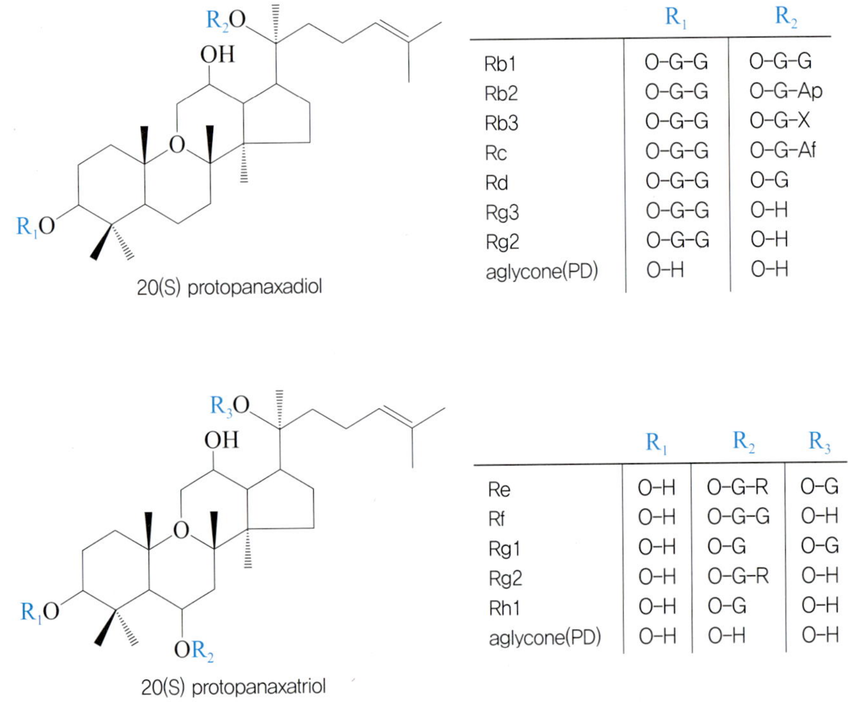

	R_1	R_2
Rb1	O-G-G	O-G-G
Rb2	O-G-G	O-G-Ap
Rb3	O-G-G	O-G-X
Rc	O-G-G	O-G-Af
Rd	O-G-G	O-G
Rg3	O-G-G	O-H
Rg2	O-G-G	O-H
aglycone(PD)	O-H	O-H

	R_1	R_2	R_3
Re	O-H	O-G-R	O-G
Rf	O-H	O-G-G	O-H
Rg1	O-H	O-G	O-G
Rg2	O-H	O-G-R	O-H
Rh1	O-H	O-G	O-H
aglycone(PD)	O-H	O-H	O-H

| 그림 15-11 | 인삼과 홍삼의 주요 진세노사이드

단원정리

슈퍼푸드라 불리는 대표적인 10가지의 식품과 우리나라의 대표적 건강기능식품인 인삼 및 홍삼의 건강 기능성 효능과 효능을 나타내는 주요 구성 성분에 대하여 정리하였다.

1. 블루베리는 산화방지, 심혈관계 질환 예방, 인지 능력 개선 및 시력 보호 효과가 있으며, 색소 성분인 안토시아닌이 주요 효능 성분으로 알려져 있다.
2. 마늘은 고혈압 예방, 심혈관계 질환 예방 및 당뇨의 개선 효능이 있으며, 유황 화합물인 알리신, 다이알릴설파이드가 주요 효능 성분으로 알려져 있다.
3. 토마토는 혈중 산화지수 개선, 염증 조절, 심혈관계 질환 및 피부 노화방지, 암예방 효능이 있으며, 토마토 색소 성분인 리코펜이 효능 성분으로 가장 잘 알려져 있다.
4. 연어는 오메가-3 지방산을 많이 함유하고 있어 혈관 기능 개선을 통한 심장 보호, 인슐린 저항성 및 이상지질혈증의 개선을 통하여 대사증후군 증상 완화 효능을 기대할 수 있다.
5. 브로콜리는 DNA 변이 억제 및 산화방지 효능을 통한 암예방 효능 및 지방 프로파일의 개선 효능이 있으며, 설포라판이 효능 성분으로 가장 잘 알려져 있다.
6. 견과류는 혈당 조절 능력 개선, 지질 대사 및 순환계 시스템의 건강 개선 효능이 있으며, 불포화지방산이 주요 성분으로 알려져 있다.
7. 시금치는 심혈관계의 건강 증진 및 산화방지 효과가 있으며 루테인이 효능 성분으로 제안되었다.
8. 귀리는 베타글루칸에 의해 지방 및 포도당 대사의 개선 효능이 있다.
9. 녹차는 위암, 식도암, 전립샘암 및 폐암의 예방 효과, 혈압 저하, 인슐린 감수성 증대 및 지방 대사 개선 효과가 있으며, 효능 성분으로 카테킨이 잘 알려져 있다.
10. 적포도주는 산화방지, 인슐린 저항성의 개선 및 염증 조절 효능이 알려져 있으며, 포도 껍질에 존재하는 레스베라트롤이 효능 성분으로 알려져 있다.
11. 인삼과 홍삼은 피로 회복, 면역력 증진, 혈소판 응집 억제를 통한 혈액 흐름(혈행) 개선에 도움, 기억력 개선 등의 효능이 알려져 있으며, 효능 성분으로 진세노사이드가 알려져 있다.

그러나 많은 경우에 식품의 형태 또는 주요 활성 성분으로 섭취했을 때 나타나는 건강 기능성, 또는 효능의 정도가 일치하지 않는다. 이는 식품 속에는 다양한 성분이 존재하고, 이 성분들 간의 상승 효과나 길항작용 등 다양한 형태의 상호작용이 일어나기 때문이다. 또한 식품에 존재하는 유효 성분의 실제 농도와 유효 성분으로만 처리하였을 때의 농도 상관성이 부족한 경우도 한 이유가 될 것이다. 한 가지 더 고려하여야 할 사항은 생체이용률(bioavailability)이다. 식품으로 섭취할 때, 식품에 존재하는 다른 성분의 도움으로 유효 성분의 흡수율이 증가하거나 또는 식이섬유처럼 일부 비타민 또는 무기질의 흡수를 저해하는 경우가 발생할 수 있어서, 유효 성분만으로 섭취하였을 경우와 다른 생체이용률로 나타나 실제 효능의 차이를 유발할 수도 있다.

연습문제

1 소위 세계 10대 슈퍼푸드 가운데 우리나라 건강기능식품의 원료로도 인정받는 것은 무엇이며 그 효능을 설명하시오.

2 인삼과 홍삼의 주요 건강 효능에 대하여 설명하시오.

3 본 장에 소개된 11종의 건강 식품 소재와 각각의 효능 성분에 대하여 설명하시오.

1. 마늘. 혈중 콜레스테롤의 농도 개선에 도움을 줄 수 있는 건강기능식품의 원료로 인정받았다.
2. 혈행 개선, 피로 회복, 면역 증진, 기억력 증진 등이 있다.
3. 블루베리-안토시아닌, 마늘-알리신, 다이알릴설파이드, 토마토-리코펜, 연어-오메가 3 불포화지방산, 브로콜리-설포라판, 견과류-불포화지방산, 시금치-루테인, 귀리-베타글루칸, 녹차-카테킨, 적포도주-레스베라트롤, 인삼과 홍삼-진세노사이드

건강기능식품에 관한 법률

건강기능식품에 관한 법률

[시행 2011.1.1.] [법률 제10219호, 2010.3.31., 타법개정]

제1장 총칙

제1조(목적) 이 법은 건강기능식품의 안전성 확보 및 품질향상과 건전한 유통·판매를 도모함으로써 국민의 건강증진과 소비자보호에 이바지함을 목적으로한다.

제2조(책무) ①국가 및 지방자치단체는 모든 국민이 양질의 건강기능식품과 이에 관한 올바른 정보를 제공받을 수 있도록 합리적인 정책을 마련하고 건강기능식품을 제조·가공·수입·판매하는 자(이하 "영업자"라 한다)에 대하여 지도 및 관리를 하여야 한다.

②영업자는 관계법령이 정하는 바에 따라 양질의 건강기능식품을 안전하고 건전하게 공급하여야 한다.

제3조(정의) 이 법에서 사용하는 용어의 정의는 다음 각호와 같다. 〈개정 2008.3.21.〉

1. "건강기능식품"이란 인체에 유용한 기능성을 가진 원료나 성분을 사용하여 제조(가공을 포함한다. 이하 같다)한 식품을 말한다.
2. "기능성"이라 함은 인체의 구조 및 기능에 대하여 영양소를 조절하거나 생리학적 작용 등과 같은 보건용도에 유용한 효과를 얻는 것을 말한다.
3. "표시"라 함은 건강기능식품의 용기·포장(첨부물 및 내용물을 포함한다. 이하 같다)에 기재하는 문자·숫자 또는 도형을 말한다.
4. "광고"라 함은 라디오·텔레비전·신문·잡지·음성·음향·영상·인터넷·인쇄물·간판 그 밖의 방법에 의하여 건강기능식품에 대한 정보를 나타내거나 알리는 행위를 말한다.
5. "영업"이라 함은 건강기능식품을 판매의 목적으로 제조(가공을 포함한다. 이하 같다) 또는 수입하거나 이를 판매(불특정 다수인에 대한 무상제공을 포함한다. 이하 같다) 하는 업을 말한다.
6. "건강기능식품이력추적관리"란 건강기능식품을 제조단계부터 판매단계까지 각 단계별로 정보를 기록·관리하여 해당 건강기능식품의 안전성 등에 문제가 발생할 경우 해당 건강기능식품을 추적하여 원인규명 및 필요한 조치를 할 수 있도록 관리하는 것을 말한다.

제2장 영업

제4조(영업의 종류 및 시설기준) ①다음 각호의 1에 해당하는 영업을 하고자 하는 자는 보건복지부

령이 정하는 기준에 적합한 시설을 갖추어야 한다. 〈개정 2008.2.29., 2010.1.18.〉

1. 건강기능식품제조업
2. 건강기능식품수입업
3. 건강기능식품판매업

②제1항의 규정에 의한 영업의 세부종류와 그 범위는 대통령령으로 정한다.

제5조(영업의 허가 등) ①제4조제1항제1호의 규정에 의한 건강기능식품제조업을 하고자 하는 자는 보건복지부령이 정하는 바에 따라 영업소별로 제4조의 규정에 의한 시설을 갖추고 식품의약품안전청장의 허가를 받아야 한다. 대통령령이 정하는 사항을 변경하고자 하는 때에도 또한 같다. 〈개정 2008.2.29., 2010.1.18.〉

②제1항의 규정에 의하여 허가를 받은 자가 그 영업을 폐업하거나 허가받은 사항중 보건복지부령이 정하는 사항을 변경하고자 하는 때에는 식품의약품안전청장에게 신고하여야 한다. 〈개정 2008.2.29., 2010.1.18.〉

③제1항 및 제2항의 규정에 의한 영업의 허가, 변경허가 및 변경신고의 절차 등에 관하여 필요한 사항은 보건복지부령으로 정한다. 〈개정 2008.2.29., 2010.1.18.〉

제6조(영업의 신고 등) ① 제4조제1항제2호에 따라 건강기능식품수입업을 하려는 자는 보건복지부령으로 정하는 바에 따라 영업소별로 제4조에 따른 시설을 갖추고 영업소의 소재지를 관할하는 특별자치도지사·시장·군수·구청장(자치구의 구청장을 말한다. 이하 같다)에게 신고하여야 한다. 〈개정 2010.3.17.〉

②제4조제1항제3호의 규정에 의하여 건강기능식품판매업을 하고자 하는 자는 보건복지부령이 정하는 바에 따라 영업소별로 제4조의 규정에 의한 시설을 갖추고 영업소의 소재지를 관할하는 시장·군수·구청장(자치구의 구청장을 말한다. 이하 같다)에게 신고하여야 한다. 다만,「약사법」제20조에 따라 개설등록한 약국에서 건강기능식품을 판매하는 경우에는 그러하지 아니하다. 〈개정 2004.3.22., 2007.4.11., 2008.2.29., 2008.3.21., 2010.1.18.〉

③제1항 및 제2항의 규정에 의하여 신고를 한 자가 그 영업을 폐업하거나 보건복지부령이 정하는 사항을 변경하고자 하는 때에는 제1항의 규정에 의하여 신고한 자는 식품의약품안전청장에게, 제2항의 규정에 의하여 신고한 자는 시장·군수·구청장에게 신고하여야 한다. 〈개정 2008.2.29., 2008.3.21., 2010.1.18.〉

④제1항 내지 제3항의 규정에 의한 영업의 신고 및 변경신고의 절차 등에 관하여 필요한 사항은 보건복지부령으로 정한다. 〈개정 2008.2.29., 2010.1.18.〉

제7조(품목제조신고 등) ①제5조제1항의 규정에 의하여 건강기능식품제조업의 허가를 받은 자가 건강기능식품을 제조하고자 하는 때에는 그 품목의 제조방법설명서 등 보건복지부령이 정

하는 사항을 식품의약품안전청장에게 신고하여야 한다. 신고한 사항중 보건복지부령이 정하는 사항을 변경하고자 하는 때에도 또한 같다. 〈개정 2008.2.29., 2010.1.18.〉

②제1항의 규정에 의한 품목제조신고 및 변경신고의 절차 등에 관하여 필요한 사항은 보건복지부령으로 정한다. 〈개정 2008.2.29., 2010.1.18.〉

제8조(건강기능식품의 수입신고 등) ①영업상 사용하기 위하여 건강기능식품을 수입하고자 하는 자는 보건복지부령이 정하는 바에 따라 식품의약품안전청장에게 신고하여야 한다. 〈개정 2008.2.29., 2010.1.18.〉

②식품의약품안전청장은 보건복지부령이 정하는 사유가 있는 경우에는 제1항의 규정에 의하여 신고된 건강기능식품에 대하여 통관절차 완료전에 관계공무원 또는 검사기관으로 하여금 필요한 검사를 하게 하여야 한다. 〈개정 2008.2.29., 2010.1.18.〉

③식품의약품안전청장은 제1항의 규정에 의하여 신고된 건강기능식품이 다음 각호의 1에 해당하는 경우에는 제2항의 규정에 불구하고 검사의 전부 또는 일부를 생략할 수 있다. 〈개정 2008.2.29., 2010.1.18.〉

1. 제4조, 제14조, 제15조 및 제17조의 규정에 의한 시설기준 및 기준·규격 등에 적합하고, 제18조 및 제23조 내지 제25조의 규정에 의한 광고 및 판매금지 사유에 해당하지 아니 한다고 식품의약품안전청장이 사전에 확인하여 고시(이하 "수입건강기능식품사전확인등록"이라 한다)한 경우
2. 식품위생법 제18조의 규정에 의하여 식품의약품안전청장이 지정한 식품위생검사기관(이하 "검사기관"이라 한다) 또는 식품의약품안전청장이 인정하여 고시한 국외 검사기관에서 검사를 받아 그 검사성적서 또는 검사증명서를 제출하는 경우
3. 그 밖에 제1호 및 제2호에 준하는 사항으로서 보건복지부령이 정하는 사유에 해당하는 경우

④제1항의 규정에 의한 수입신고의 절차, 제2항의 규정에 의한 검사의 종류·대상·검사방법 및 제3항의 규정에 의한 수입건강기능식품사전확인등록의 기준·인정절차 등에 관하여 필요한 사항은 보건복지부령으로 정한다. 〈개정 2008.2.29., 2010.1.18.〉

제9조(영업허가 등의 제한) ①다음 각호의 1에 해당하는 때에는 제5조제1항의 규정에 의한 영업허가를 할 수 없다.

1. 제32조제1항 각호(제9호를 제외한다. 이하 이 조, 제34조 및 제35조에서 같다)의 규정에 의하여 영업의 허가가 취소된 후 6월이 경과하지 아니한 경우에 그 영업소에서 같은 종류의 영업을 하고자 하는 때. 다만, 영업시설의 전부를 철거하여 영업의 허가가 취소된 경우에는 그러하지 아니하다.

2. 제32조제1항 각호의 규정에 의하여 영업의 허가가 취소된 후 1년이 경과하지 아니한 자(법인의 경우에는 그 대표자를 포함한다)가 취소된 영업과 같은 종류의 영업을 하고자 하는 때
3. 영업의 허가를 받고자 하는 자(법인의 경우에는 그 대표자를 포함한다)가 금치산자이거나 파산의 선고를 받고 복권되지 아니한 자인 때

②다음 각호의 1에 해당하는 때에는 제6조제1항 및 제2항의 규정에 의한 영업의 신고를 할 수 없다.

1. 제32조제1항 각호의 규정에 의한 영업소의 폐쇄명령을 받은 후 6월이 경과하지 아니한 경우에 그 영업소에서 같은 종류의 영업을 하고자 하는 때. 다만, 영업시설의 전부를 철거하여 영업소가 폐쇄명령을 받은 경우에는 그러하지 아니하다.
2. 제32조제1항 각호의 규정에 의한 영업소의 폐쇄명령을 받은 후 1년이 경과하지 아니한 자(법인의 경우에는 그 대표자를 포함한다)가 폐쇄명령을 받은 영업과 같은 종류의 영업을 하고자 하는 때
3. 영업의 신고를 하고자 하는 자(법인의 경우에는 그 대표자를 포함한다)가 금치산자이거나 파산의 선고를 받고 복권되지 아니한 자인 때

제10조(영업자의 준수사항) ①영업자는 건강기능식품의 안전성 확보 및 품질관리와 유통질서유지 및 국민보건의 증진을 위하여 다음 각호의 사항을 준수하여야 한다. 〈개정 2008.2.29., 2010.1.18.〉

1. 제조시설과 제품(원재료를 포함한다)을 보건위생상 위해가 없고 안전성이 확보되도록 관리할 것
2. 유통기한이 경과된 제품은 판매 또는 판매의 목적으로 진열·보관하거나 이를 건강기능식품의 제조에 사용하지 말 것
3. 부패·변질되거나 폐기된 제품 또는 유통기한이 경과된 제품은 정당한 사유가 없는 한 교환하여 줄 것
4. 판매사례품 또는 경품제공 등 사행심을 조장하여 제품을 판매하는 행위를 하지 말 것
5. 그 밖에 제1호 내지 제4호에 준하는 사항으로서 건강기능식품의 안전성 확보 및 품질관리와 국민보건위생의 증진을 위하여 필요하다고 인정하여 보건복지부령으로 정하는 사항

②건강기능식품제조업자는 보건복지부령이 정하는 바에 의하여 식품의약품안전청장에게 생산실적 등을 보고하여야 한다. 〈개정 2008.2.29., 2010.1.18.〉

제11조(영업의 승계) ①영업자가 그 영업을 양도하거나 사망한 때 또는 법인의 합병이 있는 때에는 그 양수인·상속인 또는 합병후에 존속하는 법인이나 합병에 의하여 설립되는 법인이 종전의 영업자의 지위를 승계한다.

②민사집행법에 의한 경매,「채무자 회생 및 파산에 관한 법률」에 의한 양도나 국세징수법·관세법 또는「지방세기본법」에 의한 압류재산의 매각 그 밖에 이에 준하는 절차에 따라 영업시설·설비의 전부를 인수한 자는 이 법에 의한 종전의 영업자의 지위를 승계한다. 〈개정 2005.3.31., 2010.3.31.〉

③제1항 또는 제2항의 규정에 의하여 종전의 영업자의 지위를 승계한 자는 1월 이내에 보건복지부령이 정하는 바에 따라 식품의약품안전청장 또는 시장·군수·구청장에게 신고하여야 한다. 〈개정 2008.2.29., 2008.3.21., 2010.1.18.〉

④제9조제1항 및 제2항의 규정은 제1항 및 제2항의 규정에 의한 승계에 이를 준용한다. 다만, 상속인이 제9조제1항제3호 또는 동조제2항제3호의 규정에 해당하는 경우에는 상속을 받은 날부터 3월 동안은 그러하지 아니하다.

제12조(품질관리인) ①제5조제1항의 규정에 의한 건강기능식품제조업의 허가를 받아 영업을 하고자 하는 자는 보건복지부령이 정하는 바에 따라 품질관리인(이하 "품질관리인"이라 한다)을 두어야 한다. 다만, 영업자가 품질관리인의 자격을 갖추고 품질관리업무에 종사하고 있는 때에는 그러하지 아니하다. 〈개정 2008.2.29., 2008.3.21., 2010.1.18.〉

②품질관리인은 건강기능식품의 제조에 종사하는 자가 이 법 또는 이 법에 의한 명령이나 처분에 위반하지 아니하도록 지도하여야 하며, 제품 및 시설을 위생적으로 관리하여야 한다.

③건강기능식품제조업을 하는 자는 제2항의 규정에 의한 품질관리인의 업무를 방해하여서는 아니되며, 그로부터 업무수행상 필요한 요청을 받은 때에는 정당한 사유가 없는 한 이에 응하여야 한다.

④건강기능식품제조업을 하는 자는 품질관리인을 선임하거나 해임하는 때에는 보건복지부령이 정하는 바에 따라 식품의약품안전청장에게 신고하여야 한다. 〈개정 2008.2.29., 2010.1.18.〉

⑤품질관리인의 자격기준 및 직무 등에 관하여 필요한 사항은 대통령령으로 정한다.

제13조(교육) ①보건복지부장관은 국민건강상 위해를 방지하기 위하여 필요하다고 인정하는 경우에는 영업자 및 그 종업원에게 건강기능식품의 안전성 확보 및 품질관리에 관한 교육을 받을 것을 명할 수 있다. 〈개정 2008.2.29., 2010.1.18.〉

②제4조의 규정에 의한 영업을 하고자 하는 자는 미리 건강기능식품의 안전성 확보 및 품질관리에 관한 교육을 받아야 한다. 다만, 보건복지부령이 정하는 사유로 미리 교육을 받을 수 없는 경우에는 영업 개시후 보건복지부장관이 정하는 바에 따라 교육을 받을 수 있다. 〈개정 2008.2.29., 2010.1.18.〉

③제12조의 규정에 의한 품질관리인으로 선임된 자는 건강기능식품의 안전성 확보, 품질관리 등에 관한 교육을 정기적으로 받아야 한다.

④제1항 및 제2항의 규정에 의하여 교육을 받아야 하는 자중 2 이상의 장소에서 영업을 하고자 하는 자 또는 보건복지부령이 정하는 사유로 교육을 받을 수 없는 자에 대하여는 그 종업원중 책임자를 지정하여 교육을 받게 할 수 있다. 〈개정 2008.2.29., 2008.3.21., 2010.1.18.〉

⑤제1항 내지 제3항의 규정에 의한 교육의 실시기관, 내용, 소요경비의 징수 등에 관하여 필요한 사항은 보건복지부령으로 정한다. 〈개정 2008.2.29., 2010.1.18.〉

제3장 기준 및 규격과 표시·광고 등

제14조(기준 및 규격) ①식품의약품안전청장은 판매를 목적으로 하는 건강기능식품의 제조·사용 및 보존 등에 관한 기준과 규격을 정하여 고시한다.

②식품의약품안전청장은 제1항의 규정에 의하여 기준과 규격이 고시되지 아니한 식품의 기준과 규격에 대하여는 제5조제1항 또는 제6조제1항의 규정에 의한 영업자로 하여금 당해 식품의 기준·규격, 안전성 및 기능성 등에 관한 자료를 제출하게 하여 검사기관의 검사를 거쳐 건강기능식품의 기준과 규격으로 인정할 수 있다.

③수출을 목적으로 하는 건강기능식품의 기준 및 규격은 제1항 및 제2항의 규정에 불구하고 수입자가 요구하는 기준 및 규격에 의할 수 있다.

④제2항의 규정에 의한 인정기준·방법 및 절차 등에 관하여 필요한 사항은 식품의약품안전청장이 정한다.

제15조(원료 등의 인정) ①식품의약품안전청장은 판매를 목적으로 하는 건강기능식품의 원료 또는 성분을 정하여 고시한다.

②식품의약품안전청장은 제1항의 규정에 의하여 고시되지 아니한 건강기능식품의 원료 또는 성분에 대하여는 제5조제1항 또는 제6조제1항의 규정에 의한 영업자로부터 당해 원료 또는 성분의 안전성 및 기능성 등에 관한 자료를 제출받아 검토한 후 건강기능식품에 사용할 수 있는 원료 또는 성분으로 인정할 수 있다.

③제2항의 규정에 의한 인정기준·방법 및 절차 등에 관하여 필요한 사항은 식품의약품안전청장이 정한다.

제16조(기능성 표시·광고의 심의) ①건강기능식품의 기능성 표시·광고를 하고자 하는 자는 식품의약품안전청장이 정한 건강기능식품 표시·광고심의기준, 방법 및 절차에 따라 심의를 받아야 한다.

②식품의약품안전청장은 제1항의 규정에 의한 건강기능식품의 기능성표시·광고심의에 관한 업무를 제28조의 규정에 의하여 설립된 단체에 위탁할 수 있다.

제16조의2(광고심의 이의신청) ① 제16조제1항에 따른 심의결과에 대하여 이의가 있는 자는 심의결과를 통지받은 날부터 1개월 이내에 식품의약품안전청장에게 이의를 제기할 수 있다.

② 식품의약품안전청장은 제1항에 따른 이의신청을 받은 때에는 제27조제1항에 따른 건강기능식품심의위원회의 자문을 받아 이를 심사하고 그 결과를 신청인에게 통지하여야 한다.

③ 제1항 및 제2항에 따른 이의신청 방법, 절차 및 운영 등에 관하여 필요한 사항은 식품의약품안전청장이 정한다.

[본조신설 2008.3.21.]

제17조(표시기준) ①건강기능식품의 용기·포장에는 다음 각호의 사항을 표시하여야한다. 〈개정 2006.10.4.〉

1. 건강기능식품이라는 문자 또는 건강기능식품임을 나타내는 도형
2. 기능성분 또는 영양소 및 그 영양권장량에 대한 비율(영양권장량이 설정된 것에 한한다)
3. 섭취량 및 섭취방법, 섭취시 주의사항
4. 유통기한 및 보관방법
5. 질병의 예방 및 치료를 위한 의약품이 아니라는 내용의 표현
6. 그 밖에 식품의약품안전청장이 정하는 사항

②제1항의 규정에 의한 표시방법 등에 관하여 필요한 사항은 식품의약품안전청장이 정하여 고시한다.

제18조(허위·과대의 표시·광고 금지) ①영업자는 건강기능식품의 명칭, 원재료, 제조방법, 영양소, 성분, 사용방법, 품질 및 건강기능식품이력추적관리 등에 관하여 다음 각호에 해당하는 허위·과대의 표시·광고를 하여서는 아니된다. 〈개정 2008.3.21.〉

1. 질병의 예방 및 치료에 효능·효과가 있거나 의약품으로 오인·혼동할 우려가 있는 내용의 표시·광고
2. 사실과 다르거나 과장된 표시·광고
3. 소비자를 기만하거나 오인·혼동시킬 우려가 있는 표시·광고
4. 의약품의 용도로만 사용되는 명칭(한약의 처방명을 포함한다)의 표시·광고
5. 제16조제1항의 규정에 의하여 심의를 받지 아니하거나 심의 받은 내용과 다른 내용의 표시·광고

②제1항의 규정에 의한 허위·과대의 표시·광고의 범위 등에 관하여 필요한 사항은 보건복지부령으로 정한다. 〈개정 2008.2.29., 2010.1.18.〉

제19조(건강기능식품의 공전) 식품의약품안전청장은 제14조의 규정에 의하여 정하여진 건강기능식품의 기준·규격과 제15조의 규정에 의하여 정하여진 원료·성분 및 제17조의 규정에 의하여 정하여진 표시기준을 수록한 건강기능식품의 공전(公典)을 작성·보급하여야 한다.

제4장 검사 등

제20조(출입·검사·수거 등) ①식품의약품안전청장(대통령령이 정하는 그 소속기관의 장을 포함한다) 또는 시장·군수·구청장은 위생적 관리 및 영업의 질서유지를 위하여 필요하다고 인정하는 때에는 영업자 또는 그 밖의 관계인에 대하여 필요한 보고를 하게 하거나 관계공무원으로 하여금 영업장소·사무소·창고·제조소·저장소·판매소 또는 그 밖에 이와 유사한 장소에 출입하여 판매를 목적으로 하거나 영업에 사용하는 원재료·제품·용기·포장 또는 제조·영업시설 등을 검사하게 하거나 검사에 필요한 최소량의 원재료, 제품, 용기·포장 등을 무상으로 수거하게 할 수 있으며, 필요에 따라 영업 관계의 장부나 서류를 열람하게 할 수 있다. 〈개정 2008.3.21.〉

②제1항의 규정에 의하여 출입·검사·수거 또는 열람을 하고자 하는 관계공무원은 그 권한을 나타내는 증표를 지니고 이를 관계인에게 내보여야 한다.

제21조(자가품질검사의 의무) ①제5조제1항의 규정에 의하여 건강기능식품제조업의 허가를 받은 자는 보건복지부령이 정하는 바에 따라 그가 제조하는 건강기능식품이 제14조의 규정에 의한 기준 및 규격에 적합한지의 여부에 관하여 검사하고 그 기록을 보존하여야 한다. 〈개정 2008.2.29., 2010.1.18.〉

②식품의약품안전청장은 제1항의 규정에 의하여 검사를 하여야 하는 자가 직접 검사하기 적합하지 아니한 때에는 검사기관에 위탁하여 검사하게 할 수 있다.

③제1항 및 제2항의 규정에 의한 검사항목, 검사절차 등에 관하여 필요한 사항은 보건복지부령으로 정한다. 〈개정 2008.2.29., 2010.1.18.〉

제5장 우수건강기능식품제조기준 등

제22조(우수건강기능식품제조기준 등) ①식품의약품안전청장은 우수한 건강기능식품의 제조 및 품질관리를 위하여 우수건강기능식품제조 및 품질관리기준(이하 "우수건강기능식품제조기준"이라 한다)을 정하여 이를 고시할 수있다.

②식품의약품안전청장은 제5조제1항의 규정에 의하여 건강기능식품제조업의 허가를 받은 자가 제1항의 규정에 의한 우수건강기능식품제조기준을 준수하는 경우에는 우수건강기능

식품제조기준적용업소로 지정하여 고시할 수 있다.

③우수건강기능식품제조기준적용업소의 지정절차, 영업자 및 그 종업원에 대한 교육훈련 등에 관하여 필요한 사항은 보건복지부령으로 정한다. 〈개정 2008.2.29., 2010.1.18.〉

④식품의약품안전청장은 우수건강기능식품제조기준적용업소가 다음 각호의 1에 해당하는 때에는 그 지정을 취소하거나 시정을 명할 수 있다. 〈개정 2008.2.29., 2010.1.18.〉

1. 우수건강기능식품제조기준을 준수하지 아니한 때
2. 제32조의 규정에 의하여 영업정지 이상의 행정처분을 받은 때
3. 영업자 및 종업원이 제3항의 규정에 의한 교육훈련을 받지 아니한 때
4. 그 밖에 우수건강기능식품제조기준적용업소를 효율적으로 관리하기 위하여 필요하다고 인정하여 보건복지부령이 정하는 사항을 준수하지 아니한 때

⑤우수건강기능식품제조기준적용업소로 지정받지 아니한 자는 우수건강기능식품제조기준적용업소라는 명칭이나 이와 유사한 내용을 표시·광고하여서는 아니된다.

⑥식품의약품안전청장은 우수건강기능식품제조기준적용업소에 대하여 보건복지부령이 정하는 일정기간 동안 제20조의 규정에 의한 출입·검사를 하지 아니하거나 영업시설 개선을 위한 융자 지원 등을 할 수 있다. 〈개정 2008.2.29., 2010.1.18.〉

⑦제3항의 규정에 의한 교육훈련 등의 업무에 소요되는 경비는 교육훈련대상자로부터 징수할 수 있다.

제22조의2(건강기능식품이력추적관리 등록기준 등) ① 건강기능식품을 제조 또는 판매하는 자 중 건강기능식품이력추적관리를 하고자 하는 자는 보건복지부령으로 정하는 등록기준을 갖추어 해당 건강기능식품을 식품의약품안전청장에게 등록할 수 있다. 〈개정 2010.1.18.〉

② 제1항에 따라 등록한 건강기능식품을 제조 또는 판매하는 자는 건강기능식품이력추적관리에 필요한 기록의 작성·보관 및 관리 등에 관하여 식품의약품안전청장이 정하여 고시하는 기준(이하 "건강기능식품이력추적관리기준"이라 한다)을 준수하여야 한다.

③ 제1항에 따라 등록을 한 자는 등록사항이 변경된 경우 변경사유가 발생한 날부터 1개월 이내에 식품의약품안전청장에게 신고하여야 한다.

④ 제1항에 따라 등록한 건강기능식품에는 식품의약품안전청장이 정하여 고시하는 바에 따라 건강기능식품이력추적관리의 표시를 할 수 있다.

⑤ 제1항에 따른 등록의 유효기간은 등록한 날부터 3년으로 한다. 다만, 그 품목의 특성상 달리 적용할 필요가 있는 경우에는 보건복지부령으로 정하는 바에 따라 그 기간을 연장할 수 있다. 〈개정 2010.1.18.〉

⑥ 보건복지부장관 또는 식품의약품안전청장은 제1항에 따라 등록을 한 자에게 예산의 범위 안에서 건강기능식품이력추적관리에 필요한 자금을 지원할 수 있다. 〈개정 2010.1.18.〉

⑦ 식품의약품안전청장은 제1항에 따라 등록을 한 자가 건강기능식품이력추적관리기준을 준수하지 아니한 때에는 그 등록을 취소하거나 시정을 명할 수 있다.

⑧ 건강기능식품이력추적관리의 등록절차 및 등록사항, 그 밖에 등록에 관하여 필요한 사항은 보건복지부령으로 정한다. 〈개정 2010.1.18.〉

[본조신설 2008.3.21.]

제6장 판매 등의 금지

제23조(위해 건강기능식품 등의 판매 등의 금지) 다음 각호의 1에 해당하는 건강기능식품은 이를 판매하거나 판매할 목적으로 제조·수입·사용·저장 또는 운반하거나 진열하지 못한다.

1. 썩었거나 상한 것으로서 인체의 건강을 해할 우려가 있는 것
2. 유독·유해물질이 들어 있거나 묻어 있는 것 또는 그 염려가 있는 것. 다만, 인체의 건강을 해할 우려가 없다고 식품의약품안전청장이 인정하는 것은 예외로 한다.
3. 병원미생물에 오염되었거나 그 염려가 있어 인체의 건강을 해할 우려가 있는 것
4. 불결하거나 다른 물질의 혼입 또는 첨가 그 밖의 사유로 인체의 건강을 해할 우려가 있는 것
5. 제5조제1항의 규정에 의하여 영업허가를 받아야 하는 경우에 허가를 받지 아니한 자가 제조한 것
6. 수입이 금지된 것 또는 제8조의 규정에 의하여 수입신고를 하여야 하는 경우에 신고를 하지 아니하고 수입한 것

제24조(기준·규격 위반 건강기능식품의 판매 등의 금지) ①영업자는 제14조제1항 및 제2항의 규정에 의하여 기준과 규격이 정하여진 건강기능식품을 그 기준에 의하여 제조·사용·보존하여야 하며, 그 기준과 규격에 맞지 아니하는 건강기능식품을 판매하거나 판매의 목적으로 제조·수입·사용·저장·운반·보존 또는 진열하여서는 아니된다.

②영업자는 의약품의 용도로만 사용되는 원료를 사용하거나 배합·혼합비율·함량이 의약품과 같거나 유사한 건강기능식품을 제조하거나 그러한 건강기능식품을 수입·판매 또는 진열하여서는 아니된다.

③제2항의 규정에 의한 의약품의 용도로만 사용되는 원료 및 유사한 건강기능식품 등에 관한 구체적인 기준과 범위는 식품의약품안전청장이 정한다.

제25조(표시기준 위반 건강기능식품의 판매 등의 금지) 영업자는 제17조의 규정에 의한 표시기준을 위반한 건강기능식품을 판매하거나 판매의 목적으로 제조·수입·진열·운반 또는 사용하여서는 아니된다.

제26조(유사표시 등의 금지) 건강기능식품이 아닌 것은 그 용기·포장에 인체의 구조 및 기능에 대

한 식품영양학적·생리학적 기능 및 작용 등이 있는 것으로 오인될 우려가 있는 표시를 하거나 이와 같은 내용의 광고를 하여서는 아니되며, 이와 같은 건강기능식품과 유사하게 표시되거나 광고되는 것을 판매하거나 판매의 목적으로 저장 또는 진열하여서는 아니된다.

제7장 건강기능식품심의위원회 및 단체설립

제27조(건강기능식품심의위원회) ①보건복지부장관 또는 식품의약품안전청장의 자문에 응하여 다음 사항을 조사·심의하기 위하여 보건복지부에 건강기능식품심의위원회를 둔다. 〈개정 2008.2.29., 2010.1.18.〉

1. 건강기능식품의 정책에 관한 사항
2. 건강기능식품의 기준·규격에 관한 사항
3. 건강기능식품의 표시·광고에 관한 사항
4. 그 밖에 건강기능식품에 관한 중요사항

②건강기능식품의 기준·규격 및 표시·광고 등에 관한 조사·연구를 하기 위하여 건강기능식품심의위원회에 연구위원을 둘 수 있다.

③제1항 및 제2항의 규정에 의한 건강기능식품심의위원회의 구성 및 운영 등에 관하여 필요한 사항은 대통령령으로 정한다.

제28조(단체설립) ①영업자는 당해 영업의 건전한 발전을 도모함으로써 건강기능식품의 안전성 확보 및 품질향상과 국민보건증진에 이바지하기 위하여 대통령령이 정하는 영업의 종류별로 단체를 설립할 수 있다.

②단체는 법인으로 한다.

③단체를 설립하고자 하는 경우에는 대통령령이 정하는 바에 의하여 회원의 자격이 있는 자의 10분의 1(20인을 초과하는 때에는 20인) 이상의 발기인이 정관을 작성하여 보건복지부장관의 설립인가를 받아야 한다. 〈개정 2008.2.29., 2010.1.18.〉

제8장 시정명령·허가취소 등 행정제재

제29조(시정명령) 식품의약품안전청장 또는 시장·군수·구청장은 이 법을 지키지 아니하는 자에 대하여 필요하다고 인정하는 때에는 그 시정을 명할 수 있다. 〈개정 2008.3.21.〉

제30조(폐기처분 등) ①식품의약품안전청장 또는 시장·군수·구청장은 영업자가 제23조 내지 제26조의 규정에 위반한 때에는 관계공무원으로 하여금 그 건강기능식품을 압류 또는 폐기하게 하거나 영업자에게 식품위생상의 위해를 제거하기 위한 조치를 할 것을 명할 수 있다. 〈개정 2008.3.21.〉

②식품의약품안전청장 또는 시장·군수·구청장은 제5조제1항의 규정에 의하여 영업허가를 받아야 하는 경우에 허가를 받지 아니하고 제조한 건강기능식품이나 이에 사용한 기구 또는 용기·포장 등을 관계공무원으로 하여금 압류 또는 폐기하게 할 수 있다. 〈개정 2008.3.21.〉

③식품의약품안전청장 또는 시장·군수·구청장은 위생상의 위해가 발생하였거나 발생할 우려가 있다고 인정되는 때에는 영업자에 대하여 유통중인 당해 건강기능식품을 회수·폐기하게 하거나 당해 건강기능식품의 원료, 제조방법, 성분 또는 그 배합비율을 변경할 것을 명할 수 있다. 〈개정 2008.3.21.〉

④제1항 및 제2항의 규정에 의한 압류 또는 폐기를 하는 경우에 관계 공무원은 그 권한을 표시하는 증표를 지니고 이를 관계인에게 내보여야 한다.

⑤제1항 및 제2항의 규정에 의한 압류 또는 폐기에 관하여 필요한 사항과 제3항의 규정에 의한 회수대상 건강기능식품에 해당하는 기준 등에 관하여 필요한 사항은 보건복지부령으로 정한다. 〈개정 2008.2.29., 2010.1.18.〉

제31조(시설의 개수명령 등) ①식품의약품안전청장 또는 시장·군수·구청장은 영업자에 대하여 그 영업시설이 제4조제1항의 규정에 의한 시설기준에 적합하지 아니한 때에는 기간을 정하여 시설의 개수를 명할 수 있다. 〈개정 2008.3.21.〉

②건축물의 소유자와 영업자 등이 다른 경우 건축물의 소유자는 제1항의 규정에 의한 명령에 따른 시설의 개수에 최대한 협조하여야 한다.

제32조(영업허가취소 등) ①식품의약품안전청장 또는 시장·군수·구청장은 영업자가 다음 각호의 1에 해당하는 때에는 대통령령이 정하는 바에 의하여 영업허가를 취소하거나 6월 이내의 기간을 정하여 그 영업의 전부 또는 일부를 정지하거나, 영업소의 폐쇄(제6조의 규정에 의하여 신고한 영업에 한한다. 이하 이 조에서 같다)를 명할 수있다. 〈개정 2008.3.21.〉

1. 제5조제1항 후단, 제7조제1항 전단, 제8조제1항, 제10조제1항 각호(제1호 및 제5호를 제외한다) 또는 제11조제3항의 규정을 위반한 때
2. 제12조제1항의 규정을 위반한 때
3. 제18조제1항의 규정을 위반한 때
4. 제21조의 규정에 의한 자가품질검사를 실시하지 아니한 때
5. 제22조제5항의 규정을 위반한 때
6. 제23조, 제24조제1항·제2항, 제25조 또는 제26조의 규정에 의한 판매 등의 금지나 유사표시 등의 금지를 위반한 때
7. 제29조, 제30조제1항·제3항, 제31조제1항 또는 제33조제1항의 규정에 의한 명령에 위반한 때

8. 영업의 정지명령에 위반하여 계속 영업을 하는 때

9. 영업자가 정당한 사유없이 계속하여 6월 이상 휴업하는 때

②제1항의 규정에 의한 행정처분의 세부적인 기준은 그 위반행위의 유형과 위반의 정도 등을 고려하여 보건복지부령으로 정한다. 〈개정 2008.2.29., 2010.1.18.〉

제33조(품목의 제조정지 등) ①식품의약품안전청장은 영업자가 제18조제1항, 제21조제1항, 제23조, 제24조제1항·제2항, 제25조 또는 제26조의 규정에 위반하는 때에는 대통령령이 정하는 바에 의하여 6월 이내의 기간을 정하여 당해 품목 또는 품목류(제14조의 규정에 의하여 정하여진 건강기능식품의 기준 및 규격중 동일한 기준 및 규격을 적용받아 제조되는 모든 품목을 말한다. 이하 같다)의 제조정지를 명할 수 있다.

②제1항의 규정에 의한 행정처분의 세부적인 기준은 그 위반행위의 유형과 위반의 정도 등을 고려하여 보건복지부령으로 정한다. 〈개정 2008.2.29., 2010.1.18.〉

제34조(행정제재처분효과의 승계) 영업자가 그 영업을 양도하거나 법인의 합병이 있는 때에는 종전의 영업자에 대하여 제32조제1항 각호 또는 제33조제1항의 위반을 사유로 행한 행정제재처분의 효과는 그 처분기간이 만료된 날부터 1년간 양수인 또는 합병후 존속하는 법인에게 승계되며, 행정제재처분의 절차가 진행중인 때에는 양수인 또는 합병후 존속하는 법인에 대하여 행정제재처분의 절차를 속행할 수 있다.

제35조(폐쇄조치 등) ①식품의약품안전청장 또는 시장·군수·구청장은 제5조제1항 전단 또는 제6조제1항 및 제2항의 규정에 위반하여 허가를 받지 아니하거나 신고를 하지 아니하고 영업을 하는 때 또는 제32조제1항 각호의 규정에 의하여 허가가 취소되거나 영업소의 폐쇄명령을 받은 후에 계속하여 영업을 하는 때에는 관계공무원으로 하여금 당해 영업소를 폐쇄하기 위하여 다음의 조치를 하게 할 수 있다. 〈개정 2008.3.21.〉

1. 당해 영업소의 간판 그 밖의 영업표식물의 제거·삭제

2. 당해 영업소가 적법한 영업소가 아님을 알리는 게시문 등의 부착

3. 당해 영업소의 시설물 그 밖에 영업에 사용하는 기구 등을 사용할 수 없게 하는 봉인

②식품의약품안전청장 또는 시장·군수·구청장은 제1항제3호의 규정에 의한 봉인을 한 후 봉인을 계속할 필요가 없다고 인정되거나 당해 영업자 또는 그 대리인이 당해 영업소를 폐쇄할 것을 약속하거나 그 밖의 정당한 사유를 들어 봉인의 해제를 요청하는 때에는 봉인을 해제할 수 있다. 제1항제2호의 규정에 의한 게시문 등의 경우에도 또한 같다. 〈개정 2008.3.21.〉

③식품의약품안전청장 또는 시장·군수·구청장은 제1항의 규정에 의한 조치를 하고자 하는 경우에는 미리 이를 당해 영업자 또는 그 대리인에게 서면으로 알려주어야 한다. 다만, 보건복지부령이 정하는 사유가 있는 경우에는 그러하지 아니하다. 〈개정 2008.2.29.,

2008.3.21., 2010.1.18.〉

④제1항의 규정에 의한 조치는 그 영업을 할 수 없게 하기 위하여 필요한 최소한의 범위에 그쳐야 한다.

⑤제1항의 경우에 관계공무원은 그 권한을 표시하는 증표를 지니고 이를 관계인에게 내보여야 한다.

第36조(청문) 식품의약품안전청장 또는 시장·군수·구청장은 제32조제1항의 규정에 의한 영업허가의 취소나 영업소의 폐쇄에 해당하는 처분을 하고자 하는 경우에는 청문을 실시하여야 한다. 〈개정 2008.3.21.〉

第37조(과징금 처분) ①식품의약품안전청장 또는 시장·군수·구청장은 영업자가 제32조제1항 각호(제8호 및 제9호를 제외한다) 또는 제33조제1항에 해당하는 때에는 대통령령이 정하는 바에 의하여 영업정지, 품목제조정지 또는 품목류제조정지처분에 갈음하여 2억원 이하의 과징금을 부과할 수 있다. 다만, 제5조제1항 후단, 제10조제1항, 제18조제1항, 제23조, 제24조제1항 및 제2항, 제25조 또는 제26조의 규정에 위반하여 제32조제1항 또는 제33조제1항에 해당하는 경우중 보건복지부령이 정하는 경우를 제외한다. 〈개정 2008.2.29., 2008.3.21., 2010.1.18.〉

②제1항의 규정에 의한 과징금을 부과하는 위반행위의 종별·정도 등에 따른 과징금의 금액등에 관하여 필요한 사항은 대통령령으로 정한다.

③식품의약품안전청장 또는 시장·군수·구청장은 제1항의 규정에 의한 과징금을 기한 이내에 납부하지 아니하는 때에는 제1항의 규정에 의한 과징금처분을 취소하고 제32조 또는 제33조의 규정에 의한 영업정지 등의 행정처분을 하여야 한다. 〈개정 2008.3.21.〉

④제1항의 규정에 의하여 징수한 과징금중 식품의약품안전청장이 부과·징수한 과징금은 국가에 귀속되고, 시장·군수·구청장이 부과·징수한 과징금은 시·도 및 시·군·구의 식품진흥기금(식품위생법 제71조의 규정에 의한 식품진흥기금을 말한다)에 귀속된다. 〈개정 2008.3.21.〉

⑤ 삭제〈2008.3.21.〉

제9장 보칙

第38조(다른 법률과의 관계) ①이 법에서 규정되지 아니한 건강기능식품에 사용하는 식품첨가물은 식품위생법 제7조에 의한 식품첨가물의 기준 및 규격을, 건강기능식품의 재검사에 관한 사항은 동법 제17조의2에 의한 식품 등의 재검사의 규정을, 건강기능식품검사기관의 지정에 관한 사항은 동법 제18조에 의한 식품위생검사기관의 지정 규정을, 건강기능식품위생감시원은 동법 제20조에 의한 식품위생감시원의 규정을, 명예건강기능식품위생감시원은 동법 제20조의2에 의한 명예식품위생감시원의 규정을, 건강진단은 동법 제26조에 의한 건강진단의 규정을, 건강기능식품의 자진회수에 관한 사항은 동법 제31조의2에 의한 식품 등의 자진회수의 규정을, 위해요소중점관리기준에 관한 사항은 동법 제32조의2에 의한 위해요소중점관리기준의 규정을, 공표에 관한 사항은 동법 제56조의2에 의한 공표의 규정을, 식중독에 관한 조사보고에 관한 사항은 동법 제67조에 의한 식중독에 관한 조사보고의 규정을 준용한다.

②제1항의 규정에 의하여 식품위생법을 준용하는 규정을 위반한 경우에는 동법 제55조의 규정에 의한 시정명령, 동법 제56조의 규정에 의한 폐기처분 등, 동법 제58조의 규정에 의한 허가의 취소 등 및 동법 제59조의 규정에 의한 품목의 제조정지 등의 처분을 할 수 있으며, 동법 제75조, 제78조 내지 제80조의 규정에 의하여 처벌할 수 있다.

제39조(국고보조) 보건복지부장관 또는 식품의약품안전청장은 예산의 범위안에서 다음의 경비의 전부 또는 일부를 보조할 수 있다. 〈개정 2008.2.29., 2010.1.18.〉

1. 제20조제1항의 규정에 의한 건강기능식품 등의 수거에 소요되는 비용
2. 제22조제6항의 규정에 의한 우수건강기능식품제조기준적용업소의 영업시설에 대한 융자지원
3. 건강기능식품의 품질향상, 허위·과대의 표시·광고 예방, 연구·개발의 진흥 등에 소요되는 경비
4. 건강기능식품의 안전성 제고를 위한 민간단체의 활동에 소요되는 경비의 지원

제40조(포상금 지급) ① 식품의약품안전청장 또는 시장·군수·구청장은 제5조제1항, 제6조제1항·제2항 또는 제23조 내지 제26조의 규정 등을 위반한 자를 관계행정관청이나 수사기관에 신고 또는 고발한 자에 대하여 1천만원의 범위 안에서 포상금을 지급할 수 있다. 〈개정 2008.2.29., 2008.3.21.〉

② 제1항에 따른 포상금 지급의 기준·방법 및 절차 등에 관하여 필요한 사항은 대통령령으로 정한다. 〈신설 2008.3.21.〉

제41조(권한의 위임·위탁) ① 식품의약품안전청장은 이 법에 따른 권한의 일부를 대통령령으로 정하는 바에 따라 지방식품의약품안전청장, 특별시장·광역시장·도지사·특별자치도지사 또는 시장·군수·구청장에게 위임할 수 있다. 〈개정 2010.3.17.〉

② 삭제〈2008.3.21.〉

③보건복지부장관 또는 식품의약품안전청장은 이 법에 의한 권한의 일부를 대통령령이 정하는 바에 의하여 제28조의 규정에 의한 단체에게 위탁할 수 있다. 〈개정 2008.2.29., 2010.1.18.〉

제42조(수수료 등) 다음 각호의 1에 해당하는 허가·신고·신청·검사 등을 하고자 하는 자는 보

건복지부령으로 정하는 바에 따라 수수료를 납부하여야 한다. 〈개정 2008.2.29., 2008.3.21., 2010.1.18.〉

1. 제5조제1항의 규정에 의한 영업허가·변경허가 또는 동조제2항의 규정에 의한 변경신고
2. 제6조제1항 내지 제3항의 규정에 의한 영업신고 또는 변경신고
3. 제7조의 규정에 의한 품목제조신고 또는 변경신고
4. 제8조제1항 내지 제3항의 규정에 의한 수입신고, 검사 또는 수입건강기능식품사전확인등록 신청
5. 제14조제2항 또는 제15조제2항의 규정에 의한 기준·규격 및 원료 등의 인정을 위한 검사
6. 제16조제1항의 규정에 의한 기능성표시·광고 심의 신청
7. 제21조제2항의 규정에 의한 자가품질검사의 위탁 검사
8. 제22조제2항의 규정에 의한 우수건강기능식품제조기준적용업소의 지정 신청
9. 제22조의2제1항에 따른 건강기능식품이력추적관리를 위한 등록

제10장 벌칙

제43조(벌칙) 제5조제1항 및 제23조의 규정을 위반한 자는 7년 이하의 징역 또는 1억원 이하의 벌금에 처한다. 이 경우 징역과 벌금을 병과할 수 있다.

제44조(벌칙) 다음 각호의 1에 해당하는 자는 5년 이하의 징역 또는 5천만원 이하의 벌금에 처한다. 이 경우 징역과 벌금을 병과할 수 있다.

1. 제6조제1항 또는 제2항의 규정에 의한 영업신고를 하지 아니하고 영업을 한 자
2. 제7조제1항 전단의 규정에 의한 품목제조신고를 하지 아니하고 제품을 제조·판매한 자
3. 제10조제1항제4호의 규정에 위반하여 판매한 자
4. 제18조제1항의 규정에 위반하여 허위·과대의 표시·광고를 한 자
5. 제21조제1항의 규정에 의한 자가품질검사를 실시하지 아니한 자
6. 제22조제5항의 규정에 위반하여 표시·광고를 한 자
7. 제24조 내지 제26조의 규정에 위반하여 판매 등을 한 자
8. 제29조 또는 제30조제1항 및 제3항의 규정에 의한 명령을 이행하지 아니한 자
9. 제32조제1항의 규정에 의한 영업정지명령에 위반한 자

제45조(벌칙) 다음 각호의 1에 해당하는 자는 3년 이하의 징역 또는 3천만원 이하의 벌금에 처한다.

1. 제4조의 규정에 의한 시설기준을 위반한 영업자
2. 제10조제1항제2호 및 제3호의 규정에 의한 영업자가 지켜야 할 사항을 지키지 아니한 자
3. 제11조제3항의 규정에 의한 영업승계의 신고를 하지 아니한 자

4. 제12조제1항의 규정에 의한 품질관리인을 고용하지 아니한 자

5. 제20조제1항의 규정에 의한 출입·검사·수거를 거부·방해·기피한 자

6. 제30조제2항의 규정에 의한 압류·폐기를 거부·방해·기피한 자

7. 제33조제1항의 규정에 의한 품목제조정지 등의 명령에 위반한 자

8. 제35조의 규정에 의하여 관계공무원이 부착한 봉인·게시문 등을 함부로 제거하거나 손상한 자

제46조(양벌규정) 법인의 대표자나 법인 또는 개인의 대리인, 사용인, 그 밖의 종업원이 그 법인 또는 개인의 업무에 관하여 제43조부터 제45조까지의 어느 하나에 해당하는 위반행위를 하면 그 행위자를 벌하는 외에 그 법인 또는 개인에게도 해당 조문의 벌금형을 과(科)한다. 다만, 법인 또는 개인이 그 위반행위를 방지하기 위하여 해당 업무에 관하여 상당한 주의와 감독을 게을리하지 아니한 경우에는 그러하지 아니하다.

[전문개정 2010.3.17.]

제47조(과태료) ①다음 각호의 1에 해당하는 자에 대하여는 300만원 이하의 과태료에 처한다. 〈개정 2008.3.21.〉

1. 제5조제2항의 규정에 의한 허가사항변경신고를 하지 아니한 자

2. 제6조제3항의 규정에 의한 신고사항변경신고를 하지 아니한 자

3. 제7조제1항 후단의 규정에 의한 품목제조신고사항변경신고를 하지 아니한 자

4. 제10조제1항제1호 및 제5호의 규정에 의한 영업자가 지켜야 할 사항을 지키지 아니한 자 또는 동조제2항의 규정에 위반한 자

5. 제12조제3항의 규정에 의한 품질관리인의 업무를 방해하거나 동조제4항의 규정에 의한 품질관리인 선임·해임 신고를 하지 아니한 자

6. 제13조제1항 내지 제3항의 규정에 의한 교육을 받지 아니한 자

7. 제21조제1항의 규정에 의한 자가품질검사를 실시하고 그 기록을 보존하지 아니하거나 허위로 기록한 자

7의2. 제22조의2제3항을 위반하여 1개월 이내에 신고하지 아니한 자

8. 제31조제1항의 규정에 의한 시설의 개수명령을 이행하지 아니한 자

②제1항의 규정에 의한 과태료는 대통령령이 정하는 바에 의하여 식품의약품안전청장 또는 시장·군수·구청장이 부과·징수한다. 〈개정 2008.3.21.〉

③제2항의 규정에 의한 과태료 처분에 불복이 있는 자는 그 처분의 고지를 받은 날부터 30일 이내에 식품의약품안전청장 또는 시장·군수·구청장에게 이의를 제기할 수 있다. 〈개정 2008.3.21.〉

④제2항의 규정에 의한 과태료 처분을 받은 자가 제3항의 규정에 의하여 이의를 제기한 때

에는 식품의약품안전청장 또는 시장·군수·구청장은 지체없이 관할 법원에 그 사실을 통보하여야 하며, 그 통보를 받은 관할 법원은 비송사건절차법에 의한 과태료의 재판을 한다. 〈개정 2008.3.21.〉

⑤제3항의 규정에 의한 기간 이내에 이의를 제기하지 아니하고 과태료를 납부하지 아니한 때에는 국세체납처분 또는 지방세체납처분의 예에 의하여 이를 징수한다.

제48조(과태료에 관한 규정적용의 특례) 제47조의 과태료에 관한 규정을 적용함에 있어서 제37조의 규정에 의하여 과징금을 부과한 행위에 대하여는 과태료를 부과할 수 없다.

부칙 〈제6727호,2002.8.26.〉

제1조 (시행일) 이 법은 공포후 1년이 경과한 날부터 시행한다.

제2조 (건강기능식품제조업의 허가 등에 관한 경과조치) ①이 법 시행당시 식품위생법 제22조제5항의 규정에 의하여 식품제조·가공업의 신고를 한 자가 제14조제1항의 규정에 의한 기준·규격의 건강기능식품을 제조하는 경우에는 이 법에 의한 건강기능식품제조업의 영업자로 본다. 이 경우 이 법 시행후 6월 이내에 제5조의 규정에 의하여 식품의약품안전청장의 허가를 받아야 하되, 수수료는 면제한다.

②제1항 전단의 규정에 의한 영업자가 이 법 시행 당시 식품위생법 제22조제6항의 규정에 의하여 제조보고한 품목이 제14조제1항의 규정에 의한 기준·규격의 건강기능식품에 해당하는 경우에는 계속하여 제조·판매할 수 있다. 이 경우 이 법 시행후 6월 이내에 제7조의 규정에 의한 품목의 제조방법설명서 등 보건복지부령이 정하는 구비서류를 갖추어 식품의약품안전청장에게 신고하여야 하되, 수수료는 면제한다.

제3조 (건강기능식품수입업의 신고에 관한 경과조치) 이 법 시행 당시 식품위생법 제16조제1항의 규정에 의하여 식품등 수입판매업의 신고를 한 자가 제14조제1항의 규정에 의한 기준·규격의 건강기능식품을 수입·판매하는 경우 이 법에 의한 건강기능식품수입업의 영업자로 본다. 이 경우 이 법 시행후 6월 이내에 제6조제1항의 규정에 의하여 식품의약품안전청장에게 신고하여야 하되, 수수료는 면제한다.

제4조 (영업허가 취소된 자 등에 관한 경과조치) 이 법 시행전에 식품위생법에 의하여 허가취소 또는 폐쇄명령을 받은 자에 대한 허가 또는 신고제한기한은 식품위생법의 규정에 의한다.

제5조 (벌칙 및 과태료에 관한 경과조치) 이 법 시행전의 행위에 대한 벌칙 또는 과태료의 적용에 있어서는 식품위생법의 규정에 의한다.

제6조 (처분 등에 관한 경과조치) 이 법 시행전에 식품위생법에 의하여 행하여진 처분·신청·신고·보고 그 밖의 행정기관에 대한 행위는 이 법의 규정에 의하여 행한 처분·신청·보고 그 밖의

행정기관에 대한 행위로 본다.

제7조 (단체에 관한 경과조치) 이 법 시행 당시 식품위생법 제44조의 규정에 의하여 설립된 동업자 조합중 제28조의 규정에 해당하는 단체는 이 법에 의하여 설립된 것으로 본다.

제8조 (다른 법령과의 관계) 이 법 시행 당시 다른 법령에서 식품위생법의 규정을 인용하고 있는 경우에 이 법중에 그에 해당하는 규정이 있으면 종전의 규정에 갈음하여 이 법 또는 이 법의 해당 규정을 인용한 것으로 본다.

제9조 (다른 법률의 개정) ①식품위생법중 다음과 같이 개정한다.

제71조제2항제2호중 "제65조"를 "제65조 및 건강기능식품에관한법률 제37조"로 하고, 동조제3항제1호중 "영업자"를 "영업자(건강기능식품에관한법률에 의한 영업자를 포함한다)"로 하며, 동항제7호중 "식품위생 및 국민영양"을 "식품위생, 국민영양 및 건강기능식품"으로 한다.

②공업배치및공장설립에관한법률중 제16조제6항에 제13호의2를 다음과 같이 신설한다.

13의2. 건강기능식품에관한법률 제5조의 규정에 의한 건강기능식품제조업의 허가

③유통산업발전법중 제10조제1항에 제3호의2를 다음과 같이 신설한다.

3의2. 건강기능식품에관한법률 제5조의 규정에 의한 건강기능식품제조업 또는 동법 제6조의 규정에 의한 건강기능식품판매업

④보건범죄단속에관한특별조치법을 다음과 같이 개정한다.

제2조제1항 각호외의 부분중 "이미 허가 또는 신고된 식품이나 첨가물"을 "건강기능식품에관한법률 제5조의 규정에 의하여 허가를 받지 아니하고 건강기능식품을 제조·가공한 자, 이미 허가 또는 신고된 식품, 식품첨가물 또는 건강기능식품"으로, "동법 제6조·제7조제4항"을 "식품위생법 제6조·제7조제4항 또는 건강기능식품에관한법률 제24조제1항"으로 하고, 동조제1항제1호 및 제2호중 "식품 또는 첨가물"을 각각 "식품, 식품첨가물 또는 건강기능식품"으로 한다.

부칙 〈제7211호,2004.3.22.〉

이 법은 공포한 날부터 시행한다.

부칙 〈제7428호,2005.3.31.〉

제1조 (시행일) 이 법은 공포 후 1년이 경과한 날부터 시행한다.

제2조 내지 제4조 생략

제5조 (다른 법률의 개정) ①및 ②생략

③건강기능식품에관한법률 일부를 다음과 같이 개정한다.

제11조제2항중 "파산법"을 "「채무자 회생 및 파산에 관한 법률」"로 한다.

④내지 〈145〉생략

제6조 생략

부칙 〈제8033호,2006.10.4.〉

이 법은 공포 후 6개월이 경과한 날부터 시행한다.

부칙 〈제8365호,2007.4.11.〉

제1조 (시행일) 이 법은 공포한 날부터 시행한다. 〈단서 생략〉

제2조 내지 제20조 생략

제21조 (다른 법률의 개정) ①건강기능식품에 관한 법률 일부를 다음과 같이 개정한다.

제6조제2항 단서 중 "약사법 제16조의 규정"을 "「약사법」 제20조"로 한다.

②내지 ⑫생략

제22조 생략

부칙 〈제8852호,2008.2.29.〉

제1조 (시행일) 이 법은 공포한 날부터 시행한다. 다만, ···〈생략〉··· 부칙 제6조에 따라 개정되는 법률 중 이 법의 시행 전에 공포되었으나 시행일이 도래하지 아니한 법률을 개정한 부분은 각각 해당 법률의 시행일부터 시행한다.

제2조부터 제5조까지 생략

제6조 (다른 법률의 개정) ① 부터 〈437〉 까지 생략

〈438〉 건강기능식품에 관한 법률 일부를 다음과 같이 개정한다.

제4조제1항 각 호 외의 부분, 제5조제1항 전단, 제5조제2항 및 제3항, 제6조제1항, 제2항 본문, 제3항, 제4항, 제7조제1항 전단 및 후단, 제2항, 제8조제1항, 제2항 및 제3항제3호, 제4항, 제10조제1항제5호, 제2항, 제11조제3항, 제12조제1항 및 제4항, 제13조제2항 단서, 제4항 및 제5항, 제18조제2항, 제21조제1항 및 제3항, 제22조제3항, 제4항제4호 및 제6항, 제30조제5항, 제32조제2항, 제33조제2항, 제35조제3항, 제37조제1항 단서, 제40조, 제42조 중 "보건복지부령"을 각각 "보건복지가족부령"으로 한다.

제13조제1항 및 제2항 단서, 제27조제1항, 제28조제3항, 제39조, 제41조제3항 중 "보건복지부장관"을 각각 "보건복지가족부장관"으로 한다.

제27조제1항 중 "보건복지부"를 "보건복지가족부"로 한다.

〈439〉 부터 〈760〉 까지 생략

제7조 생략

부칙 〈제8941호,2008.3.21.〉

이 법은 공포 후 6개월이 경과한 날부터 시행한다.

부칙 〈제9932호,2010.1.18.〉

제1조(시행일) 이 법은 공포 후 2개월이 경과한 날부터 시행한다. 〈단서 생략〉

제2조 및 제3조 생략

제4조(다른 법률의 개정) ① 부터 ⑦ 까지 생략

⑧ 건강기능식품에 관한 법률 일부를 다음과 같이 개정한다.

제4조제1항 각 호 외의 부분, 제5조제1항 전단·제2항·제3항, 제6조제1항·제2항 본문·제3항·제4항, 제7조제1항 전단 및 후단·제2항, 제8조제1항·제2항·제3항제3호·제4항, 제10조제1항제5호·제2항, 제11조제3항, 제12조제1항 본문·제4항, 제13조제2항 단서·제4항·제5항, 제18조제2항, 제21조제1항·제3항, 제22조제3항·제4항제4호·제6항, 제22조의2제1항·제5항 단서·제8항, 제30조제5항, 제32조제2항, 제33조제2항, 제35조제3항 단서, 제37조제1항 단서 및 제42조 각 호 외의 부분 중 "보건복지가족부령"을 각각 "보건복지부령"으로 한다.

제13조제1항·제2항 단서, 제22조의2제6항, 제27조제1항 각 호 외의 부분, 제28조제3항, 제39조 각 호 외의 부분 및 제41조제3항 중 "보건복지가족부장관"을 각각 "보건복지부장관"으로 한다.

제27조제1항 각 호 외의 부분 중 "보건복지가족부"를 "보건복지부"로 한다.

⑨ 부터 〈137〉 까지 생략

제5조 생략

부칙 〈제10128호,2010.3.17.〉

①(시행일) 이 법은 공포한 날부터 시행한다. 다만, 제6조제1항의 개정규정은 2011년 1월 1일부터 시행한다.

②(건강기능식품수입업 신고에 관한 경과조치) 이 법 시행 당시 종전의 제6조제1항에 따른 건강기능식품수입업 신고에 관하여 행한 식품의약품안전청장에 대한 행위 또는 식품의약품안전청장의 행위는 제6조제1항의 개정규정에 따라 해당 특별자치도지사·시장·군수·구청장에 대한 행위 또는 특별자치도지사·시장·군수·구청장의 행위로 본다.

부칙 〈제10219호,2010.3.31.〉

제1조(시행일) 이 법은 2011년 1월 1일부터 시행한다.

제2조부터 제10조까지 생략

제11조(다른 법률의 개정) ① 생략

② 건강기능식품에 관한 법률 일부를 다음과 같이 개정한다.

제11조제2항 중 "지방세법"을 "「지방세기본법」"으로 한다.

③ 부터 〈61〉 까지 생략

제12조 생략

찾아보기

찾아보기_영문

저자 소개

이성준
서울대학교 식품공학과 학사, 석사
Harvard University 영양학과 영양생화학 전공 박사
현재 고려대학교 식품공학과 교수

김대옥
서울대학교 식품공학과 학사·석사
Cornell University 식품공학과 박사
현재 경희대학교 식품생명공학과 교수

김영석
서울대학교 식품공학과 학사, 석사
Rutgers University 박사
Griffity Laboratories Company(Innova) 책임연구원
현재 이화여자대학교 식품공학과 교수

신한승
성균관대학교 식품생명공학과 학사
Michigan State Univarsity 식품과학과 석사, 박사
현재 동국대학교 식품생명공학과 교수

심순미
덕성여자대학교 식품영양학과 학사, 석사
Purdue University, 식품공학과 식품독성학 전공 박사
현재 세종대학교 식품공학과 교수

어중혁
서울대학교 식품공학과 학사, 석사, 박사
삼양제넥스 생명공학연구소 책임연구원
UC Davis, 박사후 연구원
현재 중앙대학교 식품공학부 교수

유상호
서울대학교 식품공학과 학사·석사
Iowa State University 식품공학과 식품화학 전공 박사
현재 세종대학교 식품공학과 교수
탄수화물소재연구소 소장

윤현근
서울대학교 식품공학과 학사, 석사
Cornell University 식품과학과 박사
삼양제넥스 생명공학연구소 연구원 역임
현재 성신여자대학교 식품영양학과 부교수

이주훈
서울대학교 식품공학과 학사, 석사
University of Minnesota-Twin Cities 식품공학과 식품 유전체학 전공 박사
현재 경희대학교 식품생명공학과 교수

이홍진
서울대학교 식품공학과 학사, 석사
Rutgers University 식품과학 전공 박사
현재 중앙대학교 식품공학부 교수

임현정
경희대학교 식품영양학과 학사
경희대학교 동서의학대학원 의학영양학과 석사, 박사
Johns Hopkins University, Center for Human Nutrition 연구원
현재 경희대학교 의학영양학과 교수

하태열
효성여자대학교 가정학과 학사, 석사
일본 오차노미즈대학 영양생화학전공 박사
현재 한국식품연구원 대사기전연구단 책임연구원
과학기술연합대학원대학교(UST) 교수

허호진
순천대학교 식품공학과 학사
광주과학기술원(GIST) 생명과학과 석사
고려대학교 생명공학과 식품생명공학 전공 박사
현재 경상대학교 식품공학과 교수

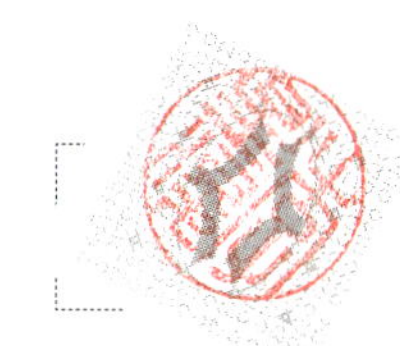

생각이 필요한 식품기능성론

2019년 2월 11일 초판 2쇄 인쇄
2015년 8월 31일 초판 1쇄 발행

지은이 이성준 · 김대옥 · 김영석 · 신한승 · 심순미 · 어중혁 · 유상호
윤현근 · 이주훈 · 이홍진 · 임현정 · 하태열 · 허호진

발행인 이 영 호
발행처 **수 학 사**
06653 서울특별시 서초구 효령로 263
출판등록 1953년 7월 23일 No.16-10
전화번호 02) 584-4642(代) 팩스 02) 521-1458
http://www.soohaksa.co.kr
디자인 북큐브

정가 24,000원

ISBN 978-89-7140-398-3 (93570)